Jacobus Henricus Van't Hoff

Ansichten über die organische Chemie
Zweiter Teil

1. Auflage | ISBN: 978-3-84608-114-3

Erscheinungsort: Paderborn, Deutschland

Erscheinungsjahr: 2015

Salzwasser Verlag GmbH, Paderborn.

Nachdruck des Originals von 1881.

Jacobus Henricus Van't Hoff

Ansichten über die organische Chemie

Zweiter Teil

Salzwasser

ANSICHTEN

ÜBER DIE

ORGANISCHE CHEMIE.

ZWEITER THEIL.

ANSICHTEN

ÜBER DIE

ORGANISCHE CHEMIE.

VON

Dr. J. H. van 't HOFF.

ZWEITER THEIL.

BRAUNSCHWEIG,

DRUCK UND VERLAG VON FRIEDRICH VIEWEG UND SOHN.

1881.

INHALTSVERZEICHNISS.

———————

Inhaltsverzeichniss.

Inhaltsverzeichniss.

Inhaltsverzeichniss.

Inhaltsverzeichniss.

Inhaltsverzeichniss.

EINLEITUNG ZUM ZWEITEN THEILE.

Früher wurde schon der dem zweiten Theile gestellte Zweck bezeichnet als „Kenntniss der chemischen Beschaffenheit vom Kohlenstoff an und für sich und der Aenderungen, welche diese erfährt, wenn genanntes Element sich anderen Atomen oder Atomgruppen anlagert." Das Mittel zur Erreichung dieses Zweckes wird ein Gesammtblick sein über die chemischen Umwandlungen, bei welchen die Kohlenstoffbindung eine Rolle spielt, und über die Aenderungen der physikalischen Beschaffenheit, welche dieselben begleiten. Wird eine derartige Umwandlung durch eine allgemeine Gleichung ausgedrückt:

$$(\equiv C).X + Y.Z = (\equiv C).Y + X.Z\ {}^{1}),$$

so erzielt die Kenntniss der Umwandlungen selbst diejenige der Grösse der Wärmeentwickelung, welche die Reaction begleitet, und der Geschwindigkeit, womit sie unter bestimmten Umständen stattfindet, während Kenntniss der Eigenschaftsänderungen durch eine Vergleichung der physikalischen Be-

---

[1]) Der Uebersichtlichkeit wegen ist die obige Gleichung angeführt statt der noch allgemeiner (nach S. 7 des ersten Theils) gefassten:

$$
\begin{array}{ll}
\alpha \text{---} (4{-}n_1) \text{---} C & X_2 \\
\qquad (n_1) + (n_2) = \\
\qquad \dot{Y}_1 \quad \dot{Y}_2
\end{array}
\qquad
\begin{array}{ll}
\alpha \text{--} (4{-}n_1) \text{---} C \text{----} (p_1) \text{---} X_2 \\
\qquad (n_1{-}p_1) \qquad (n_2{-}p_1) \\
\qquad \dot{Y}_1 \text{---} (p_1) \text{---} \dot{Y}_2
\end{array}
$$

aus Gleichung S. 7 erhalten durch Umwandlung von X_1 in $\alpha \text{--} [4{-}n_1] \text{--} C)$.

schaffenheit · von $(\equiv C) . X$ und $(\equiv C) . Y$ erreicht wird. Die oben in allgemeiner Form ausgedrückte Reaction kann an verschiedenen Kohlenstoffverbindungen $\left(\begin{smallmatrix} \alpha & - \\ \beta & - \\ \gamma & - \end{smallmatrix} C\right) . X$ verfolgt werden in denselben beiden Richtungen; was sich dabei als unabhängig von α, β und γ ergiebt, wird als Ausdruck der „chemischen Beschaffenheit vom Kohlenstoff an und für sich", die von den Aenderungen von α, β und γ herrührenden Unterschiede aber werden als „Aenderungen, welche die Beschaffenheit vom Kohlenstoff erfährt, wenn der letztere sich anderen Atomen oder Atomgruppen anlagert," betrachtet werden.

Die chemischen Umwandlungen am Kohlenstoff sind, von den Kohlenwasserstoffen ausgehend, in fünf Gruppen zusammengestellt:

I. Die Bindung von Kohlenstoff an Chlor, Brom und Jod.
II. Die Bindung von Kohlenstoff an Sauerstoff und Schwefel.
III. Die Bindung von Kohlenstoff an Metalle.
IV. Die Bindung von Kohlenstoff an Stickstoff.
V. Die Bindung von Kohlenstoff an Kohlenstoff.

Die durch das Eintreten eines jeden der genannten Elemente oder deren Atomgruppen bedingte Aenderung der physikalischen Beschaffenheit findet dann am Schlusse jedes dieser Abschnitte ihren Platz. Auf Anwendung der gewonnenen Ansichten wird in einem Schlusskapitel eingegangen werden.

I.

Die Bindung von Kohlenstoff an Chlor, Brom und Jod.

Da die Wasserstoffverbindungen als Ausgang gewählt sind, so seien hier die Wärmeentwickelungen zusammengestellt, welche stattfinden bei Bildung von Verbindungen, die Kohlenstoff an Chlor, Brom und Jod gebunden enthalten, und bei Bildung der entsprechenden Wasserstoffderivate aus den Elementen (bei 15°; das Atomgewicht in Grammen, die Wärme in Calorien):

$C_2.H_4.O_2$ (Aldehyd) . . . . . gasförmig   40   (C-diamant)
                              flüssig   46
$C_2.H_3.Cl.O$ (Chloracetyl)   flüssig   63,5
$C_2.H_3.Br.O$ (Bromacetyl)   „   53,6 (Br-flüssig)
$C_2.H_3.J.O$ (Jodacetyl)   „   39   (J-fest).
$C.N.H$ (Cyanwasserstoff). . gasförmig   — 14,1
                              flüssig   — 8,4
$C.N.Cl$ (Chlorcyan). . . . . gasförmig   — 21,5
                              flüssig   — 13,2
$C.N.J$ (Jodcyan) . . . . . . fest   — 23,1
$C_5.H_{11}.Cl$ (Chloramyl) . . . flüssig   50
$C_5.H_{11}.Br$ (Bromamyl)   „   34
$C_5.H_{11}.J$ (Jodamyl)   „   19,5
$C_4.H_7.Cl.O$ (Chlorbutyryl) „   104,2
$C_4.H_7.Br.O$ (Brombutyryl)   „   92,5
$C_5.H_9.Cl.O$ (Chlorvaleryl) „   108,5
$C_5.H_9.Br.O$ (Bromvaleryl)   „   95,7

A. Die Bindung von Kohlenstoff an Chlor.

Die sich hierauf beziehenden Thatsachen lassen sich in drei natürliche Gruppen einreihen:

1. Die Einführung des Chlors an der Stelle des dem Kohlenstoff angehängten Wasserstoffs.
2. Die Rückverwandlung des an Kohlenstoff gebundenen Chlors in Wasserstoff.
3. Die durch Chlorsubstitution an Kohlenstoff bedingten Aenderungen der physikalischen Beschaffenheit.

1. Die Einführung des Chlors an der Stelle des dem Kohlenstoff angehängten Wasserstoffs.

Diese Umwandlung, welche beim theilweise an Sauerstoff gebundenen Kohlenstoff in Aldehyd unter Wärmeentwickelung:

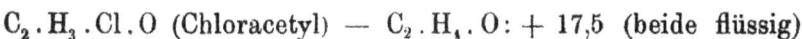

$C_2.H_3.Cl.O$ (Chloracetyl) — $C_2.H_4.O$: + 17,5 (beide flüssig)

und beim an Stickstoff gebundenen Kohlenstoff in Cyanwasserstoff unter geringer Wärmebindung:

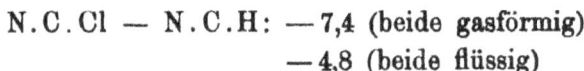

$$N.C.Cl - N.C.H: \quad -7,4 \text{ (beide gasförmig)}$$
$$-4,8 \text{ (beide flüssig)}$$

vor sich geht, findet wahrscheinlich bei Kohlenwasserstoffen unter grösserer Wärmeentwickelung statt, und geht daher im Allgemeinen leicht vor sich.

Die Gleichung, welche sämmtliche diesbezügliche Reactionen umfasst, ist ein specieller Fall derjenigen, die auf S. 1 angeführt wurde, und hat die Form:

$$(\equiv C).H + Cl.Z = (\equiv C).Cl + H.Z.$$

Die Einwirkung wird desto leichter stattfinden, je mehr die Affinität der Gruppe Z zu Wasserstoff diejenige zu Chlor übertrifft, je grösser also die Wärmeentwickelung ist, ausgedrückt durch:

$$H.Z - Cl.Z.$$

Die letztere erlangt in bestimmten Fällen nachfolgende Zahlenwerthe:

Z	Reactionsgleichung.		H.Z — Cl.Z
Cl	$(\equiv C).H +$	$Cl.Cl = (\equiv C).Cl + H.Cl$	$22 - 0 = 22$ (39,3 i. wäss.L.)
OCl	„	$+ Cl.OCl = $ „ $+ H.OCl$	$29,9 -(-8,6) = 38,5$ (i. wäss. L.)
OH	„	$+ Cl.OH = $ „ $+ H.OH$	$68,4 - 29,9 = 38,5$ (i. wäss. Lös.)
ONa	„	$+ Cl.ONa = $ „ $+ H.ONa$	$111,8 - 83,3 = 28,5$ (i. wäss. Lös.)

Diese Wärmeentwickelung übersteigt sogar beim Chlor die Wärmebindung bei der Chlorirung des Cyanwasserstoffes bedeutend ($22 - 7,4 = 14,6$), so dass auch letztere vermittelst Chlor möglich ist (Theil I. S. 219), wodurch dann ferner die untersuchten organischen Wasserstoffverbindungen, der Mehrzahl nach wahrscheinlich unter Wärmeentbindung chlorirbar, in Chlorverbindungen umgewandelt werden können. Chloroxyd, unterchlorige Säure und unterchlorigsaure Salze, speciell die beiden ersteren, würden sich zur Chloreinführung ganz besonders eignen, wenn nicht begleitende Oxydationsvorgänge störend wirkten. Dass diese Einführung dennoch möglich ist, wird

dargethan durch die Chloroform- und Chlorpikrinbildung vermittelst Hypochlorite, die Chlorirung der Benzoësäure durch
Chlorkalk (J. B. 1869, 555 [1]), des Benzols und des Acetons
durch unterchlorige Säure (J. B. 1867, 644; 1871, 530), der
Essigsäure durch Chloroxyd (J. B. 1868, 505) u. s. w.

Die Mittel, welche die Chloreinführung und die Reactionen
im Allgemeinen erleichtern, sind zweierlei Art, einerseits solche,
welche die bei der Reaction entwickelte Wärmemenge erhöhen
und hierdurch die Reaction nicht nur erleichtern, sondern
auch erst ermöglichen können, andererseits diejenigen Mittel,
welche bloss die Geschwindigkeit des Vorganges erhöhen.

Die Wärmeentwickelung kann erhöht werden:

1. Durch Ersatz des chlorirenden Körpers (Cl.Z) durch ein
Gemenge, aus welchem sich Chlor unter Wärmeentwickelung
bilden kann. Das Chlor wird z. B. ersetzt durch Salzsäure
und einen oxydirenden Körper; zwar würde in Wasser die
Chlorbildung aus Salzsäure und Sauerstoff unter Wärmebindung
stattfinden (H_2.O $-$ 2 (H.Cl.Aq) $= 68,4 - 78,6 = - 10,2$ [2]),
doch die Sauerstoffabgabe kann das Zeichen der Wärmetönung
umkehren, wie aus der Tabelle für oxydirende Verbindungen
in dem zweiten Abschnitt ersichtlich werden wird. Kräftig
chlorirend können jedoch auch, da die Substitution durch
Chlor selbst bedeutende Wärmeentwickelung bewirkt, diejenigen
Mischungen oder Körper wirken, welche das Chlor unter
Wärmebindung abstehen, z. B. Salpetersäure (J. B. 1871, 357),
chlorsaures oder chromsaures Kali und Salzsäure (J. B. 1867,
355), Pentachlorphosphor und Chlorantimon (J. B. 1876, 304),
Chlorjod, Chlorschwefel und schwefligsaures Chlor (J. B. 1877,
372; 1867, 608), das Chlorid der untersalpetrigen Säure (J. B.
1871, 357) u. s. w.

---

[1]) J. B. = Jahresbericht.

[2]) Findet eine derartige Umwandlung in concentrirter oder in erwärmter
Lösung statt, so kann die Salzsäure theilweise als ungelöst betrachtet werden,
und deren Oxydation ist von Wärmeentwickelung begleitet (68,4 $-$ 44 $=$ 24,4).

2. Durch Umwandlung des Reactionsnebenproductes (H.Z) unter Wärmeentwickelung; ist letzteres z. B. Salzsäure, so kann die Anwesenheit von Alkalien diese Wärmeentwickelung bewirken (KOH + HCl in Wasser 13,7) (Theil I. S. 148). Selbstverständlich sind hier Nebenreactionen zu vermeiden. Auch die Einwirkung von Chlor auf Salze (z. B. benzoësaures Silber) in Wasser, wobei die nach der Substitution freiwerdende Salzsäure unter Wärmeentwickelung das Salz zerlegt, muss hierher gezählt werden (J. B. 1869, 303).

Die Geschwindigkeit der Chlorirung kann erhöht werden:

1. Durch das Licht. In dieser Richtung ist speciell gefunden worden, dass die Einwirkung des Chlors im Sonnenlichte beschleunigt wird.

2. Durch die Wärme. Auch da, wo Temperatursteigerung die Wärmetönung der Reaction fast ungeändert lässt und dieselbe positiv ist, so dass von Wärmezufuhr nicht die Rede sein kann (z. B. bei Einwirkung von Chlor auf Methan), wirkt Erwärmung beschleunigend; zum Theil mag dies dem öfteren Zusammentreffen der Moleküle (was durch einfache Druckzunahme auch zu bewirken wäre), zum Theil dem Zusammentreffen unter grösserer Geschwindigkeit, zum Theil innerer Aenderung des Bewegungszustandes im Molekül selbst (wahrscheinlich derjenigen durch Licht hervorgebracht vergleichbar) zuzuschreiben sein. Elektricität, wiewohl nicht in diesen Reactionen versucht, wird wahrscheinlich dasselbe bewirken.

3. Durch die Anwesenheit von Körpern, welche mit Chlor (oder im Allgemeinen mit dem chlorirenden Cl.Z) eine Verbindung eingehen, die bei der Reactionstemperatur der Dissociation unterliegt, wie Jod, Chlorantimon (J. B. 1868, 354), Chlorphosphor (J. B. 1869, 505), Chlormolybdän (J. B. 1875, 288) u. s. w. Es sei hier bemerkt, dass, abgesehen von geänderten thermischen Verhältnissen, die neugebildeten von den schon lange im Gleichgewichte verkehrenden Molekülen im inneren Bewegungszustande verschieden sein müssen, wo-

durch auch diese Art der Reactionsbeschleunigung mit derjenigen unter 1 und 2 vergleichbar wird [1]).

4. Durch die Anwesenheit von Körpern, welche das Chlor auf der Oberfläche verdichten (z. B. Blutkohle. J. B. 1876, p. 307). Derartige gechlorte Körper sind vollkommen denjenigen in 3 an die Seite zu stellen, indem sie sich ganz wie in Dissociation verkehrende Chlorverbindungen verhalten und demgemäss eine fortwährende Neubildung von Chlormolekülen bedingen.

Sämmtliche Mittel, welche die Chlorirung zu beschleunigen im Stande sind, lassen sich demnach wahrscheinlich auf folgende Principien zurückführen: ·

a. Steigerung der Zahl des Zusammentreffens (an und für sich bewirkbar durch Zusammendrücken im gasigen Zustande);

b. Steigerung der Geschwindigkeit beim Zusammentreffen (was wohl auf Verkleinerung der Minimalentfernung herauskommt, wie sie an und für sich bewirkbar wäre durch Zusammendrücken im flüssigen Zustande); ·

c. Aenderung des inneren Bewegungszustandes im Molekül (an und für sich durch das Licht bewirkbar [2]).

Der bisher betrachteten Umwandlung des an Kohlenstoff gebundenen Wasserstoffs im Allgemeinen sei Einiges über den Einfluss des dem Kohlenstoff anhängenden Wasserstoffs auf diese Reaction angereiht. Dass dieser Einfluss sehr bedeutend ist, drückt sich scharf in der Umkehrung der Wärmetönung beim Chloriren des Cyanwasserstoffs zu Chlorcyan und

---

[1]) Es sei noch bemerkt, dass Körper, wie $SbCl_3$, auch derart wirken, dass die directe Chlorirung durch zwei nach einander vor sich gehende Reactionen vertreten wird, ausgedrückt durch:

$$SbCl_3 + Cl_2 = SbCl_5 \text{ und } SbCl_5 + Y.H = SbCl_3 + Y.Cl + ClH$$

und somit die hierbei erfolgende Beschleunigung der Reaction darin ihren Grund findet, dass zwei nach einander stattfindende Umwandlungen zur Vollendung weniger Zeit erfordern, als eine einzige und directe, welche übrigens zu dem gleichen Ziele führt.

[2]) Die Bemerkung [1]) berührt ein viertes Beschleunigungsprincip, auf welches nachher eingegangen wird.

des Aldehyds zu Chloracetyl aus · (S. 3 und 4); vorübergehend sei bemerkt, dass das Herabdrücken der Affinität zu
Chlor, derjenigen zu Wasserstoff gegenüber, bei dreifacher Bindung an Stickstoff statt an Sauerstoff und Methyl (Betrachtungen auf S. 103 u. 281 des ersten Theiles gemäss) zu erwarten
war (thermisch findet sich dieses Herabdrücken wieder in
$N.Cl_3$ (—38,1) — $N.H_3$ (26,7) < $O.Cl_2$ (—15,2) + $H.Cl$ (22)
— $O.H_2$ (57,2)). Es fehlen jedoch die Zahlen, um auf diesem
Grunde weiter zu gehen, und zur weiteren Beurtheilung des
in Rede stehenden Einflusses liegen nur die folgenden beiden
Methoden vor:

    1. Vergleichung der Leichtigkeit, mit welcher die Reaction
    in verschiedenen Kohlenstoffverbindungen vor sich geht.

    2. Vergleichung der Leichtigkeit, mit welcher sie an ver-
    schiedenen Kohlenstoffatomen in demselben Molekül
    stattfindet.

Wenn in diesem Abschnitte nur der Einfluss von an Kohlenstoff gebundenem Chlor und Wasserstoff in's Auge gefasst wird,
so scheint man nach Anwendung der erstgenannten Methode
zu der Annahme berechtigt zu sein, dass die Chlorirung
mittelst Ersatzes von Wasserstoff am Kohlenstoff durch Chlor
erschwert wird, daher bei CH_4 leichter vor sich geht, als bei
CH_3Cl, CH_2Cl_2 und $CHCl_3$, und dass die Geschwindigkeit
dieser Chlorirung unter gleichen Umständen stärker herabgedrückt wird, als im Verhältnisse von 4 : 3 : 2 : 1, was einfach
der Zahl der angreifbaren Wasserstoffatome entspräche; es
fehlen jedoch diesbezügliche quantitative Beobachtungen.

Nach der zweiten Methode hat sich thatsächlich Folgendes
ergeben:

Chlorirung der Kohlenwasserstoffe:

    1. $H_3C.CH_2.CH_3$ giebt die beiden möglichen: $H_2CCl.CH_2.CH_3$
und $H_3C.CHCl.CH_3$; bei Anwesenheit von Jod nur ersteres
(J. B. 1868, 436; 1869, 356).

    2. $H_3C.CH_2.CH_2.CH_3$ giebt $H_2CCl.CH_2.CH_2.CH_3$ (J.
B. 1867, 577).

3. $(H_3C)_3 CH$ giebt $(H_3C)_3 CCl$ und verwandelt sich leichter als 2 (l. c.).

4. $H_3C.CH_2.CH_2.CH_2.CH_3$ giebt $H_3C.CHCl.CH_2.CH_2.CH_3$ und $H_2CCl.CH_2.CH_2.CH_2.CH_3$ (J. B. 1871, 366).

5. $H_3C.CH_2.CH_2.CH_2.CH_2.CH_3$ giebt $H_3C.CHCl.CH_2$ $.CH_2.CH_2.CH_3$ und $H_2CCl.CH_2.CH_2.CH_2.CH_2.CH_3$ (J. B. 1870, 499; 1871, 366; 1875, 282).

6. $\dfrac{H_3C}{H_3C} CHCHCH \dfrac{CH_3}{CH_3}$ giebt $\dfrac{H_3C}{H_3C} CHCHCH \dfrac{CH_2Cl}{CH_3}$ (Constitution aus dem Siedepunkt berechnet; J. B. 1867, 567).

7. $H_3C.CH_2.CH_2.CH_2.CH_2.CH_2.CH_3$ giebt $H_3C.CHCl$ $.CH_2.CH_2.CH_2.CH_2.CH_3$ und $H_2CCl.CH_2.CH_2.CH_2.CH_2$ $.CH_2.CH_3$ (J. B. 1871, 366; 1875, 282).

8. $H_3C.CH_2.CH_2.CH_2.CH \dfrac{CH_3}{CH_3}$ giebt $H_3C.CHCl.CH_2.CH_2$ $.CH \dfrac{CH_3}{CH_3}$ und eine Verbindung, welche die Gruppe CH_2Cl enthält (J. B. 1873, 346).

9. $H_3C.CH_2.CH_2.CH_2.CH_2.CH_2.CH_2.CH_3$ giebt H_3C $.CHCl.CH_2.CH_2.CH_2.CH_2.CH_2.CH_3$ und $H_2CCl.CH_2.CH_2$ $.CH_2.CH_2.CH_2.CH_2.CH_3$; ein anderes aus Jodoctyl dargestelltes Octan gab $H_2CCl.CH_2.CH_2.CH_2.CH_2.CH_2.CH_2.CH_3$ und vielleicht $H_3C.CH_2.CHCl.CH_2.CH_2.CH_2.CH_2.CH_3$ (anwesendes Jod kann hier eine Rolle spielen; J. B. 1869, 367, 369).

10. $\dfrac{H_3C}{H_3C} CH.CH_2.CH_2.CH \dfrac{CH_3}{CH_3}$ giebt $\dfrac{H_3C}{H_3C} CH.CH_2.CH_2$ $.CH \dfrac{CH_2Cl}{CH_3}$ und $\dfrac{H_3C}{H_3C} CH.CH_2.CHCl.CH \dfrac{CH_3}{CH_3}$ (J. B. 1877, p. 366); auch hier hat die Anwesenheit von Jod auf die Art des Products Einfluss (J. B. 1867, 567).

11. $C_6H_5.CH_3$ giebt in der Wärme $C_6H_5.CH_2Cl$; kalt, oder bei Anwesenheit von Jod oder Chlormolybdän (J. B. 1875, 373) auch in der Wärme $C_6H_4Cl.CH_3$ (1.4 und etwas 1.2).

12. $C_6H_5.CH_2.CH_3$ giebt in der Wärme $C_6H_5.CH_2.CH_2Cl$ (J. B. 1869, 413; 1874, 389).

13. $C_6H_4 (\dot{C}H_3)_2$ (1.2) giebt in der Wärme $C_6H_4 \dfrac{CH_3}{CH_2Cl}$.

14. $C_6 H_4 (CH_3)_2$ (1 . 3) giebt in der Wärme $C_6 H_4 \begin{smallmatrix} CH_3 \\ CH_2 Cl \end{smallmatrix}$, kalt, oder bei Anwesenheit von Jod auch in der Wärme $C_6 H_3 Cl (CH_3)_2$.

15. $C_6 H_4 (CH_3)_2$ (1 . 4) wie (1 . 3).

16. $C_6 H_4 \begin{smallmatrix} CH_3 \\ CH_2 CH_2 CH_3 \end{smallmatrix}$ (1 . 4) giebt bei Anwesenheit von Jod: $C_6 H_3 Cl \begin{smallmatrix} CH_3 \\ CH_2 CH_2 CH_3 \end{smallmatrix}$ (J. B. 1877, 405).

17. $C_6 H_5 . C_6 H_5$ giebt $C_6 H_4 Cl . C_6 H_5$ (1 . 4) und etwas (1 . 2) (J. B. 1874, 404; 1877, 414).

Chlorirung der gechlorten Kohlenwasserstoffe.

18. $H_3 C . CH_2 Cl$ giebt $H_3 C . CHCl_2$ (J. B. 1871, 383), vielleicht daneben etwas $CH_2 Cl . CH_2 Cl$ (J. B. 1870, 610).

19. $H_3 C . CHCl_2$ giebt $H_3 C . CCl_3$ und $CH_2 Cl . CHCl_2$ (J. B. 1870, 435; 1873, 320).

20. $H_2 CCl . CHCl_2$ giebt $H_2 CCl . CCl_3$ (J. B. 1870, 435).

21. $H_3 C . CCl = CH_2$ giebt $CH_2 Cl . CCl = CH_2$ und $CH_3 . CCl = CHCl$ (J. B. 1871, 404; 1872, 323) (bei Einwirkung von Chlor im Schatten).

22. $H_3 C . CH_2 . CH_2 Cl$ giebt $H_3 C . CHCl . CH_2 Cl$ (J. B. 1869, 357).

23. $H_3 C . CHCl . CH_3$ giebt $H_3 C . CCl_2 . CH_3$ u. $H_3 C . CHCl . CH_2 Cl$; bei Anwesenheit von Jod nur letzteres (J. B. 1871, 376).

24. $H_3 C . CHCl . CH_2 Cl$ scheint die drei möglichen Substitutionsproducte zu geben (J. B. 1872, 330; 1876, 341).

25. $C_6 H_5 Cl$ giebt $C_6 H_4 Cl_2$ (1 . 4) und daneben (1 . 2); die Menge des letzteren nimmt bei schneller Chloreinführung zu (J. B. 1875, 362, 364).

26. $C_6 H_4 Cl_2$ (1 . 4) giebt $C_6 H_3 Cl_3$ (1 . 2 . 4) (J. B. 1876, 373).

27.   „   (1 . 2)   „   „   „   „

28. $C_6 H_3 Cl_3$ (1 . 2 . 4) giebt $C_6 H_2 Cl_4$ (1 . 2 . 4 . 5) (J. B 1876, 373).

29. Die gechlorten Toluole verhalten sich wie Toluol und nehmen in der Wärme das Chlor in die Gruppe CH_3, kalt, und bei Anwesenheit von Jod auch in der Wärme in die Gruppe C_6H_5 (J. B. 1867, 660; 1868, 360 u. s. w.) Das in die C_6H_5 - Gruppe tretende Chlor kommt hauptsächlich in die Parastellung (1 . 4) (J. B. 1873, 356). $C_6H_4Cl\,(CH_3)$ (1.4; $1 = CH_3$) giebt bei Anwesenheit von Molybdänchlorid auch in der Wärme $C_6H_3Cl_2\,(CH_3)$ (1.3.4) und ein isomeres Product (J. B. 1875, 373).

30. Auch bei $C_6H_3Cl\,(CH_3)_2$ aus $C_6H_4\,(CH_3)_2$ (1.3) tritt bei Anwesenheit von Jod das zweite und dritte Chloratom in C_6H_3.

31. $C_6H_4\,(CH_3)\,(CH_2Cl)$ (1.4) giebt in der Wärme C_6H_4 $(CH_2Cl)_2$ (J. B. 1870, 535; 1876, 607).

32. $C_6H_4\,(CH_3)\,(CH_2Cl)$ (1.2) giebt in der Wärme C_6H_4 $(CH_2Cl)_2$ und $C_6H_4\,(CH_3)\,(CHCl_2)$ (J. B. 1876, 607).

33. $C_6H_5 . C_6H_4Cl$ (1.4) giebt $C_6H_4Cl . C_6H_4Cl$ (beide 1.4) (J. B. 1866, 463).

Zum Zwecke einiger Bemerkungen über diese Thatsachen ist zunächst der dabei stattfindende Substitutionsvorgang im Nachfolgenden näher entwickelt.

1. Wirkt in der Raumeinheit eine gewisse Menge Chlor (p Moleküle) auf eine entsprechende Menge (p Moleküle) eines substituirbaren Körpers Y.H, beide in Gasform ein und ändert sich während der Reaction, welche nach der Gleichung:

$$Y.H + Cl_2 = Y.Cl + ClH$$

stattfindet, weder Volum noch Temperatur, so ist nach einer gewissen Zeit eine Menge x (in Molekülen) des Reactionsproducts gebildet; die Einwirkungsgeschwindigkeit ist sodann (Theil I. S. 10):

$$\frac{d.x}{d.t} = c\,(p-x)^2 \quad \text{oder} \quad \frac{d.x}{(p-x)^2} = c\,d.t,$$

woraus $\dfrac{1}{p-x} = c\,t + K$, und (da für t = o auch x = o) $K = \dfrac{1}{p}$,

also $x = \dfrac{p^2\,c\,t}{1+p\,c\,t}$.(t = o, x = o; t = ∞, x = p) . . . (1)

2. Wirkt unter denselben Umständen Chlor auf ein Gemenge von p_1 Molekülen $Y_1 . H$ und p_2 Molekülen $Y_2 . H$ ein, so gehen neben einander zwei Reactionen vor sich; sind nach einer gewissen Zeit resp. x_1 und x_2 (in Molekülen) von den beiden Reactionsproducten gebildet, so sind die Einwirkungsgeschwindigkeiten:

$$\frac{d . x_1}{d . t} = c_1 (p - x_1 - x_2)(p_1 - x_1) \text{ und } \frac{d . x_2}{d . t} = c_2$$
$$(p - x_1 - x_2)(p_2 - x_2),$$

$$\text{somit } \frac{c_2 \, d . x}{p_1 - x_1} = \frac{c_1 \, d . x_2}{p_2 - x_2},$$

woraus $c_2 l . (p_1 - x_1) = c_1 l . (p_2 - x_2) + K$, und (da für $x_1 = o$ auch $x_2 = o$) $K = c_2 l . p_1 - c_1 l . p_2$,

$$\text{also } \left(1 - \frac{x_1}{p_1}\right)^{c_2} = \left(1 - \frac{x_2}{p_2}\right)^{c_1} \cdots \cdots \cdots (2)$$

wodurch sich bei Bekanntsein von c_1 und c_2 aus (1) das Verhältniss zwischen x_1 und x_2, welches unabhängig von Zeit und Chlormenge ist, bestimmen lässt.

3. Vollkommen hiermit vergleichbar ist der Fall, dass Chlor einen Körper wie $CH_3 . CH_2 Cl$ angreift, wobei nebeneinander die Bildung zweier Substitutionsproducte ($CH_3 . CHCl_2$ und $CH_2 Cl . CH_2 Cl$) vor sich gehen kann; in diesem Falle ist jedoch $p_1 = p_2$, und also:

$$\left(1 - \frac{x_1}{p_1}\right)^{c_2} = \left(1 - \frac{x_2}{p_1}\right)^{c_1} \cdots \cdots \cdots (3)$$

woraus sich ebenfalls die Unabhängigkeit von dem Verhältnisse zwischen x_1 und x_2 von Zeit und Chlormenge ergiebt.

4. Schliesslich handelt es sich um das Fortschreiten der Substitution nach Eintreten eines ersten Chloratoms. Wirken beispielsweise unter obigen Umständen p Moleküle Chlor auf q CH_4 ein, so wird $CH_3 Cl$ - Bildung erfolgen und gleichzeitig $CH_2 Cl_2$ - Bildung anfangen; nimmt man der Einfachheit wegen an, dass die Einwirkung dabei aufhört, so mögen nach einer

gewissen Zeit x Moleküle CH_3Cl und y Moleküle CH_2Cl_2 gebildet sein; die Reactionsgeschwindigkeiten sind dann:

$$\frac{d.x}{d.t} = (p - x - y)\{c_1(q - x - y) - c_2 x\} \text{ und } \frac{d.y}{d.t}$$
$$= c_2 x (p - x - y),$$

somit $c_2 x\, d.x = \{c_1(q - x - y) - c_2 x\}\, d.y$,

woraus $c_1 l.\{c_2 x + c_1(y - q)\} = c_2 l.(y - q + x) + K$,

und (da für $x = o$ auch $y = o$) $K = c_1 l.(-c_1 q) - c_2 l.(-q)$,

also $c_1 l.\dfrac{c_1(q - y) - c_2 x}{c_1 q} = c_2 l.\dfrac{q - x - y}{q} \ldots (4)$

Da die Untersuchungen auf organischem Gebiete in den letzten Jahrzehnten, hauptsächlich die Constitutionsbestimmung bezweckend, fast immer mehr qualitativer Art waren, und in erster Linie das Auftreten eines bestimmten Körpers, nicht die Menge, worin derselbe auftrat, beobachtet wurde, so können diesen mathematischen Entwickelungen keine Zahlen zur Seite gestellt werden, sondern es ist nur hier und da aus den Beobachtungsdaten ein roher Vergleich der Einwirkungsgeschwindigkeiten möglich. Doch sind die obigen Formeln in der Absicht entwickelt, um dadurch in aller Schärfe Dasjenige auszudrücken, was die Kenntniss der Substitution im ganzen Umfange dann erzielen muss, wenn diese Einwirkung nicht mehr lediglich als Hülfsmittel zur Constitutionsbestimmung, sondern selbstständig studirt wird.

Das Verhältniss der Chlorirbarkeit von CH_4, CH_3Cl, CH_2Cl_2 und $CHCl_3$ würde sich dann ausdrücken in dem Verhältnisse der Einwirkungscoefficienten von Chlor auf einen jeden dieser Körper unter bestimmten Umständen, und dem auf S. 8 Angeführten gemäss würde $c_1 : c_2 : c_3 : c_4 > 4 : 3 : 2 : 1$ sein. Hiermit wäre die Möglichkeit gegeben, einen Einblick in die Einwirkung von Chlor auf CH_4 im ganzen Umfange zu gewinnen. Es würde sich herausstellen, dass die Einwirkungscoefficienten (deren Bedeutung für die organische Chemie mir gleich zu stehen scheint mit derjenigen der thermischen Bestimmungen in der anorganischen) mit der Temperatur sowie mit dem zur Chlorirung verwendeten Körper u. s. w. sich ändern. Kenntniss dieser Zahlen vorausgesetzt, erhielt es ein neues Interesse, die Einwirkung von Chlor auf einfache Körper in ihrer Verschiedenheit mit dem Angriff auf complicirte Moleküle an verschiedenen Stellen zu vergleichen und zu sehen, in wie weit die einfacheren Versuchsergebnisse sich den zusammengesetzteren anschliessen. Anscheinend findet ein derartiger Anschluss zwar nicht statt, weil die Erschwerung der Chlorirbarkeit in einfachen Molekülen einen Angriff im unchlorirten Theile des zusammengesetzteren vorauszusetzen scheint, und eben findet beim Chloräthyl z. B. derselbe gerade in der Gruppe CH_2Cl statt. Jedoch drückt, ohne Kenntniss der quantitativen Verhältnisse bei Chlorirung von CH_4, CH_3Cl und $CH_3 . CH_2Cl$ unter gleichen Umständen, diese Thatsache nur aus, dass durch eingetretenes Chlor der benachbarte Kohlen-

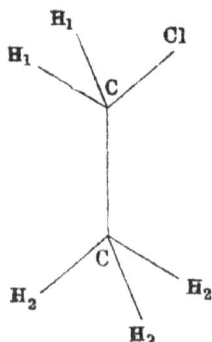

stoff in einer bestimmten Richtung stärker beeinflusst wird, als der direct gebundene. Bei Annahme von nach den Ecken eines Tetraëders gerichteten Valenzen des Kohlenstoffs ist dies nicht unmöglich; denn die anziehende Wirkung des Chlors kann, mit den Richtungen $H_2 - C$ mehr zusammenfallend, als mit den Richtungen $H_1 - C$, die Anziehung des Kohlenstoffs auf H_2 mehr verstärken als auf H_1, in Folge dessen H_2 schwieriger durch neues Chlor zu ersetzen wäre.

Dies nur, um einen Einwand zu beseitigen, der das Weitergehen in der angedeuteten Richtung als fruchtlos erscheinen liesse.

Dass unter Umständen (in der Wärme, bei Anwesenheit von Jod u. s. w.) eine andere Stelle des Moleküls angegriffen wird, als sonst (siehe 1, 9, 10, 11, 14, 15, 21, 23, 29 u. s. w.), lässt sich zurückführen, auch bei einfachen Verbindungen, auf eine Aenderung der Einwirkungscoefficienten mit den Umständen, und auf eine ungleiche Aenderung dieser Coefficienten bei verschiedenen Körpern. Schliesslich sei bemerkt, dass die Menge des Chlors, also die Geschwindigkeit der Substitution, nur in so weit auf das Verhältniss der Producte Einfluss haben kann, als dabei die Temperatur sich ändert (25).

2. Die Rückverwandlung·des an Kohlenstoff gebundenen Chlors in Wasserstoff.

Gegenüber den S. 4 aufgestellten Betrachtungen bezüglich der Leichtigkeit, womit an Kohlenstoff gebundener Wasserstoff in Chlor verwandelbar ist, wird im Allgemeinen die Rückbildung des wasserstoffhaltigen Körpers eine schwierigere Aufgabe sein.

Die Gleichung, welche sämmtliche diesbezügliche Reactionen umfasst, ist wieder ein specieller Fall derjenigen, welche auf S. 1 angeführt wurde, und gestaltet sich:

$$(\equiv C) \cdot Cl + H \cdot Z = (\equiv C) \cdot H + Cl \cdot Z.$$

Die Einwirkung wird desto leichter stattfinden, je mehr die Affinität der Gruppe Z zum Chlor diejenige zum Wasserstoff übertrifft, je grösser also die Wärmeentwickelung ist, ausgedrückt durch:

$$Cl \cdot Z - H \cdot Z.$$

In dem einzigen Falle, von welchem hier die Rede sein wird, namentlich für $Z = H$, erlangt diese Wärmebildung den Werth 22 (39,3 in wässriger Lösung); da dieser Werth noch die Wärmeabsorption (17,5) bei Umwandlung von Chloracetyl in Aldehyd übersteigt, so ist der Wasserstoff im Stande, die Reduction von an Kohlenstoff gebundenem Chlor zu bewirken: $C Cl_4$, $C_2 Cl_4$, $C_{10} Cl_8$ geben mit Wasserstoff bei beginnender Rothglühhitze $C H_4$, $C_2 H_4$, $C_{10} H_8$ u. s. w. (J. B. 1857, 267).

Die Reaction kann wieder erleichtert werden, entweder durch Erhöhung der dabei entwickelten Wärmemenge, oder durch einfache Beschleunigung auf anderem Wege.

Die Wärmeentwickelung vermehrt sich:

1. Durch Ersatz des Wasserstoffs durch ein Gemenge oder eine Verbindung, aus welcher sich genanntes Element unter

Wärmeentwickelung bilden kann. Solche Gemenge sind in erster Linie Wasser und sauerstoffentziehende Mittel, insbesondere Metalle; denn da die Bildungswärme des Wassers constant $H_2.O = 68,4$ (also pro H 34,2) ist, so hängt die Fähigkeit dieser Reductionsgemische lediglich (in Bezug auf Wärmebildung) von der Verbindungswärme der Metalle zu Oxyd oder Hydroxyd ab.

Es seien hier zur nachherigen Verwendung diese Zahlen eingeschaltet:

K.O.H.Aq 116,5, also Wärmebildung pro H 48,1

Na.O.H.Aq 111,8, „   „   43,4.

(In den Amalgamen sind diese Wärmebildungen durch Bindung des Kaliums und Natriums an Quecksilber im Maximum um resp. 20,3 und 10,3 herabgedrückt, so dass die Verwendung des Natriums in dieser Form der des Kaliums vorzuziehen ist.)

Li.O.H.Aq	117,4,	also Wärmebildung pro H			49,—
Ca.O.Aq	149,5	„	„	„	40,5
Ba.O.Aq	158,3	„	„	„	44,9
Mg.O.H₂O	149	„	„	„	40,3
Al.O₃.H₃	296,9	„	„	„	30,6
Mn.O.H₂O	94,8	„	„	„	13,2
Zn.O.H₂O	82,7	„	„	„	7,1
P.O₃.H₃.Aq	227,6	„	„	„	6,9
PO₃H₃.O.Aq	77,7	„	„	„	4,4
SO₂.O.Aq	71,3	„	„	„	1,2

Allgemeine Verwendung findet Natriumamalgam; jedoch ist auch mit Erfolg Magnesium (J. B 1877, 324) und Zink (J. B. 1857, 267; 1876, 322) zu diesem Zwecke verwendet worden.

In zweiter Linie kommen als Gemenge zu dem genannten Zwecke in Betracht Säuren und solche Körper, welche den Wasserstoff der ersteren unter Wärmebildung ersetzen; also im Allgemeinen Metalle. Die Wärmebildung, welche in diesem Falle pro H stattfindet, übersteigt die oben angegebenen Werthe um diejenige Wärme, welche die Neutralisation der oben entstandenen Oxyd- oder Oxydhydratmenge begleitet. In den nachstehenden Fällen erhält die Wärmebildung folgende Grösse:

	Schwefel-säure.	Salzsäure.	Essigsäure (verdünnt).
Magnesium	55,9	54,1	—
Natriumamalgam .	49	46,8	46,4
Aluminium.	41,1	39,9	—
Zink	18,8	16,9	16
Eisen	12,1	10,3	9,6
Zinn	—	1,2 (18,6 concentrirt)	—

An der Stelle von Gemengen, welche Wasserstoff unter Wärmeentwickelung abgeben, können auch Verbindungen benutzt werden, welche dasselbe thun; als solche z. B. Jodwasserstoff, der unter dem Siedepunkte des Jods mit 6,2, über jenem Siedepunkte mit 0,6 Cal. ein Gramm Wasserstoff abspaltet, und sich daher eignet, Chlorverbindungen in die entsprechenden Wasserstoffderivate zu verwandeln (J. B. 1867, 344). Die Anwendung von Phosphor und Jod- (J. B. 1862, 321) oder Chlorwasserstofflösung stellt sich bezüglich der Wärmebildung mit derjenigen von Phosphor und Wasser gleich, wobei pro H 6,3 (bei Bildung von Phosphorsäure), 6,9 (bei Bildung von phosphoriger Säure) entwickelt wird (siehe S. 16).

2. Die S. 6 in zweiter Linie genannte Gruppe von Gemengen, welche Erhöhung der Wärmebildung erzielen, führt die bei der Reduction entstandene Salzsäure in andere Körper, namentlich Salze, über. Bei Anwendung von Wasser und Metallen findet dieselbe Umbildung schon ohne Weiteres statt:

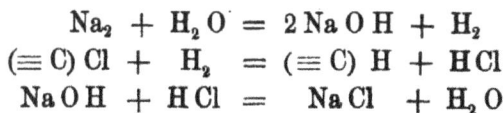

$$Na_2 + H_2O = 2\,NaOH + H_2$$
$$(\equiv C)\,Cl + H_2 = (\equiv C)\,H + HCl$$
$$NaOH + HCl = NaCl + H_2O$$

und die früher angegebene pro H gebildete Wärmemenge muss daher vermöge dieser fernerweiten Reaction immer um die

Hälfte der Neutralisationswärme vom pro H entstandenem Oxyd oder Hydroxyd mit Salzsäure vermehrt werden. Dessen ungeachtet bleibt die ganze Wärmemenge unter derjenigen, welche bei Verwendung von Säuren gebildet wird; derartige Reductionen finden demnach in saurer Lösung unter grösserer Wärmeentwicklung statt.

Die Geschwindigkeit dieser Reductionen kann vermehrt werden:

1. Durch Erwärmung (J. B. 1857, 266), bei Einwirkung von freiem Wasserstoff.

2. Durch Anwesenheit von Körpern, welche mit Wasserstoff Verbindungen eingehen, die bei der Reactionstemperatur der Dissociation unterliegen, oder welche den Wasserstoff auf ihrer Oberfläche verdichten, wie Palladium und Kohle.

3. Durch Elektricität. Schon längst wurde die Reduction statt durch Zink und Wasser durch Zinkelektroden und Wasser ausgeführt (J. B. 1857, 266); Gladstone und Tribe, auf demselben Principe fussend, benutzen mit Kupfer bekleidetes Zink.

4. Das Ersetzen der directen Reaction durch mehrere indirecte, welche zusammen dieselbe Umwandlung veranlassen und dennoch in kürzerer Zeit vor sich gehen, als die direct zum Ziele führende, scheint beim Verwenden von Phosphor, Jodwasserstoff und Wasser, statt Phosphor und Wasser, eine Rolle zu spielen.

Schliesslich sei bemerkt, dass die Beschleunigungsmittel auf dieselben Grunderscheinungen zurückzuführen sind, wie diejenigen, welche das Eintreten von Chlor erleichtern.

Bezüglich der Leichtigkeit, mit welcher die Rückverwandlung des Chlors in Wasserstoff in verschiedenen Kohlenstoffverbindungen vor sich geht, lässt sich im Allgemeinen wenig sagen. Dass der Einfluss des an Kohlenstoff Gebundenen hierbei sehr gross ist, folgt sofort aus den Zahlen für die Wärmebildung, von welcher die Reaction in verschiedenen Fällen begleitet ist; beim Vergleich der Angaben bezüglich der Chlorkohlenwasserstoffe scheint man übrigens berechtigt, anzunehmen, dass die Menge des an Kohlenstoff gebundenen Wasserstoffs die Reduction des Chlors erleichtert, die Menge des Chlors aber dieselbe erschwert. Das dem Benzolkohlenstoff (welcher keinen Wasserstoff trägt) anhängende Chlor wird schwierig durch Wasserstoff ersetzt, ebenso das Chlor in $H_3 C . C Cl = C H_2$ (J. B. 1872, 315); Chlorkohlenstoff ($C Cl_4$) scheint schwieriger reducirt zu werden, als niedriger gechlorte Methane, ebenso $H_3 C . C Cl_2 . C H_3$ schwieriger als $H_3 C . C H Cl . C H_3$ (J. B. 1872, 316). Jedoch fehlt auch für diese Thatsachen der quantitative Ausdruck.

***

3. Aenderung der physikalischen Beschaffenheit durch das Eintreten von Chlor.

Diesbezüglich sei die Aenderung der Siedepunkte und der Dichte durch das Eintreten von Chlor in nachfolgenden Erörterungen berührt.

Die Siedepunktsunterschiede zweier Körper ändern sich im Allgemeinen mit dem Druck, können dadurch sogar im Zeichen umkehren: bei 222 Mm. ist der Siedepunkt des Benzols $\pm$ 45°, derjenige des Aethylalkohols $\pm$ 50°; bei 2256 Mm. derjenige des ersteren $\pm$ 120°, des letzteren $\pm$ 108°. Gehören jedoch die Körper ein und derselben Klasse an, so ist diese Aenderung weit geringer: beim essigsauren Aethyl übersteigt der Siedepunkt denjenigen des ameisensauren Methyls um 1,7—1,4 bei Druckbeträgen, bei welchen das Sieden um 20° und 50° stattfindet (J. B. 1868, 500); beim Jodpropyl und Jodisopropyl um 11,87° — 12,77° bei 200 und 760 Mm. (J. B. von Städel, 1877, 575); während Landolt bei den Fettsäuren im Allgemeinen ein Abnehmen der Unterschiede bei Druckabnahme beobachtete: bei 127 Mm. waren die Siedepunkte der Essig-, Butter- und Valeriansäure resp. etwa 68°, 107° und 117°, bei 760 Mm. 119°, 162°, 174°. Bei den Wasserstoffverbindungen und deren Chlorsubstitutionsproducten findet dasselbe statt: beim Chloroform ist unter 9440 Mm. der Siedepunkt etwa 165°, beim Chlorkohlenstoff (CCl_4) 191°; unter 160 Mm. 20° und 33° Ein Siedepunktsvergleich der Chlorkohlenwasserstoffe ist demnach berechtigt; derselbe wird eingehend behandelt werden, weil die erhebliche Zahl derartiger Verbindungen das Auffinden von Regelmässigkeiten erleichtert und den Werth derselben erhöht, zugleich aber auch die daraus zu ziehenden Schlussfolgerungen bei Betrachtung desselben Gegenstandes unter geänderten Verhältnissen (Druck) voraussichtlich nicht hinfällig werden. Der Zweck dieses Vergleichs wird, dem Zwecke des Werkes entsprechend, darauf gerichtet sein, die Siedepunktsänderung beim Eintreten des Chlors statt. Wasserstoff am Kohlenstoff im Allgemeinen, sowie den Einfluss des an Kohlenstoff Gebundenen, hier des Chlors und Wasserstoffs, auf jene Aenderung kennen zu lernen.

A. Eintritt des Chlors in Kohlenwasserstoffe.

1. Eintritt des Chlors in die Gruppe $H_3C - C\equiv$:

Diff.

1. $H_3C.CH_2.CH_2.CH_3$ 1° $H_3C.CH_2.CH_2.CH_2Cl$ 77½° 76½°

2. $\frac{H_3C}{H_3C}CH.CH_3$ — 17° $\frac{H_3C}{H_3C}CH.CH_2Cl$ 69° 86°

3. $H_3C.CH_2.CH_2.CH_2.CH_3$ 38° ...... CH_2Cl 106½° 68½°

4. $\frac{H_3C}{H_3C}CH.CH_2.CH_3$ 30° ...... CH_2Cl 99° 69°

5. $\frac{H_2CCl}{H_3C}CH.CH_2.CH_3$ 98° 68°

6. $H_3C.CH_2.CH_2.CH_2.CH_2.CH_3$ 70° ...... CH_2Cl 133½° 63½°

7. $\frac{H_3C}{H_3C}CH.CH\frac{CH_3}{CH_3}$ 58° $\frac{H_3C}{H_3C}CH.CH\frac{CH_3}{CH_2Cl}$ 122° 64°

8. $H_3C.CH_2.CH_2.CH_2.CH_2.CH_2.CH_3$ 99° ...... CH_2Cl 159° 60°

9. $C_6H_5.CH_3$ 111° ...... CH_2Cl 176° 65°

10. $H_3C.CH_2.CH_2.CH_2.CH_2.CH_2.CH_2.CH_3$ 124° ...... CH_2Cl 180° 56°

11. $C_6H_5.CH_2.CH_3$ 134° ...... CH_2Cl 202° 68°

12. $H_3C.C_6H_4.CH_3$ (1.2) 142° ...... CH_2Cl 198° 56°

13. „ (1.3) 137½° ...... CH_2Cl 193½ 56°

Mittel von 13: 66°

2. Eintritt des Chlors in die Gruppe $H_2 C \Big\langle {{C \equiv} \atop {C \equiv}}$.

Zur Beurtheilung der hierbei stattfindenden Siedepunktsänderung sind diejenigen isomeren Verbindungen neben einander gestellt, welche ein Chloratom, und zwar in Form einer Gruppe CH_2Cl oder $CHCl$, enthalten:

				Diff.
1. $H_3C.CH_2.CH_2Cl$	$46\frac{1}{2}^0$	$H_3C.CHCl.CH_3$	37^0	$-9\frac{1}{2}^0$
2. $H_2C = CH.CH_2Cl$	$46\frac{1}{2}^0$	$HClC = CH.CH_3$	34^0	$-12\frac{1}{2}^0$
3. $H_3C.CH_2.CH_2.CH_2Cl$	$77\frac{1}{2}^0$	$H_3C.CH_2.CHCl.CH_3$	66^0	$-11\frac{1}{2}^0$
4. $H_3C.CH_2.CH_2.CH_2$ $.CH_2Cl$	$106\frac{1}{2}^0$	.... $CHCl.CH_3$	101^0	$-5\frac{1}{2}^0$
5. ${H_3C} \atop {H_3C}$ $CH.CH_2.CH_2Cl$	99^0	.... $CHCl.CH_3$	$86\frac{1}{2}^0$	$-12\frac{1}{2}^0$
6. ${H_3C} \atop {H_2CCl}$ $CH.CH_2.CH_3$	98^0	„ „	„	$-11\frac{1}{2}^0$
7. $H_3C.CH_2.CH_2.CH_2.CH_2$ $.CH_2Cl$	$133\frac{1}{2}^0$	.... $CHCl.CH_3$	126^0	$-7\frac{1}{2}^0$
8. $H_3C.CH_2.CH_2.CH_2.CH_2$ $.CH_2.CH_2Cl$	180^0	.... $CHCl.CH_3$	$174\frac{1}{2}^0$	$-5\frac{1}{2}^0$
9. $C_6H_5.CH_2.CH_2Cl$	202^0	$C_6H_5.CHCl.CH_3$	194^0	-8^0

Mittel von 9: -9^0

3. Eintritt des Chlors in die Gruppe $HC - (C\equiv)_3$.

Zur Beurtheilung der hierbei stattfindenden Siedepunktsänderung sind diejenigen isomeren Verbindungen neben einander gestellt, welche ein Chloratom, in Form einer Gruppe CH_2Cl oder CCl, enthalten:

				Diff.
1. $H_2C = CH.CH_2Cl$	$46\frac{1}{2}^0$	$H_2C = CCl.CH_3$	24^0	$-22\frac{1}{2}^0$
2. ${H_3C} \atop {H_3C}$ $CH.CH_2Cl$	69^0	${H_3C} \atop {H_3C}$ $CCl.CH_3$	$50\frac{1}{2}^0$	$-18\frac{1}{2}^0$
3. ${H_3C} \atop {H_3C}$ $CH.CH_2.CH_2Cl$	99^0	${H_3C} \atop {H_3C}$ $CCl.CH_2.CH_3$	86^0	-13^0
4. ${H_2CCl} \atop {H_3C}$ $CH.CH_2.CH_3$	98^0	„	„	-12^0
5. $C_6H_5.CH_2Cl$	176^0	$C_6H_4Cl.CH_3$ (1.2)	157^0	-19^0

Diff.

6. $C_6H_5.CH_2Cl$ 176^0 $C_6H_4Cl.CH_3$ (1.3) 156^0 -20^0

7.   „   „   „ (1.4) $160\frac{1}{2}^0$ $-15\frac{1}{2}^0$

8. $C_6H_4 \genfrac{}{}{0pt}{}{CH_3}{CH_2Cl}$ (1.3) $193\frac{1}{2}^0$ $C_6H_3Cl(CH_3)_2$ $183\frac{1}{2}^0$ -10^0

Mittel von 8: -16^0

B. Eintritt des Chlors in gechlorte Kohlenwasserstoffe.

Hierbei werden zwei Fälle unterschieden werden; je nachdem das schon vorräthige Chlor an das nämliche Kohlenstoffatom gebunden ist, bei welchem das neue Chlor eintritt, oder aber das erstgenannte Chlor sich anderweitig im Kohlenwasserstoffe vorfindet:

I. 1. Eintritt des Chlors in die Gruppe $H_2ClC — C\equiv$.

Diff.

1. $H_3C.CH_2Cl$ 12^0 $H_3C.CHCl_2$ 58^0 46^0

2. $H_3C.CH_2.CH_2Cl$ $46\frac{1}{2}^0$ ······ $CHCl_2$ $85\frac{1}{2}^0$ 39^0

3. $H_2C = CH.CH_2Cl$ $46\frac{1}{2}^0$ ······ $CHCl_2$ 84^0 $37\frac{1}{2}^0$

4. $\genfrac{}{}{0pt}{}{H_3C}{H_3C}CH.CH_2Cl$ 69^0 ······ $CHCl_2$ 109^0 40^0

5. $C_6H_5.CH_2Cl$ 176^0 ······ $CHCl_2$ 206^0 30^0

6. $H_3C.CH_2Br$ ') 39^0 ······ $CHBrCl$ 84^0 45^0

7. $H_3C.CH_2.CH_2.CH_2Br$ ') 71^0 ······ $CHBrCl$ 110^0 39^0

Mittel von 7: $39\frac{1}{2}^0$

2. Eintritt des Chlors in die Gruppe $HClC = (C\equiv)_2$.

Diff.

1. $H_3C.CHCl.CH_3$ 37^0 $H_3C.CCl_2.CH_3$ 70^0 33^0

2. $H_3C.CH_2.CH_2.CHCl.CH_3$ 101^0 ······ $CCl_2.CH_3$ 146^0 45^0

3. $H_2C = CHCl$ -18^0 $H_2C = CCl_2$ 36^0 54^0

4. $H_2C = CHBr$ ') $17\frac{1}{2}^0$ $H_2C = CBrCl$ $62\frac{1}{2}^0$ 45^0

5. $H_3C.CHBr.CH_3$ ') 62^0 $H_3C.CBrCl.CH_3$ 92^0 30^0

Mittel von 5: 41^0

') Wie nachher weiter ausgeführt werden wird, haben diese Bromverbindungen denselben Werth für den gestellten Zweck, wie Chlorverbindungen.

3. Eintritt des Chlors in die Gruppe $HCl_2 C — C\equiv$

			Diff.
1. $H_3 C.CHCl_2$	58° $H_3 C.CCl_3$	74°	16°
2. $C_6H_5.CHCl_2$	206° $C_6H_5.CCl_3$	213°	7°
3. $H_3 C.CHClBr$ [1])	84° $H_3 C.CCl_2 Br$	98$\frac{1}{2}$°	14$\frac{1}{2}$°
4. $H_5 C.CHBr_2$ [1])	112° $H_3 C.CClBr_2$	123$\frac{1}{2}$°	10$\frac{1}{2}$°

Mittel von 4: 12°

II. 1. Eintritt des Chlors in die Gruppe $H_3 C — (C\equiv)$, wenn der nächstanliegende Kohlenstoff zwei Chloratome trägt:

				Diff.
1. $HCCl_2.CH_3$	58°	$HCCl_2.CH_2 Cl$	114°	56°
2. $H_3 C.CCl_2.CH_3$	70°	—— $CH_2 Cl$	123°	53°
3. $ClCH_2.CCl_2.CH_3$	123°	—— $CH_2 Cl$	164°	41°
4. $BrCH_2.CBrCl.CH_3$	170°	—— $CH_2 Cl$	205°	35°

Mittel von 1—2: 54$\frac{1}{2}$°, 3—4: 38°

2. Eintritt des Chlors in die Gruppe $H_3 C — (C\equiv)$, wenn der nächstanliegende Kohlenstoff ein Chloratom trägt:

				Diff.
1. $H_2 CCl.CH_3$	12°	—— $CH_2 Cl$	72°	60°
2. $H_2 CBr.CH_3$	39°	—— $CH_2 Cl$	168°	69°
3. $H_2 C = CCl.CH_3$	24°	—— $CH_2 Cl$	94°	70°
4. $H_3 C.CHCl.CH_3$	37°	—— $CH_2 Cl$	97°	60°
5. $H_3 C.CHBr.CH_3$	62°	—— $CH_2 Cl$	120°	58°
6. $\begin{smallmatrix} H_3 C \\ H_3 C \end{smallmatrix} CH.CHCl.CH_3$	86$\frac{1}{2}$°	—— $CH_2 Cl$	145°	58$\frac{1}{2}$°
7. $H_2 CCl.CHCl.CH_3$	97°	—— $CH_2 Cl$	155°	58°
8. $H_2 CBr.CHBr.CH_3$	141$\frac{1}{2}$°	—— $CH_2 Cl$	197$\frac{1}{2}$°	56°
9. $HCCl_2.CHCl.CH_3$	140°	—— $CH_2 Cl$	171°	31°
10. $HCClBr.CHBr.CH_3$	177°	—— $CH_2 Cl$	222$\frac{1}{2}$°	45$\frac{1}{2}$°

Mittel von 1—6: 62$\frac{1}{2}$°, 7—8: 57°, 9—10: 38°

---

[1]) Wie nachher weiter ausgeführt werden wird, haben diese Bromverbindungen denselben Werth für den gestellten Zweck, wie Chlorverbindungen.

3. Eintritt des Chlors in die Gruppe $H_3 C - (C\equiv)$, wenn der nächstanliegende Kohlenstoff kein Chlor trägt, sondern letztgenanntes Element sich anderweit in der Verbindung vorfindet:

					Diff.
1.	$HCCl = CH.CH_3$	34^0	$HCCl = CH.CH_2 Cl$	109^0	75^0
2.	$H_2 CCl.CH_2.CH_3$	$46^1/_2$	....	$CH_2 Cl$ 117^0	$70^1/_2{}^0$
3.	$H_2 CBr.CH_2.CH_3$	71^0	....	$CH_1 Cl$ $140^1/_2{}^0$	$69^1/_2{}^0$
4.	$C_6 H_4 Cl.CH_3$	158^0	....	$CH_3 Cl$ 214^0	56^0
5.	$C_6 H_3 Cl_2.CH_3$	197^0	....	$CH_2 Cl$ 241^0	44^0
6.	$C_6 H_2 Cl_3.CH_3$	237^0	....	$CH_2 Cl$ 273^0	36^0
7.	$C_6 H Cl_4.CH_3$	274^0	....	$CH_2 Cl$ $296^1/_2{}^0$	$22^1/_2{}^0$
8.	$C_6 Cl_5.CH_3$	301^0	....	$CH_2 Cl$ 326^0	25^0

Mittel von 1—4: 68^0

4. Eintritt des Chlors in die Gruppe $H_2 C = (C\equiv)_2$, wenn die nächstanliegenden Kohlenstoffe zwei Chloratome tragen:

					Diff.
1.	$CCl_2.CH_2$	36^0	$CCl_2.CHCl$	88^0	52^0
2.	$H_2 CCl.CH_2.CH_2 Cl$	117^0	$H_2CCl.CHCl.CH_2 Cl$	165^0	38^0
3.	$H_3 C.CH_2.CHCl_2$	$85^1/_2{}^0$	$H_3 C.CHCl.CHCl_2$	140^0	$54^1/_2{}^0$

Mittel von 3: 48^0

5. Eintritt des Chlors in die Gruppe $H_2 C = (C\equiv)_2$, wenn die nächstanliegenden Kohlenstoffe ein Chloratom tragen:

					Diff.
1.	$HCCl.CH_2$	18^0	$HCCl.HCCl$	36^0	54^0
2.	$H_3 C.CCl = CH_2$	24^0	$H_3 C.CCl = CHCl$	75^0	51^0
3.	$H_3 C.CH_2.CH_2 Cl$	$46^1/_2{}^0$	$H_3 C.CHCl.CH_2 Cl$	97^0	$50^1/_2{}^0$
4.	$H_3 C.CH_2.CH_2 Br$	71^0	$H_3 C.CHCl.CH_2 Br$	120^0	49^0
5.	${}^{H_3 C}_{H_3 C}CH.CH_2.CH_2 Cl$	99^0	.... $CHCl.CH_2 Cl$	145^0	46^0

Mittel von 5: 50^0

6. Eintritt des Chlors in die Gruppe $HC\equiv(C\equiv)_3$, wenn die nächstanliegenden Kohlenstoffe ein Chloratom tragen:

					Diff.
1.	$HClC = CH.CH_3$	34°	$HClC = CCl.CH_3$	75°	41°
2.	$H_2C = CH.CH_2Cl$	46½°	$H_2C = CCl.CH_2Cl$	94°	47½°
3.	$C_6H_5 . Cl$	132°	$C_6H_4Cl_2$ (1.2)	179°	47°
4.	$C_6H_5Cl_3$ (1.3.4)	210°	$C_6H_5Cl_3$ (1.3.4.6)	244½°	34½°
5.	„	„	„ (1.3.4.5)	246°	36°

Mittel von 1—3: 45°

7. Eintritt des Chlors in die Gruppe $H_2ClC-(C\equiv)$, wenn der nächstanliegende Kohlenstoff zwei Chloratome trägt:

					Diff.
1.	$HCCl_2 . H_2CCl$	114°	$HCCl_2.HCCl_2$	147°	33°
2.	$H_3C.CCl_2.CH_2Cl$	123°	$H_3C.CCl_2.CHCl_2$	155°	32°
3.	$H_3C.CClBr.CH_2Br$	170°	$H_3C.CClBr.CHClBr$	190°	20°

Mittel von 3: 28°

8. Eintritt des Chlors in die Gruppe $H_2ClC-(C\equiv)$, wenn der nächstanliegende Kohlenstoff ein Chloratom trägt:

					Diff.
1.	$H_2CCl.H_2CCl$	84°	$H_2CCl.HCCl_2$	114°	30°
2.	$H_2CBr.H_2CBr$	129°	$H_2CBr.HCClBr$	163°	34°
3.	$H_3C.CHCl.CH_2Cl$	97°	$H_3C.CHCl.CHCl_2$	140°	43°
4.	$H_3C.CHBr.CH_2Br$	141½°	$H_3C.CHBr.CHClBr$	177°	35½°
5.	$H_2CCl.CHCl.CH_2Cl$	155°	$H_2CCl.CHCl.CHCl_2$	171°	16°
6.	$H_2CCl.CHBr.CH_2Br$	197½°	$H_2CCl.CHBr.CHBrCl$	222½°	25°

Mittel von 1—4: 35½°

9. Eintritt des Chlors in die Gruppe $HClC = (C\equiv)_2$, wenn die nächstanliegenden Kohlenstoffe zwei Chloratome tragen:

			Diff.
1. $CCl_2 = CHCl$ 88°	$CCl_2 = CCl_2$	122°	34°
2. $H_3C.CHCl.CHCl_2$ 140°	$H_3C.CCl_2.CHCl_2$	155°	15°
3. $H_2CCl.CHCl.CH_2Cl$ 155°	$H_2CCl.CCl_2.CH_2Cl$	164°	9°
4. $H_2CBr.CHBr.CH_2Cl$ 197$^1/_2$°	$H_2CBr.CClBr.CH_2Cl$	205°	7$^1/_2$°
5. $H_3C.CHBr.CHClBr$ 177°	$H_3C.CClBr.CHClBr$	190°	13°

Mittel von 5: 16°

10. Eintritt des Chlors in die Gruppe $HClC=(C\equiv)_2$, wenn die nächstanliegenden Kohlenstoffe ein Chloratom tragen:

			Diff.
1. $CHCl = CHCl$ 36°	$CHCl = CCl_2$	88°	52°
2. $CHBr = CHBr$ 107$^1/_2$°	$CHBr = CClBr$	141$^1/_2$°	34°
3. $H_3C.CHCl.CH_2Cl$ 97°	$H_3C.CCl_2.CH_2Cl$	123°	26°
4. $H_3C.CHBr.CH_2Br$ 141$^1/_2$°	$H_3C.CBrCl.CH_2Br$	170°	28$^1/_2$°

Mittel von 4: 35°

11. Eintritt des Chlors in die Gruppe $HCl_2C - (C\equiv)$, wenn der nächstanliegende Kohlenstoff ein Chloratom trägt:

			Diff.
1. $H_2CCl.CHCl_2$ 114°	$H_2CCl.CCl_3$	128°	14°
2. $H_2CBr.CHBrCl$ 163°	$H_2CBr.CBrCl_2$	177°	14°
3. $H_2CBr.CHBr_2$ 187°	$H_2CBr.CBr_2Cl$	200$^1/_2$°	12$^1/_2$°

Mittel von 3: 13°

Das Resultat stellt sich folgendermaassen übersichtlich zusammen:

B. II.

Gruppe, bei welcher Chlor eintritt.	Die anderen Kohlenstoffe tragen kein Chlor.	Die indirect gebundenen Kohlenstoffe tragen Chlor.	Die direct gebundenen Kohlenstoffe tragen 1 Chlor.	Die direct gebundenen Kohlenstoffe tragen 2 Chlor.
A. { CH_3	1. 66° (13)	3. 68° (4)	2. 62$\frac{1}{2}$° (6)	1. 54$\frac{1}{2}$° (2)
CH_2	2. 57° (9)		5. 50° (5)	4. 48° (3)
CH	3. 50° (8)		6. 45° (3)	
B.I. { CH_2Cl	1. 39$\frac{1}{2}$° (7)		8. 35$\frac{1}{2}$° (4)	7. 28° (3)
$CHCl$	2. 41° (5)		10. 35° (4)	9. 16° (5)
$CHCl_2$	3. 12° (4)		11. 13° (3)	

Sofort ergiebt sich, dass der Siedepunkt durch Chloreintritt àn der Stelle des an Kohlenstoff gebundenen Wasserstoffs im Allgemeinen erhöht wird, was im Einklang steht mit dem Steigen des Molekulargewichts unter Wärmeentwickelung bei dieser Umwandlung. Das an Kohlenstoff Gebundene hat aber auf die Grösse dieser Erhöhung einen sehr bedeutenden Einfluss. Ist daran statt Kohlenstoff Wasserstoff gebunden, so steigt die Siedepunktserhöhung:

Beim Uebergang von CH_2 zu CH_3 : $+ 9°$, $+ 12\frac{1}{2}°$, $+$ $6\frac{1}{2}°$

„ „ „ CH „ CH_2 : $+ 7°$, $+ 5°$

„ „ „ $CHCl$ „ CH_2Cl: $- 1\frac{1}{2}°$, $+$ $\frac{1}{2}°$, $+ 12°$

im Mittel: $+ 6\frac{1}{2}°$

Ist daran statt Chlor Wasserstoff gebunden, so steigt dieselbe:

Beim Uebergang von CH_2Cl zu CH_3 : $+ 26\frac{1}{2}°$, $+ 27°$

„ „ „ $CHCl$ „ CH_2 : $+ 16°$, $+ 15°$, $+ 32°$

„ „ „ $CHCl_2$ „ CH_2Cl: $+ 27\frac{1}{2}°$, $+ 22\frac{1}{2}°$

im Mittel: $+ 23\frac{1}{2}°$

Also, wenn daran statt Chlor Kohlenstoff gebunden ist, so steigt die Siedepunktserhöhung im Mittel um 17°.

Merkwürdiger Weise macht dieser Einfluss des Chlors sich in derselben Richtung kenntlich, wenn genanntes Element in der Verbindung sich zwar vorfindet, jedoch nicht unmittelbar an das Kohlenstoffatom gebunden ist, an welchem die Substitution stattfindet; der Einfluss ist dann aber abgeschwächt. Trägt der direct gebundene Kohlenstoff zwei Chloratome (statt Kohlenstoff oder Wasserstoff), so sinkt die Siedepunktserhöhung:

Bei CH_3 um $11^1/_2^0$, bei CH_2 um 9^0;
„ CH_2Cl „ $11^1/_2^0$, „ $CHCl$ „ 25^0;
im Mittel 14^0 (bei direct gebundenem Chlor 34^0 bis 47^0).

Trägt der direct gebundene Kohlenstoff ein Chloratom (statt Kohlenstoff oder Wasserstoff), so sinkt die Siedepunktserhöhung:

Bei CH_3 um $3^1/_2^0$; bei CH_2 um 7^0;
„ CH „ 5^0 ;   „ CH_2Cl „ 4^0;
„ $CHCl$ „ 6^0 ;   „ $CHCl_2$ „ -1^0;
im Mittel $4^1/_2^0$ (bei direct gebundenem Chlor 17^0 bis $23^1/_2^0$).

Trägt nur der indirect gebundene Kohlenstoff ein Chloratom, so wird die Siedepunktserhöhung unbedeutend geändert; dieselbe steigt zwar um ein Geringes nach den Angaben der letzten Tabelle, wird jedoch im Allgemeinen herabgedrückt, wie sich ergiebt aus den folgenden Zahlen, welche absichtlich in der Tabelle ausgelassen sind:

In B. II. 1 wird $54^1/_2^0$ durch entferntes Chlor auf $38^1/_2^0$;
„ B. II. 2   „ $62^1/_2^0$ auf 57^0, dann auf 38^0;
„ B. II. 3   „ 68^0 „ 44^0 bis auf $22^1/_2^0$;
„ B. II. 6   „ 45^0 „ 35^0;
„ B. II. 8   „ $35^1/_2^0$ „ $20^1/_2^0$ herabgedrückt.

Die Anwesenheit des Chlors übt also im Molekül einen die Siedepunktserhöhung durch neu eintretendes Chlor herabdrückenden Einfluss aus, der sich in der unmittelbaren Nähe stärker geltend macht, als in der Entfernung (siehe Theil I. p. 285).

In zweiter Linie sei etwas über die Dichteänderung durch eintretendes Chlor angeführt. Schon im Voraus macht die

Erschwerung des Chloreintretens durch Anwesenheit von Chlor
— Ausdruck einer gewissen Annahme des Chlorcharakters von
Seiten des an Chlor gebundenen Kohlenstoffs — sowie das Herabdrücken der Siedepunktserhöhung (Ausdruck derselben Aenderung), es wahrscheinlich, dass der von neu eingetretenem Chlor
erfüllte Raum im Molekül durch Anwesenheit von Chlor
wachsen wird. Im einfachsten Fall ist hier das Molekularvolum angegeben:

Verbindg.	Mol.-Gewicht.	Dichte b. 0°.	Siedepunkt.	Ausdehnung.	Mol.-vol. b. Sp.
H_3CCl	50,34	0,9523	$23^1/_2{}^0$	0,001939	50,774
H_2CCl_2	84,71	1,3604	$40^1/_2{}^0$	0,00137	66,704
$HCCl_3$	119,08	1,5252	$60^1/_2{}^0$	0,001107	83,302
CCl_4	153,45	1,6298	78^0	0,001184	102,848

Wirklich ergiebt sich hieraus, dass das Eintreten von Chlor
an der Stelle des Wasserstoffs von einer Zunahme des Mole-
kularvolums (beim Siedepunkt) von 15,93 bei H_3CCl, 16,598
bei H_2CCl_2 und 19,546 bei $HCCl_3$ begleitet ist, also das
Volum des Chlors dem des Wasserstoffs gegenüber bei steigendem Chlorgehalt grösser wird, gleichsam als wäre dann das
Chlor loser gebunden.

B. Bindung von Kohlenstoff an Brom.

Die Einführung des Broms zerfällt der früheren Behand-
lungsweise gemäss in zwei Abtheilungen, je nachdem es sich
um Ersatz des an Kohlenstoff gebundenen Wasserstoffs oder
Chlors durch Brom handelt. Da sich jedoch die Rückverwandlung des Broms in Wasserstoff der Einführung des erstgenannten Elements an der Stelle des letzteren natürlich anschliesst, so ist die folgende Eintheilung gewählt:

1. Das gegenseitige Verhalten des Broms und Wasserstoffs
   am Kohlenstoff.
2. Das gegenseitige Verhalten des Broms und Chlors am
   Kohlenstoff.

1. Das gegenseitige Verhalten des Broms und Wasserstoffs am Kohlenstoff.

Wie sich aus Vergleich der Bildungswärmen von Aldehyd (46 flüssig) und Bromacetyl (53,6 flüssig) aus den Elementen ergiebt, ist der einfache Uebergang des an Kohlenstoff gebundenen Wasserstoffs in Brom von einer Wärmebildung begleitet:

$$C_2 . H_3 . Br . O - C_2 . H_4 . O = + 7,6,$$

es lässt sich daher erwarten, dass dieselbe, an Kohlenstoff stattfindend, welcher statt Sauerstoff Wasserstoff trägt, steigen wird. Damit im Einklang ist die Bromeinführung an der Stelle von Wasserstoff eine leichte Aufgabe, wiewohl die entsprechende Chlorsubstitution leichter vor sich geht (was sich bei Vergleich dieser Zahlen mit den beim Chlor angegebenen erwarten lässt). Die allgemeine Gleichung, welche die Einführung des Broms ausdrückt, ist wie beim Chlor:

$$(\equiv C) . H + Br . Z = (\equiv C) . Br + H . Z,$$

worin bei verschiedenen Werthen von Z folgende thermische Zahlen für H . Z — Br . Z erhalten werden:

Z	Reactionsgleichung.	H . Z — Br . Z
Br	$(\equiv C).H + Br_2 = (\equiv C).Br + H . Br$	8,44 — 0 = 8,44 (28,38 i. Lös.).
O_5Br	$(\equiv C).H + Br_2 O_5 = (\equiv C).Br + (BrO_3H + O_2)$	12,42 — (— 43,52) = 55,94 (i. Lös.).
O_3H	$(\equiv C).H + BrO_3H = (\equiv C).Br + (OH_2 + O_2)$	68,36 — 12,42 = 55,94 (i. Lös.).
O_3K	$(\equiv C).H + Br O_3K = (\equiv C).Br + (HOK + O_2)$	116,46 — 74,27 = 42,19 (i. Lös.).

Beim Gebrauch der Elemente selbst entwickelt sich also in der Chlorsubstitution mehr Wärme als in derjenigen von Brom; beim Gebrauch der Sauerstoffverbindungen jedoch umgekehrt. Demgemäss ist Bromsäure zur Bromeinführung geeignet (J. B. 1875, p. 367). Bezüglich der Mittel, welche die Reaction erleichtern durch Zuwachs der dabei auftretenden Wärme, und die hier zwar im Allgemeinen den beim Chlor angewendeten Mitteln entsprechen, stellen sich jedoch diejenigen, welche den in der ersteren Reactionsgleichung auftretenden Bromwasserstoff oxydiren, mehr in den Vordergrund, weil die Umwandlung $Br.H.Aq + \frac{1}{2}O = Br + \frac{1}{2}H_2.O$ + 5,8 Cal. repräsentirt; in der Reactionsgleichung:

$$\tfrac{1}{5} \{ 5 (\equiv C) H + BrO_3 H + 2 Br_2 = 5 (\equiv C) Br + 3 H_2 O \}$$
$$\text{(in Lösung)}$$

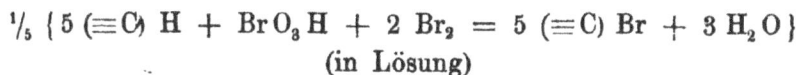

übersteigt $H.Z - Br.Z$ (38,53) demgemäss den Werth für einfache Substitution vermittelst Brom bedeutend (J. B. 1875, p. 367).

Bezüglich der Mittel, welche die Reaction beschleunigen, ohne die dabei stattfindende Wärmeentwicklung zu ändern, lässt sich dasselbe anführen, wie beim Chlor; hinzugefügt sei hier nur, dass auch die Anwesenheit von Körpern (wie $Al_2 Br_6$), welche mit der zu substituirenden Verbindung Producte bilden, bei der Reactionstemperatur in Dissociation verkehrend, beschleunigend wirkt.

Die Leichtigkeit, womit die Bromeinführung an verschiedenen Kohlenstoffatomen vor sich geht, ist von dem an das betreffende Atom Gebundenen abhängig. Da sich in dieser Hinsicht im Allgemeinen dasselbe behaupten lässt, wie beim Chlor, so wird hier nur das Thatsächliche angeführt werden. Dieses bezieht sich auf die Eintrittsstelle des Broms in Kohlenwasserstoffe, in Brom- und in Chlorkohlenwasserstoffe.

A. Eintreten des Broms in Kohlenwasserstoffe:

1. $H_3 C . CH_2 . CH_2 . CH_2 . CH_2 . CH_3$ giebt $H_3 C . CHBr . CH_2 . CH_2 . CH_2 . CH_3$ (J. B. 1877, 400).

2. $H_3 C . CH_2 . CH_2 . CH_2 . CH_2 . CH_2 . CH_3$ giebt $H_2 C . CHBr . CH_2 . CH_2 . CH_2 . CH_2 . CH_3$ (J. B. 1877, 400).

3. $C_6 H_5 . CH_3$ giebt in der Kälte, mit Jod auch in der Wärme $C_6 H_4 Br . CH_3$ (1.4, 1.2 und 1.3); an und für sich in der Wärme $C_6 H_5 . CH_2 Br$ und obige Körper (J. B. 1867, 663; 1875, 364).

4. $C_6H_5 . CH_2 . CH_3$ giebt in der Kälte, sowie bei höherer Temperatur $C_6H_5 . CHBr . CH_3$; bei Anwesenheit von Jod (J. B. 1869, 411; 1873, 358; 1874, 388).

5. $C_6H_4 (CH_3)_2$ (1.4) giebt in der Wärme: $C_6H_4 (CH_3) (CH_2Br)$. (J. B. 1870, 535.)

6. $C_6H_4 (CH_3)_2$ (1.2) giebt in der Kälte: $C_6H_3Br (CH_3)_2$ (1.2.4) (J. B. 1875, 386).

7. $C_6H_5 . CH_2 . CH_2 . CH_3$ giebt in der Wärme: $C_6H_5 C_3H_6Br$ (J. B. 1874, 393).

8. $C_6H_5 . CH \begin{smallmatrix} CH_3 \\ CH_3 \end{smallmatrix}$ giebt in der Kälte: $C_6H_4Br . C_3H_7$ (J. B. 1867, 698).

9. $C_6H_3 (CH_3)_3$ (1.3.5) giebt in der Kälte: $C_6H_2Br (CH_3)_3$ (J. B. 1867, 704).

10. $C_6H_4 (CH_3) (CH_2 CH_2 CH_3)$ (1.4) giebt bei Anwesenheit von Jod $C_6H_3Br (CH_3) (C_3H_7)$ (J. B. 1872, 370).

11. $C_6H_5 . C_6H_5$ giebt $C_6H_4BrC_6H_5$ (1.4) (J. B. 1872, 372).

12. $C_{10}H_6 (C_2H)_4$ giebt in der Kälte: $C_{10}H_5Br (C_2H_4)$ (J. B. 1874, 411).

13. $C_6H_5 . CH_2 . CH_2 . C_6H_5$ giebt in der Kälte: $C_6H_4Br CH_2 . CH_2 . C_6H_5$ (1.4) und $C_6H_5 . CHBr.CH_2 . C_6H_5$ (J. B. 1876, 420 und J. B. 1869, 426).

14. $(C_6H_5)_3 CH$ giebt in der Kälte: $(C_6H_5)_3 CBr$ (J. B. 1874, 443).

15. $(C_{10}H_7)_2 CH_2$ giebt in der Kälte: $(C_{10}H_7) (C_{10}H_6 Br) CH_2$ (J. B. 1874, 448).

B. Eintreten des Broms in Bromkohlenwasserstoffe:

16. $CH_3 . CH_2Br$ giebt $CH_3 . CHBr_2$ und $CH_2Br . CH_2Br$ (J. B. 1873, 313; B. B. XI. 1741).

17. $CHBr_2 . CH_3$ giebt $CHBr_2 . CH_2Br$ und vielleicht $CBr_3 . CH_3$ (l. c.).

18. $CHBr_2 . CH_2Br$ giebt $CBr_3 . CH_2Br$ (l. c.).

19. $H_2CBr . CH_2 . CH_3$ giebt $H_2CBr . CHBr . CH_3$ (J. B. 1872, 311).

20. $H_3C.CHBr.CH_3$ giebt $H_2CBr.CHBr.CH_3$ (l. c.).

21. $H_3C.CH_2.CH_2.CH_2Br$ giebt $H_3C.CH_2.CHBr.CH_2Br$ (J. B. 1872, 342).

22. $\begin{matrix}H_3C\\H_3C\end{matrix}CH.CH_2Br$ giebt $\begin{matrix}H_3C\\H_3C\end{matrix}CBr.CH_2Br$ (J. B. 1872, 346).

23. $\begin{matrix}H_3C\\H_3C\end{matrix}CH.CHBr.CH_3$ giebt $\begin{matrix}H_3C\\H_3C\end{matrix}CH.CHBr.CH_2Br$ (J. B. 1877, 532).

24. C_6H_5Br giebt $C_6H_4Br_2$ (1,4 und 1.2) (J. B. 1874, 362; 1875, 303).

25. $C_6H_4Br_2$ (1.2) giebt $C_6H_3Br_3$ (1.3.4) (l. c.).

26. „ (1.3) „ „ (l. c.).

27. „ (1.4) „ „ (l. c.).

28. Die gebromten Toluole verhalten sich zu Brom, wie die gechlorten zu Chlor (J. B. 1875, 378; 1876, 390); $C_6H_4Br.CH_3$ (4.1 und 2.1) giebt $C_6H_3Br_2CH_3$ (4.2.1). (J. B. 1875, 387).

29. $C_6H_5.CHBr.CH_3$ giebt in der Wärme $C_6H_5.CHBr.CH_2Br$ (J. B. 1873, 358).

30. $C_6H_4.CH_2Br.CH_3$ (1.4) giebt in der Wärme $C_6H_4(CH_2Br)_2$ (J. B. 1870, 535).

31. $C_6H_5.C_3H_6Br$ giebt in der Wärme $C_6H_5.CH_2.CHBr.CH_2Br$ (J. B. 1874, 393).

32. $C_6H_4Br.C_6H_5$ (1.4) giebt $C_6H_4Br.C_6H_4Br$ (1.4, 1.4) (J. B. 1874, 405).

33. $C_6H_4Br.CH_2.CH_2.C_6H_5$ (1.4) giebt $C_6H_4Br.CH_2.CH_2.C_6H_4Br$ (1.4, 1.4) (J. B. 1876, 420).

34. $C_6H_5.CHBr.CH_2.C_6H_5$ giebt $C_6H_5.CHBr.CHBr.C_6H_5$ (J. B. 1869, 426).

C. Eintreten des Broms in Chlorkohlenwasserstoffe.

35. $CH_3.CH_2Cl$ giebt $CH_3.CHBrCl$ (B. B. XI, 1739).

36. $CH_3.CHCl_2$ „ $CH_3.CBrCl_2$ „ „

37. $CH_3 . CHBrCl$ giebt $CH_3 . CBr_2Cl$ und $CH_2Br . CHBrCl$
(l. c.).

38. $CH_2Br . CHBrCl$ giebt $CH_2Br . CBr_2Cl$ (l. c.).

Wie die Umwandlung von Wasserstoffverbindungen in
Bromsubstitutionsproducte im Allgemeinen schwieriger ist, als
die entsprechende Chloreinführung, so lässt sich die Rückverwandlung leichter bewirken, und zu den Mitteln, welche für
die entsprechende Reaction beim Chlor angeführt wurden und
die sämmtlich auch für Brom Verwendung finden [1]), lässt sich
die Einwirkung von Alkalien hinzufügen, welche in mehreren
Fällen die Rückverwandlung des Broms in Wasserstoff bewirken,
vielleicht in einer dem Umgekehrten der vierten Reactionsgleichung (p. 30) vergleichbaren Weise (CBr_4 giebt mit NH_3 : $HCBr_3$,
Theil I, p. 148; $C_6H_5 . CBr = CH . C_6H_5$ giebt mit demselben
Reagens $C_6H_5 . CH = CH . C_6H_5$, J. B. 1867, p. 674;

$$C_{10}H_6 \diagup \begin{matrix} CH \\ \| \\ CBr \end{matrix} \quad \text{mit Kali} \quad C_{10}H_6 \begin{matrix} CH \\ \| \\ CH \end{matrix} \quad \text{J. B. 1874, p. 412).}$$

2. Das gegenseitige Verhalten des Broms und Chlors am Kohlenstoff.

Wie sich aus nachstehender Vergleichung der Bildungswärmen von:

Bromamyl $C_5.H_{11}.Br$ (34) u. Chloramyl $C_5.H_{11}.Cl$ (50),
Bromacetyl $C_2.H_3.O.Br$ (53,6) u. Chloracetyl $C_2.H_3.O.Cl$ (63,5),
Brombutyryl $C_4.H_7.O.Br$ (92,5) u. Chlorbutyryl $C_4.H_7.O.Cl$ (104,2),
Bromvaleryl $C_5.H_9.O.Br$ (95,7) u. Chlorvaleryl $C_5.H_9.O.Cl$ (108,5)

ergiebt, ist der einfache Uebergang des an Kohlenstoff gebundenen Chlors in Brom im Allgemeinen von einer Wärmebin-

---

[1]) Es seien hier einzelne Fälle zusammengestellt, in welchen die Bromverbindung verglichen ist mit der entsprechenden Chlorverbindung rücksichtlich
ihrer Umwandlung in die Wasserstoffverbindung durch ein und dasselbe Reagens:
$H_3C . CBr_2 . CH_3$ wird durch Natriumamalgam leicht, $H_3C . CCl_2 . CH_3$ nicht
in C_3H_8 verwandelt (J. B. 1872, p. 316), während $H_3C . CBr = CH_2$ und
$H_3C . CCl = CH_2$ (l. c.), $C_6H_4Br . CH_3$ und $C_6H_4Cl . CH_3$ (J. B. 1872,
p. 365) gleich unverwandelbar sind.

dung begleitet (für die angeführten Fälle resp. — 16, — 9,9, — 11,7 und — 12,8), welche für den wasserstofftragenden Kohlenstoff grösser ist, als für den sauerstofftragenden Kohlenstoff. Sämmtliche Gleichungen, welche die Umwandlung des an Kohlenstoff gebundenen Chlors in Brom darstellen, finden ihren Ausdruck in:

$$(\equiv C) \cdot Cl + Br \cdot Z = (\equiv C) \cdot Br + Cl \cdot Z,$$

worin bei verschiedenen Werthen von Z die auf der folgenden Seite mitgetheilten thermischen Zahlen für $Cl \cdot Z - Br \cdot Z$ erhalten werden.

Die Rückverwandlung des an Kohlenstoff gebundenen Broms in Chlor wird durch das Umgekehrte der obigen Gleichung ausgedrückt und die Wärmetönung der Nebenreaction durch obige Zahlen mit umgekehrtem Zeichen.

Demgemäss lässt sich die Ueberführung von Chlor in Brom durch letztgenanntes Element am Kohlenstoff im Allgemeinen nicht ausführen.

Wo dies scheinbar der Fall war, spielte wahrscheinlich Bromwasserstoff eine Rolle (Th. I, p. 150); Potilitizin fand (J. B. 1876, p. 11), dass Chlorzinn ($SnCl_4$) mit der entsprechenden Brommenge nur um 1,88% in Bromzinn verwandelt wird, und dass bei Abnahme des Atomgewichts vom an Chlor gebundenen Element (also beim CCl_4) diese Zahl abnimmt, ganz im Einklang mit der von Gustavson beobachteten Fähigkeit des Bromkohlenstoffs (CBr_4), sich mit der entsprechenden Menge Chlorzinn ($SnCl_4$) bis zu $77\frac{1}{2}$% in Chlorkohlenstoff und Bromzinn umzuwandeln (Th. I, p. 148).

Umgekehrt, die Verdrängung des Broms durch Chlor selbst findet statt (in Brombenzol z. B. J. B. 1875, 364), ist jedoch bei dem Bromkohlenwasserstoffe begleitet von Wasserstoffsubstitution, welche sogar in erste Linie treten kann: $C_2H_2Br_4$ (J. B. 1874, 320) giebt z. B. $C_2Cl_4Br_2$, also unter Verdrängung beider Elemente in gleichen Atomverhältnissen; C_2H_5Br scheint sogar ohne Bromverlust in C_2H_4BrCl ($CH_3 \cdot CHBrCl$ und $CH_2Br \cdot CH_2Cl$) überzugehen (Städel's J. B. VI, 129).

Z	Reactionsgleichung	$Cl\,Z - Br\,Z$
$Ca^{1/2}$	$^{1}/_{2}\ \{\ 2\,(\equiv C)\,Cl + Br_2Ca = 2\,(\equiv C)\,Br + Cl_2Ca\ \}$	$85,11 - 70,62 = 14,49\ (10,94\ \text{in Lösung}).$
$B^{1/3}$	$^{1}/_{3}\ \{\ 3\ ''\quad + Br_3B = 3\ ''\quad + Cl_3B\ \}$	$34,67 - 20,37 = 14,3$
H	$1\ ''\quad + BrH = 1\ ''\quad + ClH$	$22 - 8,44 = 13,56\ (10,94\ \text{in Lösung}).$
$Al^{1/3}$	$^{1}/_{3}\ \{\ 3\ ''\quad + Br_3Al = 3\ ''\quad + Cl_3Al\ \}$	$53,63 - 40,20 = 13,43$
$Si^{1/4}$	$^{1}/_{4}\ \{\ 4\ ''\quad + Br_4Si = 4\ ''\quad + Cl_4Si\ \}$	$39,4 - 26,1 = 13,3$
Na	$1\ ''\quad + BrNa = 1\ ''\quad + ClNa$	$97,69 - 85,73 = 11,96\ (10,93\ \text{in Lösung}).$
O_3H	$1\ ''\quad + BrO_3H = 1\ ''\quad + ClO_3H$	$23,94 - 12,42 = 11,52\ (\text{in Lösung}).$
$P^{1/3}$	$^{1}/_{3}\ \{\ 3\ ''\quad + Br_3P = 3\ ''\quad + Cl_3P\ \}$	$25,27 - 14,2 = 11,07$
$Cu^{1/2}$	$^{1}/_{2}\ \{\ 2\ ''\quad + Br_2Cu = 2\ ''\quad + Cl_2Cu\ \}$	$31,35 - 20,41 = 10,94\ (\text{in Lösung}).$
NH_4	$1\ ''\quad + BrNH_4 = 1\ ''\quad + ClNH_4$	$90,62 - 80,18 = 10,44\ (10,94\ \text{in Lösung}).$
K	$1\ ''\quad + BrK = 1\ ''\quad + ClK$	$105,61 - 95,31 = 10,3\ (10,94\ \text{in Lösung}).$
$Pb^{1/2}$	$^{1}/_{2}\ \{\ 2\ ''\quad + Br_2Pb = 2\ ''\quad + Cl_2Pb\ \}$	$41,38 - 32,22 = 9,16\ (10,78\ \text{in Lösung}).$
$Sn^{1/2}$	$^{1}/_{2}\ \{\ 2\ ''\quad + Br_2Sn = 2\ ''\quad + Cl_2Sn\ \}$	$40,4 - 31,7 = 8,7$
Cu	$1\ ''\quad + BrCu = 1\ ''\quad + ClCu$	$32,87 - 24,89 = 7,98$
$As^{1/3}$	$^{1}/_{3}\ \{\ 3\ ''\quad + Br_3As = 3\ ''\quad + Cl_3As\ \}$	$23,13 - 15,7 = 7,43$
Hg	$1\ ''\quad + BrHg = 1\ ''\quad + ClHg$	$41,27 - 34,14 = 7,13$
$Sn^{1/4}$	$^{1}/_{4}\ \{\ 4\ ''\quad + Br_4Sn = 4\ ''\quad + Cl_4Sn\ \}$	$31,8 - 24,85 = 6,95$
Ag	$1\ ''\quad + BrAg = 1\ ''\quad + ClAg$	$29,38 - 22,7 = 6,68$
$Hg^{1/2}$	$^{1}/_{2}\ \{\ 2\ ''\quad + Br_2Hg = 2\ ''\quad + Cl_2Hg\ \}$	$31,58 - 25,27 = 6,31$
$Au^{1/3}$	$^{1}/_{3}\ \{\ 3\ ''\quad + Br_3Au = 3\ ''\quad + Cl_3Au\ \}$	$7,61 - 2,95 = 4,66\ (\ 7,39\ \text{in Lösung}).$
O	$1\ ''\quad + Br = 1\ ''\quad + Cl$	$0 - 0 = 0$

Beim Aufsteigen von derjenigen Reactionsgleichung in der letzten Tabelle, welche die Einwirkung des freien Broms darlegt, und welche also nicht zur Bromeinführung verwendbar ist, kommt man allmählich zu anderen Reactionsgleichungen, die sich besser dazu eignen (entsprechend grösserer Wärmebildung bei der Reaction): $SnBr_4$ verwandelt, im Molekulargewichtsverhältniss mit CCl_4 behandelt, $22^{1}/_{2} \%$ davon in CBr_4; $AsBr_3$ schon 28% ($TiBr_4$ $56^{1}/_{2}\%$), $SiBr_4$ $87^{1}/_{2}\%$ und BBr_3 90% (entsprechend dem Wachsen der Zahlen 6,95 für $SnBr_4$; 7,43 für $AsBr_3$; 13,3 für $SiBr_4$; 14,3 für BBr_3).

Trockner Bromwasserstoff, oder dessen wässerige Lösung muss sich zur Verwandlung von Chlor in Brom am Kohlenstoff eignen, wie auch mehrere Reactionen darthun (Th. I, p. 148; J. B. 1876. p. 337; Verwandlung von $HCCl_3$ in CBr_4 durch Brom; von $CH_2OH.CH_2Cl$ in $CH_2Br.CH_2Br$ durch Brom u. s. w.).

Die umgekehrten Reactionsgleichungen der Tabelle, welche mögliche Umwandlungsweisen von Brom in Chlor angeben, eignen sich dazu desto besser, je tiefer man kommt, da sich in diesem Falle das Zeichen der Wärmetönung umkehrt. Demgemäss ist Chlorquecksilber das geeignete Mittel zur Bewirkung dieses Umtausches (J. B. 1870, 419; 1872, 304, 321; 1873, 321 u. s. w.), und der letztere findet bei Einwirkung von $SnCl_4$ auf CBr_4 zu gleichen Molekülzahlen bis zu $77^{1}/_{2}\%$ statt, bei $AsCl_3$ zu 72% ($TiCl_4$ $43^{1}/_{2}\%$), bei $SiCl_4$ zu $12^{1}/_{2}\%$, bei BCl_3 zu 10% (entsprechend dem Abnehmen der Zahlen — 6,95 für $SnCl_4$; — 7,43 für $AsCl_3$; — 13,3 für $SiCl_4$; — 14,3 für BCl_3). Hiernach wird Umwandlung bis zu 50%, d. i. Gleichgewicht eintreten bei CCl_4 für den Fall $ClZ - BrZ = 9$ bis 10, was den calorischen Werthen für die Verdrängung von Chlor in Brom am Kohlenstoff in den bekannten Fällen nahe kommt (p. 35). Es sei hierzu bemerkt, dass dieselbe Umwandlung, wenn solche stattfindet am wasserstofftragenden Kohlenstoff (beim Uebergang von Bromamyl in Chloramyl), von grösserer Wärmebildung (16) begleitet ist, entsprechend dem zu erwartenden Wasserstoffcharakter dieser Kohlenstoffaffinität.

Schliesslich ist noch zu betrachten die Aenderung der physikalischen Eigenschaften, welche durch Brom-eintritt herbeigeführt wird, und diesbezüglich nur diejenige, welche der Siedepunkt erfährt. Die Erhöhung des Siedepunkts ist bei Ersatz von Wasserstoff durch Brom um etwa 22° grösser, als beim Ersatz desselben Wasserstoffatoms durch Chlor; folgende Zahlen ermöglichen einen allgemeinen Einblick.

A. Siedepunktsänderung beim Ersatz von Chlor durch Brom, wenn die Verbindung nur Kohlenstoff und Wasserstoff enthält.

1. Der Ersatz findet in der Gruppe $H_3 C-$ statt:

$H_3 C\, C H_2$ (Br, Cl)	$39°$	$- \quad 12°$	$= 27°$
$H_3 C\, C H_2\, C H_2$ (Br, Cl)	$71°$	$- \quad 46\frac{1}{2}°$	$= 24\frac{1}{2}°$
$H_2 C = C H C H_2$ (Br, Cl)	$70\frac{1}{2}°$	$- \quad 46\frac{1}{2}°$	$= 24°$
$H C \equiv C C H_2$ (Br, Cl)	$89°$	$- \quad 65°$	$= 24°$
$H_3 C\, C H_2\, C H_2\, C H_2$ (Br, Cl)	$100\frac{1}{2}°$	$- \quad 77\frac{1}{2}°$	$= 23°$
$\genfrac{}{}{0pt}{}{H_3 C}{H_3 C} C H C H_2$ (Br, Cl)	$90\frac{1}{2}°$	$- \quad 69°$	$= 21\frac{1}{2}°$
$H_3 C\, C H_2\, C H_2\, C H_2\, C H_2$ (Br, Cl)	$128\frac{1}{2}°$	$- \quad 106\frac{1}{2}°$	$= 22°$
$\genfrac{}{}{0pt}{}{H_3 C}{H_3 C} C H C H_2\, C H_2$ (Br, Cl)	$120\frac{1}{2}°$	$- \quad 99°$	$= 21\frac{1}{2}°$
$H_3 C\, H_2 C\, C H C H_2$ (Br, Cl)	$118\frac{1}{2}°$	$- \quad 98°$	$= 20\frac{1}{2}°$
$H_3 C\, C H_2\, C H_2\, C H_2\, C H_2\, C H_2$ (Br, Cl)	$155\frac{1}{2}°$	$- \quad 133\frac{1}{2}°$	$= 22°$
$C_6 H_5 . C H_2$ (Br, Cl)	$201°$	$- \quad 176°$	$= 25°$
$H_3 C\, C H_2\, C H_2\, C H_2\, C H_2\, C H_2\, C H_2$ (Br, Cl)	$178\frac{1}{2}°$	$- \quad 159°$	$= 19\frac{1}{2}°$
$H_3 C\, C H_2\, C H_2\, C H_2\, C H_2\, C H_2\, C H_2\, C H_2$ (Br, Cl)	$199°$	$- \quad 180°$	$= 19°$

Mittel von 13: $22\frac{1}{2}°$

2. Der Ersatz findet in der Gruppe $H_2C=$ statt:

$H_3CCH\ (Br, Cl)\ CH_3$	62^0	$—\quad 37^0$	$= 25^0$
$H_3CCH = CH\ (Br, Cl)$	$57\frac{1}{2}^0$	$—\quad 34^0$	$= 23\frac{1}{2}^0$
$\begin{matrix}H_3C\\H_3C\end{matrix}CHCH = CH\ (Br, Cl)$	$110\frac{1}{2}^0$	$—\quad 86^0$	$= 24\frac{1}{2}^0$
$H_3CCH_2CH_2CH_2CH\,(Br, Cl)$			
$\quad CH_3$	144^0	$—\ 126^0$	$= 18^0$

Mittel von 4: 23^0

3. Der Ersatz findet in der Gruppe $HC\equiv$ statt:

$H_3CC\ (Br, Cl) = CH_2$	$48\frac{1}{2}^0$	$—\quad 24^0$	$= 24\frac{1}{2}^0$
$H_3CCH_2CH_2C\ (Br, Cl) = CH_2$	123^0	$—\quad 96^0$	$= 27^0$
$H_3CCH_2C\ (Br, Cl)\begin{matrix}CH_3\\CH_3\end{matrix}$	$108\frac{1}{2}^0$	$—\quad 86^0$	$= 22\frac{1}{2}^0$
$C_6H_5\ (Br, Cl)$	154^0	$—\ 132^0$	$= 22^0$
$C_6H_4\ (Br, Cl)\ CH_3\quad (1\,.\,2)$	181^0	$—\ 157^0$	$= 24^0$
$C_6H_4\ (Br, Cl)\ CH_3\quad (1\,.\,3)$	182^0	$—\ 156^0$	$= 26^0$
$C_6H_4\ (Br, Cl)\ CH_3\quad (1\,.\,4)$	$185\frac{1}{2}^0$	$—\ 160\frac{1}{2}^0$	$= 25^0$
$C_6H_5\,.\,C\ (Br, Cl) = CH_2$	228^0	$—\ 199^0$	$= 29^0$
$C_6H_3\ (Br, Cl)\ (CH_3)_2\ (1\,.\,3)$	$203\frac{1}{2}^0$	$—\ 183\frac{1}{2}^0$	$= 20^0$

Mittel von 9: $24\frac{1}{2}^0$

B. Siedepunktserhöhung beim Ersatz von Chlor durch Brom, wenn die Verbindung auch Chlor oder Brom enthält.

I. Nur der Kohlenstoff, an welchem die Umwandlung stattfindet, trägt Chlor oder Brom.

1. Der Ersatz findet in der Gruppe $H_2CCl—$ oder $H_2CBr—$ statt:

Hier ist die Zahl bekannter Fälle nicht ausreichend zum Vergleich in obiger Weise; es lässt sich nur die Siedepunktserhöhung bei Bromeintritt in die Wasserstoffverbindungen mit derjenigen bei Chloreintritt vergleichen:

				Diff.
$H_3C\,.\,CH_2Cl$	12^0	$H_3CCHBrCl$	84^0	72^0
$H_3C\,.\,CH_2Br$	39^0	H_3CCHBr_2	112^0	73^0

				Diff.
$H_3 C C H_2 C H_2 Cl$	$46^1/_2°$	$H_3 C C H_2 C H Cl Br$	$110°$	$63^1/_2°$
$H_3 C C H_2 C H_2 Br$	$71°$	$H_3 C C H_2 C H Br_2$	$122°$	$51°$
$(H_3C)_2 CHCH_2 CH_2 Br$	$120^1/_2°$	$(H_3 C)_2 CHCH_2 CHBr_2$	$170°$	$49^1/_2°$

Mittel von 5: $61^1/_2°$, bei Chloreintritt $39^1/_2°$, also $22°$.

2. Der Ersatz findet in der Gruppe HCCl statt:

				Diff.
$H_2 C C H Cl$	$- 18°$	$H_2 C . C Cl Br$	$62^1/_2°$	$80^1/_2°$
$H_3 C CH Cl . C H_3$	$37°$	$H_3 C . C Cl Br C H_3$	$92°$	$55°$
$H_3 C C H Br . C H_3$	$62°$	$H_3 C C Br_2 . C H_3$	$116^1/_2°$	$54^1/_2°$

Mittel von 3: $63^1/_2°$, bei Chloreintritt $41°$, also $22^1/_2°$.

3. Der Ersatz findet in der Gruppe $HCCl_2$ statt:

				Diff.
$H_5 C C H Cl_2$	$58°$	$H_3 C C Br Cl_2$	$98^1/_2°$	$40^1/_2°$
$H_3 C C H Cl Br$	$84°$	$H_3 C C Br_2 Cl$	$123^1/_2°$	$39^1/_2°$

Mittel von 2: $40°$, bei Chloreintritt $12°$, also $28°$.

II. Auch die anderen Kohlenstoffatome in der Verbindung tragen Chlor oder Brom.

1. Der Ersatz findet in der Gruppe CH_3 statt, während der direct gebundene Kohlenstoff zwei Chloratome trägt:

				Diff.
$H C Cl Br . C H_3$	$84°$	$H C Cl Br . C H_2 Br$	$163°$	$79°$
$H C Br_2 C H_3$	$112°$	$H C Br_2 . C H_2 Br$	$187°$	$75°$
$H_2 C . C Br Cl C H_3$	$92°$	$H_3 C C Br Cl C H_2 Br$	$170°$	$78°$
$H_5 C C Br_2 C H_3$	$116^1/_2°$	$H_3 C C Br_2 C H_2 Br$	$190°$	$73^1/_2°$

Mittel von 4: $76^1/_2°$, bei Chloreintritt $54^1/_2°$, also $22°$.

2. Der Ersatz findet in der Gruppe CH_3 statt, während der direct gebundene Kohlenstoff ein Chloratom trägt:

				Diff.
$H_2 C Cl C H_3$	$12°$	$H_2 C Cl H_2 C Br$	$108°$	$96°$
$H_2 C Br C H_3$	$39°$	$H_2 C Br . H_2 C Br$	$129°$	$90°$

Diff.

$H_2 C = CBrCH_3$ $48^1/_2{}^0$ $H_2 C = CBrCH_2Br$ 142^0 $93^1/_2{}^0$

$H_3 CCHClCH_3$ 37^0 $H_3 CCHClCH_2Br$ 120^0 83^0

$H_3 CCHBrCH_3$ 62^0 $H_3 CCHBrCH_2Br$ $141^1/_2{}^0$ $79^1/_2{}^0$

Mittel von 5: 88^0, bei Chloreintritt $62^1/_2$, also $25^1/_2{}^0$.

3. Der Ersatz findet in der Gruppe CH_3 statt, während nur der indirect gebundene Kohlenstoff Halogene trägt:

Diff.

$H_2 CCl.CH_2CH_3$ $46^1/_2{}^0$ $H_2 CCl.CH_2CH_2Br$ $140^1/_2{}^0$ 94^0

$H_2 CBrCH_2CH_3$ 71^0 $H_2 CBrCH_2CH_2Br$ $162^1/_2{}^0$ $91^1/_2{}^0$

Mittel von 2: 93^0, bei Chloreintritt 68^0, also 25^0.

4. Der Ersatz findet in der Gruppe CH_2 statt, während der direct gebundene Kohlenstoff zwei Halogenatome trägt:

Diff.

CCl_2CH_2 36^0 CCl_2CHBr 115^0 79^0

$CBrClCH_2$ $62^1/_2{}^0$ $CBrClCHBr$ $141^1/_2{}^0$ 79^0

CBr_2CH_2 91^0 CBr_2CHBr $162^1/_2{}^0$ $71^1/_2{}^0$

$H_2 CBrCH_2CH_2Br$ $162^1/_2{}^0$ $H_2 CBr.CHBrCH_2Br$ 220^0 $57^1/_2{}^0$

$H_3 CCH_2CHClBr$ 110^0 $H_3 CCHBrCHClBr$ 177^0 67^0

$H_2 CBrCH_2CH_2Cl$ $140^1/_2{}^0$ $H_2 CBrCHBrCH_2Cl$ $197^1/_2{}^0$ $57^1/_2{}^0$

Mittel von 6: $68^1/_2{}^0$, bei Chloreintritt 48^0, also $20^1/_2{}^0$.

5. Der Ersatz findet in der Gruppe CH_2 statt, während der direct gebundene Kohlenstoff ein Halogenatom trägt:

Diff.

$H_2 C = CBrCH_3$ $48^1/_2{}^0$ $HCBr = CBrCH_3$ 132^0 $83^1/_2{}^0$

$H_3 CCH_2CH_2Cl$ $46^1/_2{}^0$ $H_3 CCHBrCH_2Cl$ 120^0 $73^1/_2{}^0$

$H_3 CCH_2CH_2Br$ 71^0 $H_3 CCHBrCH_2Br$ $141^1/_2{}^0$ $70^1/_2{}^0$

$H_3 CCH_2CH_2CH_2Br$ $100^1/_2{}^0$ $H_3 CCH_2CHBrCH_2Br$ $164^1/_2{}^0$ 64^0

Mittel von 4: 73^0, bei Chloreintritt 50^0, also 23^0.

6. Der Ersatz findet in der Gruppe CH statt,
während der direct gebundene Kohlenstoff ein
Halogenatom trägt:

Diff.

$H_2C = CHCH_2Br$ $70^1/_2{}^0$ $H_2CCBrCH_2Br$ 142^0 $71^1/_2{}^0$

$HCBr = CHCH_3$ $57^1/_2{}^0$ $HCBr = CBrCH_3$ 132^0 $74^1/_2{}^0$

$\frac{H_3C}{H_3C}CHCH_2Br$ $90^1/_2{}^0$ $\frac{H_3C}{H_3C}CBrCH_2Br$ $158^1/_2{}^0$ 68^0

$\frac{H_3C}{H_3C}CHCH = CHBr$ $110^1/_2{}^0$ $\frac{H_3C}{H_3C}CHCBr = CHBr$ 175^0 $64^1/_2{}^0$

C_6H_5Br 154^0 $C_6H_4Br_2$ (1.2) 224^0 $.70^0$

Mittel von 5: $69^1/_2{}^0$, bei Chloreintritt 45^0, also $24^1/_2{}^0$.

7. Der Ersatz findet in der Gruppe CH_2Cl statt,
während der direct gebundene Kohlenstoff ein
Halogenatom trägt:

Diff.

H_2CClH_2CBr 108^0 $H_2CBrHCClBr$ 163^0 55^0

H_2CBrH_2CBr 129^0 $H_2CBrHCBr_2$ 187^0 58^0

$H_3CCHBrCH_2Cl$ 120^0 $H_3CCHBrCHBrCl$ 177^0 57^0

Mittel von 3: 57^0, bei Chloreintritt $35^1/_2{}^0$, also $21^1/_2{}^0$.

Die durch Bromeintritt verursachte Siedepunktsänderung,
überall von derjenigen, welche Chlor bewirkt, gleich verschieden,
wird also auch wie die letztere in gleicher Weise durch die
Anwesenheit von Halogenen, namentlich von Chlor und Brom
beeinflusst; deshalb konnte in den früheren Tabellen für Siedepunktsänderung durch Chloreintritt, an einigen Stellen Chlor
durch Brom ersetzt werden; deshalb zeigen diejenigen isomeren
Chlorbromkohlenwasserstoffe, welche durch Umtausch von Chlor
und Brom auf einander zurückführbar sind, fast gleichen Siedepunkt, wie $H_3CCHClCH_2Br$ und $H_3CCHBrCH_2Cl$, CH_2
$ClCHBrCH_2Cl$ und $CH_2ClCHClCH_2Br$ (B. B. IV; 604
und 702).

C. Bindung von Kohlenstoff an Jod.

Die Eintheilung dieses Abschnitts wird derjenigen des vorigen entsprechend folgendermaassen gewählt:

1. Das gegenseitige Verhalten des Jods und Wasserstoffs am Kohlenstoff.

2. Das gegenseitige Verhalten des Jods, Chlors und Broms am Kohlenstoff.

3. Die durch Jodeintritt bedingte Aenderung der physikalischen Beschaffenheit.

---

1. Das gegenseitige Verhalten des Jods und Wasserstoffs am Kohlenstoff.

Wie sich aus dem Vergleiche der Bildungswärmen ergiebt, ist der einfache Uebergang des am Kohlenstoff gebundenen Wasserstoffs in Jod weder beim Aldehyd noch beim Cyanwasserstoff von Wärmebildung begleitet:

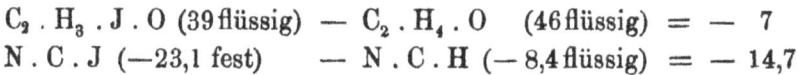

$C_2 . H_3 . J . O$ (39 flüssig) — $C_2 . H_4 . O$ (46 flüssig) $= -7$
$N . C . J$ (—23,1 fest) — $N . C . H$ (—8,4 flüssig) $= -14,7$

demgemäss ist die bezeichnete Umwandlung im Allgemeinen eine schwierigere Aufgabe; sie findet nach folgender Gleichung statt:

$$(\equiv C) . H + J . Z = (\equiv C) . J + H . Z,$$

worin bei verschiedenen Werthen von Z folgende thermische Zahlen für $H . Z - J . Z$ erhalten werden:

Z	Reactionsgleichung.	$HZ - JZ$
J	$(\equiv C) H + J_2 = (\equiv C) J + H J$	$-6,2 - 0 = -6,2$ (—0,6 f. gasf. Jod; + 13,2 in Lösung).
O, J	$(\equiv C) H + J_2 O_5 = (\equiv C) J + (J O_3 H + O_2)$	$55,71 - 43,07 = 12,64$ (in Lösung).
O, H	$(\equiv C) H + J O_3 H = (\equiv C) J + (H_2 O + O_2)$	$68,36 - 55,71 = 12,65$ (in Lösung).
O, K	$(\equiv C) H + J O_3 K = (\equiv C) J + (K O H + O_3)$	$116,46 - 116,62 = -0,16$ (in Lösung).

Die directe Einführung des Jods durch das Element selbst ist demnach nur ausnahmsweise ausführbar, wie in den Kohlenwasserstoff $(H_3 C)_2 CHC \equiv CH$ (J. B. 1877, 364) unter Bildung von $(H_3 C)_2 CHC \equiv CJ$, in Aceton u. s. w.; kräftiger jodirend wirkt die Jodsäure, welche die meisten aromatischen Kohlenwasserstoffe zu jodiren fähig ist; schliesslich sei noch das Jodchlor erwähnt, das nach der Gleichung:

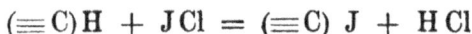

$$(\equiv C)H + JCl = (\equiv C) J + HCl$$

einzuwirken fähig ist (auf Benzol z. B.), wobei jedoch die gebildete Jodverbindung grösstentheils weiterer Umwandlung unterliegt (J. B. 1868, 342).

Unter den Mitteln, welche die Reaction erleichtern durch Zuwachs der dabei auftretenden Wärmebildung, stehen in erster Linie diejenigen, welche den bei Einwirkung von Jod auftretenden Jodwasserstoff oxydiren, da $JHAq + \frac{1}{2}O = J + \frac{1}{2}H_2O$ einer Wärmeentwickelung von $34,18 - 13,17 = 21,01$ entspricht; demgemäss eignet sich ein Gemenge von Jod und Jodsäure zum Ersatz des Wasserstoffs durch Jod in organischen Verbindungen und für die Reaction:

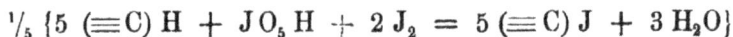

$$\tfrac{1}{5} \{5 (\equiv C) H + JO_5 H + 2 J_2 = 5 (\equiv C) J + 3 H_2O\}$$

ist der Werth von $H.Z - J.Z = \frac{1}{5} \{3 . 68,36 - 55,71\} = 29,87$, also um 16,67 grösser, als bei Benutzung des einfachen Jods, während Anwesenheit von Alkalien (KOH) die Wärmeentwicklung durch Umwandlung des gebildeten Jodwasserstoffs in Jodkalium ($JHAq + KOH.Aq = KJAq$) nur, wie bei Brom und Chlor, um etwa 14 zu steigern vermag. Wirkliche Anwendung fand (ausser Kali u. s. w. in der Jodoformdarstellung und den Alkalisalzen der schwachen Säuren, wie Natriumcarbonat, zum nämlichen Zweck) Quecksilberoxyd (J. B. 1869, 428; 1874, 306), durch welches die Wärmeentwicklung sich um ($JHAq + \frac{1}{2}HgO = \frac{1}{2}H_2O + \frac{1}{2}HgJ_2$) 22,83 erhöht.

Die Einführung des Jods statt Wasserstoff bleibt, trotz Anwendung der besten Mittel, eine weit schwierigere, als diejenige des Chlors und Broms; demgemäss fehlen fast die Thatsachen zum Vergleiche der Leichtigkeit, mit welcher diese Einführung in verschiedene Verbindungen oder in eine Verbindung an verschiedenen Stellen stattfindet, und es kann in dieser Hinsicht nur erwähnt werden, dass Jod in Chlor- oder Jodbenzol in die Parastellung (1 . 4) eintritt (J. B. 1875, 364).

Die Rückverwandlung des Jods in Wasserstoff findet, der Schwierigkeit der umgekehrten Reaction entsprechend, äusserst leicht statt, nach der allgemeinen Gleichung:

$$(\equiv C)\,J + H\,.\,Z = (\equiv C)\,H + H\,.\,Z.$$

Wo bei Chlor diese Reaction durch Wasserstoff, Jodwasserstoff und Wasser mit Natriumamalgam, Zink oder Magnesium ausführbar war, ist dieselbe hier auch durch Kupfer und Wasser zu bewirken (bei Jodoform J. B. 1857, 267), sogar durch Quecksilber in salzsaurer Lösung (bei Jodallyl, l. c.). Wo bei Brom in einigen Fällen dieselbe Umwandlung durch Alkalien ausführbar war, ist sie hier sogar durch Wasser zu bewirken, wahrscheinlich durch einen Vorgang, welcher im Umgekehrten der dritten Gleichung zur Jodeinführung seinen Ausdruck findet: Jodkohlenstoff wird durch Wasser leicht in Jodoform verwandelt (Theil I, p. 149), das letztere bei höherer Temperatur in Jodmethylen (Theil I, p. 125), schliesslich sogar in Methan (bei Anwesenheit von Jodkalium J. B. 1857, 267). Es sei bemerkt, dass von den vier Chloreinführungsmitteln bei Brom eins in einigen Fällen im umgekehrten Sinne wirkt, bei Jod drei.

Wie beim Chlor und Brom deren weitere Einführung statt Wasserstoff im Allgemeinen durch Anwesenheit dieser Elemente an Kohlenstoff, an welchem die Umwandlung stattfindet, erschwert wird, so scheint auch die Rückverwandlung des Jods in Wasserstoff bei Anwesenheit mehrerer Atome jenes Elements leichter vor sich zu gehen; beim Jodkohlenstoff z. B. leichter als beim Jodoform. In dieser Beziehung liegen sonst nur wenige qualitative Angaben vor: Jodmethyl verwandelt sich mit Jodwasserstoff bei 150° leicht in Methan; Jodäthyl schwierig in Aethan (J. B. 1867, 543); Jodpropyl nicht in Propan bei derselben Temperatur (J. B. 1872, 311).

2. Das gegenseitige Verhalten des Jods, Chlors und Broms am Kohlenstoff.

Der einfache Uebergang des Chlors in Jod am Kohlenstoff ist, wie sich aus Vergleich folgender Bildungswärmen ergiebt:

$C_5 . H_{11} . J$ (Jodamyl) 19,5 — $C_5 . H_{11} . Cl$ (Chloramyl) 50 = —30,5

$C_2 . H_3 . J . O$ (Jodacetyl) 39 — $C_2 . H_3 . Cl . O$ (Chloracetyl) 63,5 = —24,5

$C . N . J$ (Jodcyan) —23,1 — $C . N . Cl$ (Chlorcyan) —13,2 = — 9,9

von Wärmeabsorption begleitet; ebenso, jedoch in geringerem Grade, derjenige des Broms in Jod:

$C_5 . H_{11} . J$ (Jodamyl) 19,5 — $C_5 . H_{11} . Br$ (Bromamyl) 34 = —14,5

$C_2 . H_3 . J . O$ (Jodacetyl) 39 — $C_2 . H_3 . Br . O$ (Bromacetyl) 53,6 = —14,6

Die allgemeine Gleichung, nach welcher diese Vorgänge stattfinden, ist:

$$(\equiv C) . Cl, Br + J . Z = (\equiv C) . J + Cl, Br . Z.$$

Für verschiedene Fälle erhält man die auf der nachfolgenden Seite mitgetheilten thermischen Werthe für $Cl . Z$ — $J . Z$ und $Br . Z$ — $J . Z$:

Z	Reactionsgleichung.	$Cl.Z - J.Z$	$Br.Z - J.Z$
$Ca^{1/2}$	$^{1}/_{2}$ {2($\equiv$C).Cl,Br + CaJ_2 = 2($\equiv$C)J + Ca(Cl,Br)$_2$}	85,11 — 53,82 = 31,29 (26,15 L.[1]).	70,62 — 53,82 = 16,8 (15,21 L.[1]).
H	„ + HJ = + H(Cl,Br)	22 — (—6,04)= 28,04 (26,15 L.)	8,44 — (—6,04)= 14,48 (15,21 L.).
$Al^{1/3}$	$^{1}/_{6}$ {6 + Al_2J_6 =6 + Al_2(Cl,Br)$_6$	53,63 — 28,77 = 24,86	44,20 — 28,77 = 15,43
$Si^{1/4}$	$^{1}/_{4}$ {4 + SiJ_4 =4 + Si(Cl,Br)$_4$	39,4 — 14,5 = 24,9	30,1 — 14,5 = 15,6
Na	„ + NaJ = + Na(Cl,Br)	97,69 — 69,08 = 28,61 (26,21 L.)	85,73 — 69,08 = 16,65 (15,28 L.)
O_3H	„ + HO_3J= + HO_3(Cl,Br)	23,94 — 55,71 = —31,77 (L.)	12,42 — 55,71 = —43,29 (L.).
$P^{1/3}$	$^{1}/_{3}$ {3 + PJ_3 =3 + P(Cl,Br)$_3$	25,27 — 3,5 = 21,77	14,2 — 3,5 = 10,7
$Cu^{1/2}$	$^{1}/_{2}$ {2 + CuJ_2 =2 + Cu(Cl,Br)$_2$	81,35 — 5,2 = 26,15 (L.).	20,41 — 5,2 = 15,21 (L.).
NH_4	„ + NH_4J= + NH_4(Cl,Br)	90,62 — 64,13 = 26,49 (26,16 L.)	80,18 — 64,13 = 16,05 (15,22 L.)
K	„ + KJ = + K(Cl,Br)	105,61 — 80,13 = 25,48 (26,15 L.)	95,31 — 80,13 = 15,18 (15,21 L.)
$Pb^{1/2}$	$^{1}/_{2}$ {2 + PbJ_2 = + Pb(Cl,Br)$_2$	41,38 — 19,83 = 21,55	32,22 — 19,83 = 12,39
Cu	„ + CuJ = + Cu(Cl,Br)	32,87 — 16,26 = 16,61	24,98 — 16,26 = 8,72
$As^{1/3}$	$^{1}/_{3}$ {3 + AsJ_3 =3 + As(Cl,Br)$_3$	23,13 — 4,2 = 18,93	15,7 — 4,2 = 11,5
Hg	„ + HgJ = + Hg(Cl,Br)	41,27 — 24,22 = 17,05	34,14 — 24,22 = 9,92
Ag	„ + AgJ = + Ag(Cl,Br)	29,38 — 13,8 = 15,58	22,7 — 13,8 = 8,9
$Hg^{1/2}$	$^{1}/_{2}$ {2 + HgJ_2 =2 + Hg(Cl,Br)$_2$	31,58 — 17,15 = 14,43	25,27 — 17,15 = 8,12
Au	„ + AuJ = + Au(Cl,Br)	5,81 —(—5,52)= 11,33	0,08 —(—5,52)= 5,6
O	„ + J = + (Cl,Br)	0 — 0 = 0	0 — 0 = 0

[1]) L = in Lösung.

Die Reihenfolge dieser Zahlen ist derjenigen beim Brom gleich; während jedoch dort die Grösse denselben Verlauf nahm, verhält es sich hier anders; dieselbe ist für Jodeinführung statt Chlor:

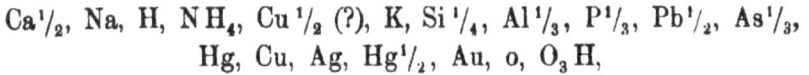

$$Ca^{1}/_{2}, \ Na, \ H, \ NH_{4}, \ Cu^{1}/_{2} \ (?), \ K, \ Si^{1}/_{4}, \ Al^{1}/_{3}, \ P^{1}/_{3}, \ Pb^{1}/_{2}, \ As^{1}/_{3},$$
$$Hg, \ Cu, \ Ag, \ Hg^{1}/_{2}, \ Au, \ o, \ O_{3}H,$$

sie ist für Jodeinführung statt Brom:

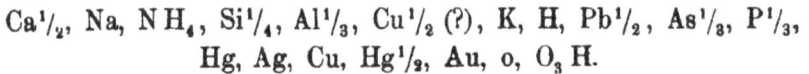

$$Ca^{1}/_{2}, \ Na, \ NH_{4}, \ Si^{1}/_{4}, \ Al^{1}/_{3}, \ Cu^{1}/_{2} \ (?), \ K, \ H, \ Pb^{1}/_{2}, \ As^{1}/_{3}, \ P^{1}/_{3},$$
$$Hg, \ Ag, \ Cu, \ Hg^{1}/_{2}, \ Au, \ o, \ O_{3}H.$$

Es lässt sich erwarten, dass die Umwandlung des Chlors in Jod durch die vorangehenden Körper in obiger Reihenfolge am leichtesten bewirkbar sei; demgemäss eignen sich dazu Jodwasserstoff, Jodkalium und Jodaluminium. Erstere Verbindung wirkt jedoch leicht weiter ein unter Ersatz des eingetretenen Jods durch Wasserstoff; so giebt z. B. $C_{6}H_{5} \cdot CH_{2}Cl$ kalt mit $JH: C_{6}H_{5} \cdot CH_{2}J$, warm jedoch $C_{6}H_{5} \cdot CH_{3}$ (J. B. 1869, p. 424), während $HCCl_{3}$ zuerst HCJ_{3}, sodann aber $H_{2}CJ_{2}$ giebt (Theil I, p. 125) u. s. w. Anderseits ist die Reaction mit $Al_{2}J_{6}$ äusserst leicht und sogar da ausführbar, wo Jodkalium nachlässt; die Mischbarkeit der zu jodirenden Körper mit $Al_{2}J_{6}$ spielt hier möglicherweise eine Rolle, vielleicht auch eine beschleunigende Wirkung, derjenigen gleich, welche $Al_{2}Br_{6}$ auf die Bromirung (siehe daselbst) ausübt.

Die Umwandlung des Jods in Chlor, durch das Umgekehrte obiger Gleichungen ausgedrückt, wird voraussichtlich am leichtesten durch die letzteren Körper jener Reihenfolge ausführbar sein; demgemäss eignen sich dazu Chlor (Chlorjod), Quecksilberchlorid und Chlorsilber (Bildung von $CH_{2}Cl \cdot CH_{2}Cl$ aus $CH_{2}J$. $CH_{2}Cl$ und $AgCl$, J. B. 1872, 304). Die Leichtigkeit, womit das Chlor diesen Ersatz bewirkt, übertrifft zwar diejenige, mit welcher genanntes Element das Brom ersetzt, derart, dass die Jodkohlenwasserstoffe zuerst alles Jod und erst dann Wasserstoff in Chlor umtauschen; eine weitere Substitution des Wasserstoffs ist jedoch oft schwierig zu umgehen, besser beim Gebrauch von Chlorjod, ganz bei demjenigen von Quecksilberchlorid. Schliesslich sei erwähnt, dass für die jod- statt chloreinführenden Mittel hiernach $ClZ - JZ$ grösser als 24,86 (für $Al\frac{1}{3}$), für die Chlor statt Jod einführenden Mittel kleiner als 15,58 (für Hg) sein muss, was mit der Wärmeabsorption (23,5) beim Uebergang von Chlor- in Jodacetyl im Einklang ist, wonach jedoch diejenige (30,5) beim Uebergang von Chlor- in Jodamyl etwas gross erscheint.

Die Umwandlung des Broms in Jod ist ebenfalls durch Jodwasserstoff bewirkbar (Umwandlung von CH_2BrCH_2Br in CH_2JCH_2J, J. B. 1870, p. 418), wiewohl auch hier die Möglichkeit einer weitergehenden Reaction vorliegt (Umwandlung von $CH_3CHBrCH_2Br$ in $CH_3CHBrCH_3$, J. B. 1872, p. 315); auch Jodkalium vermag Brom in Jod umzuwandeln (J. B. 1857, 267). Das Umgekehrte bewirken Brom selbst (und Bromjod), Kupferbromür und Kupferbromid; da im letzteren Falle die Einwirkung folgendermaassen stattzufinden scheint:

$$2 (\equiv C)\, J + CuBr_2 = 2 (\equiv C)\, Br + CuJ + J,$$

so ist der Werth für $Br.Z - J.Z = \frac{1}{2}Cu.Br_2 - \frac{1}{2}Cu.J$ $= 20,41 - 8,13 = 12,28$ statt 15,21; und hiernach ist für die Jod- statt Brom-Einführung $BrZ - JZ$ grösser, als 15,21 (für J), für die Brom- statt Jod-Einführung kleiner als 12,28, was mit der Wärmeabsorption (14,5 und 14,6) beim Uebergange von Brom- in Jodamyl und von Brom- in Jodacetyl im Einklang steht.

Die Leichtigkeit, mit welcher dieser Halogenenumtausch stattfindet, zwar in allgemeinen Zügen, weil am Kohlenstoff vor sich gehend, eine gleiche, ist doch etwas verschieden für einzelne verschiedene Fälle, weil in diesen das an Kohlenstoff Gebundene nicht dasselbe ist. Das an den Benzolkern gebundene Chlor tauscht sich durch Jodwasserstoff schwierig in Jod um: C_6Cl_6 und C_6H_5Cl werden nicht geändert unter Umständen, unter denen $HCCl_3$, H_5C_2Cl, H_9C_4Cl und $H_{11}C_5Cl$ sich in Jodverbindungen umwandeln (J. B. 1868, p. 293), $C_6H_4Cl.CH_3$ nicht, wo C_6H_5 $.CH_2Cl$ angegriffen wird (J. B. 1869, p. 424); dass diese Fähigkeit des Umtausches von an Kohlenstoff gebundenem Wasserstoff herrührt, könnte man schliessen aus dem Widerstande, welchen $H_3C . CCl_2 . CH_3$ der Einwirkung des Jodwasserstoffs entgegenstellt (J.B.1871, p.316). Unter sonst gleichen Umständen scheint die Ueberführung des Chlors in Jod leichter zu erfolgen, als die Verwandlung des letztgenannten Elementes in Wasserstoff: $CH_2J . CH_2Cl$ giebt mit Jodwasserstoff Jodäthylen, kein Chloräthyl (J. B. 1870, p. 420). Sind die Umstände, d. i. hier die Gruppen, in welchen das Halogen sich vorfindet, jedoch ungleich, so kann das Umgekehrte eintreten, und wieder scheint dann ein Mehrgehalt von Wasserstoff den Kohlenstoff zu diesem Umtausch zu befähigen: so giebt $CH_3 . CHCl . CH_2Cl$ statt Jodpropylen $CH_3CHClCH_3$ (J. B. 1872, p. 316), $CH_3 . CHCl . CH_2J$ statt der genannten Verbindung $CH_3 . CHJ . CH_3$ (J. B. 1870, p. 418).

Die Umwandlung des Broms durch dasselbe Reagens in Jod scheint etwas leichter vor sich zu gehen: $C_6H_4Br . CH_3$ wird angegriffen, wo $C_6H_4Cl . CH_3$ widersteht (J. B. 1872, p. 365 und l. c.); auch $H_3C . CHBr . CH_2Br$ wird in $H_3C . CHBr . CH_3$ verwandelt (J. B. 1872, p. 315).

Die Umwandlung der Chlorverbindungen durch Jodkalium wird erschwert durch die Anwesenheit von mehreren Chloratomen an demselben Kohlenstoff: CCl_4 und $H_3C . CHCl_2$ lassen sich nur durch Jodaluminium umwandeln (Theil I, p. 148, J. B. 1874, p. 324). Auch $HCCl_3$ und $(C_6H_5)_2CH . CCl_3$ werden von Jodkalium nicht geändert (J. B. 1873, p. 376). Durch die Bromverbindungen des Kupfers schliesslich lassen sich H_2CCH CH_2J, $\begin{smallmatrix}H_3C\\H_3C\end{smallmatrix}CHCH_2CH_2J$ und $H_3CCH_2CH_2CH_2CH_2J$ umwandeln, während Jodpropyl dazu unfähig ist (J. B. 1872, p. 311, 341; 1870, p. 941).

In allen diesen Fällen, wie überhaupt da, wo es sich um die Geschwindigkeit einer Reaction handelt, ist nur ein Vergleich qualitativer Angaben möglich; aus diesem ergiebt sich jedoch im Allgemeinen, dass bei den bis jetzt betrachteten Umwandlungen die Geschwindigkeit eines Vorgangs dann bedeu-

tend erhöht wird, wenn Umtausch eines an Kohlenstoff gebundenen Jodatoms stattfindet, und dass in Folge dessen diejenige
von zwei möglichen Reactionen, welche von der kleinsten
Wärmebildung begleitet wird, dennoch in den Vordergrund
treten kann. Scharf tritt solches hervor in der Einwirkung
von Chlor auf eine Jodkohlenwasserstoffverbindung; die Chlorsubstitution nach der Gleichung:

$$(\equiv C)\ H + Cl_2 = (\equiv C)\ Cl + H\,Cl$$

entspricht beim Aldehyd 17,5 + 22 = 39,5 Cal., während Ersatz des Jods:

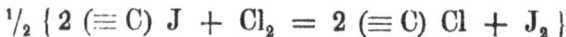

$$\tfrac{1}{2}\,\{\,2\ (\equiv C)\ J + Cl_2 = 2\ (\equiv C)\ Cl + J_2\,\}$$

im damit vergleichbaren Falle, also beim Jodacetyl, nur 23,5
Cal. entspricht. Dennoch findet im Allgemeinen zunächst Jodersatz und dann erst Substitution in Jodkohlenwasserstoffen
statt.

Aehnliches ergiebt sich bei der Reduction von Chlor- und
Jodverbindungen. Die Wärmeentwicklung der Vorgänge:

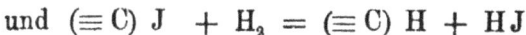

$$(\equiv C)\ Cl + H_2 = (\equiv C)\ H + H\,Cl$$

$$\text{und } (\equiv C)\ J\ + H_2 = (\equiv C)\ H + H\,J$$

entspricht, bei Anwesenheit von Wasser, für Chlor- und Jodacetyl (wiewohl daselbst nicht ausführbar) resp. 39,3 — 17,5
= 21,8 und 13,2 — (— 7) = 20,2; trotzdem erfolgt der Jodersatz
bedeutend leichter, d. h. derselbe geht mit grösserer Geschwindigkeit vor sich.

Diese grössere Geschwindigkeit der Jodreaction, ungeachtet
der kleineren Wärmeentwicklung, ermöglicht die Beschleunigung
einer Reaction, bei welcher es sich um Ersatz von Chlor und Brom
durch Wasserstoff handelt, indem vorübergehend an die Stelle
dieser Halogene Jod eingeführt wird. Demnach eignet sich
zur Chlor- und Bromreduction statt Kupfer und Wasser: Kupfer,
Wasser und Jodkalium (J. B. 1857, 267), statt Phosphor und
Wasser: Phosphor, Wasser und Jodwasserstoff, statt Wasserstoff:
Jodwasserstoff; die Wärmeentwicklung ist dabei fast dieselbe.

Beim Brom, dem Chlor gegenüber, zeigt sich, doch in weit geringerem Grade, dasselbe; wiewohl Ersatz von Wasserstoff durch Chlor (39,5 beim Aldehyd) in Wärmebildung denjenigen von Brom durch Chlor (10,1 beim Bromacetyl) weit übertrifft, findet doch, wenn auch vereinzelter, im Bromkohlenwasserstoffe durch Chlor zuerst Bromersatz statt. Auch die Wärmeentwicklung bei Reduction des Broms durch Wasserstoff entspricht im bekannten Falle (für Bromacetyl) bei Anwesenheit von Wasser 28,38 — 7,6 = 20,78 Cal., also weniger als beim Chlor (21,8); dennoch ist $C_6 H_4 Br CH_3$ leichter durch Jodwasserstoff reducirbar, als $C_6 H_4 Cl CH_3$ (J. B. 1872, 365; 1869, 424), CH_3 $CBr_2 CH_3$ leichter durch Wasserstoff in stat. nasc., als CH_3 $CCl_2 CH_3$ (J. B. 1872, p. 316).

3. Die durch Jodeintritt bedingte Aenderung der physikalischen Beschaffenheit

zeigt sich wieder in der Siedepunktserhöhung, welche diejenige bei Bromeinführung im Mittel um etwa 25° übertrifft.

Die beim Chlor- und Bromeintritt gefundenen Regelmässigkeiten scheinen auch hier zu gelten; jedoch ist die Zahl bekannter Jodkohlenwasserstoffsiedepunkte zu einem derartigen Vergleiche nicht ausreichend; nur Folgendes sei hier erwähnt:

a. Der Eintritt von Jod in die Gruppe CH_3 ist von grösserer Siedepunktserhöhung begleitet, als derjenige von Jod in die Gruppe CH_2:

			Diff.
$H_3 CCH_2 CH_2 J$	102°	$H_3 CCHJCH_3$	$91^1/_2°$ $10^1/_2°$
$H_3 CCH_2 CH_2 CH_2 J$	130°	$H_3 CCH_2 CHJCH_3$ 118°	12°
$H_3 CCH_2 CH_2 CH_2 CH_2 J$	$155^1/_2°$	$H_3 CCH_2 CH_2 CH$	
		JCH_3	146° $9^1/_2°$
„	„	$H_3 CCH_2 CHJCH_2$	
		CH_3	145° $10^1/_2°$

				Diff.
$H_3 C$ $H_3 C$	$CHCH_2 CH_2 J$	147°	$H_3 C$ $H_3 C$ CHCHJCH₃ 128°	19°
$H_2 CJ$ $H_3 C$	$CHCH_2 CH_3$	$144^1/_2°$	„ „	$16^1/_2°$

				Diff.
$H_3CCH_2CH_2CH_2CH_2$ CH_2J	$179\frac{1}{2}^0$	$H_3CCH_2CH_2CH_2$ $CHJCH_3$	166^0	$13\frac{1}{2}^0$
$H_3CCH_2CH_2CH_2CH_2$ CH_2CH_2J	202^0	$H_3CCH_2CH_2CHJ$ $CH_2CH_2CH_3$	185^0	17^0
			Mittel von 8:	$13\frac{1}{2}^0$

b. Der Eintritt von Jod in die Gruppe CH_3 ist von grösserer Siedepunktserhöhung begleitet, als derjenige von Jod in die Gruppe CH:

$\frac{H_3C}{H_3C}CHCH_2J$	$120\frac{1}{2}^0$	$\frac{H_3C}{H_3C}CJCH_3$	$98\frac{1}{2}^0$	22^0
$H_3CCH_2CH\frac{CH_3}{CH_2J}$	$144\frac{1}{2}^0$	$H_3CCH_2CJ\frac{CH_3}{CH_3}$	128^0	$16\frac{1}{2}^0$
$\frac{H_3C}{H_3C}CHCH_2CH_2J$	147^0	„	„	19^0
			Mittel von 3:	19^0

c. Die Anwesenheit von Chlor, Brom und Jod übt auf die Siedepunktserhöhung durch neu eintretendes Chlor, Brom und Jod denselben Einfluss aus:

	α. Eintreten von Chlor:	Differenz.	β. Eintreten von Brom:	Differenz.	γ. Eintreten von Jod:	Differenz.
H_3CCH_2Cl 12^0	H_3CCHCl_2 58^0	46^0	$H_3CCHClBr$ 84^0	72^0	$H_3CCHClJ$ 118^0	106^0
H_3CCH_2Br 39^0	$H_3CCHBrCl$ 84^0	45^0	H_3CCHBr_2 112^0	73^0	$H_3CCHBrJ$ 142^0	103^0
H_3CCH_2J 72^0	$H_3CCHJCl$ 118^0	46^0	$H_3CCHJBr$ 142^0	70^0	H_3CCHJ_2 178^0	106^0

d. Die Anwesenheit von Halogenen an demselben Kohlenstoff übt auch auf die durch Eintreten des Jods verursachte Siedepunktserhöhung einen herabdrückenden Einfluss aus:

				Diff.
$H_3CCHClJ$	118^0	H_2CClCH_2J	$137\frac{1}{2}^0$	$19\frac{1}{2}^0$

Diff.

$H_3 CCHBrJ$	142^0	$H_2 CBrCH_2J$ [1]	$164^1/_2{}^0$	$22^1/_2{}^0$
$H_3 CCBrJCH_3$	$147^1/_2{}^0$	$H_3 CCHBrCH_2J$	164^0	$16^1/_2{}^0$

e. Die durch Eintreten des Jods (wie auch des Chlors und Broms) verursachten Siedepunkts-änderungen werden beim Steigen des Siedepunkts selbst kleiner:

Diff.

$H_3 CCH_2 Br$	39^0	$H_3 CCH_2 J$	72^0	33^0
$H_3 CCH_2 CH_2 Br$	71^0	$H_3 CCH_2 CH_2 J$	102^0	31^0
$H_3 CCH_2 CH_2 CH_2 Br$	$100^1/_2{}^0$	$H_3 CCH_2 CH_2 CH_2 J$	$129^1/_2{}^0$	29^0
$H_3 CCH_2 CH_2 CH_2 CH_2 Br$	$128^1/_2{}^0$	$H_3 CCH_2 CH_2 CH_2 CH_2 J$	$155^1/_2{}^0$	27^0
$H_3 CCH_2 CH_2 CH_2 CH_2 CH_2 Br$	$155^1/_2{}^0$	$H_3 CCH_2 CH_2 CH_2 CH_2 CH_2 J$	$179^1/_2{}^0$	24^0
$H_3 CCH_2 CH_2 CH_2 CH_2 CH_2 CH_2 Br$	199^0	$H_3 CCH_2 CH_2 CH_2 CH_2 CH_2 CH_2 J$	221^0	22^0

II.

Die Bindung von Kohlenstoff an Sauerstoff und Schwefel.

Auch hier werden die Bildungswärmen der diesbezüglichen Verbindungen aus den Elementen vorangestellt werden, jedoch nach Angabe der gewählten Eintheilung; in erster Linie nach Art des an Kohlenstoff gebundenen Elements.

A. Die Bindung von Kohlenstoff an Sauerstoff.

In zweiter Linie wird dieser Abschnitt nach Art des Elements, dessen Bindung an Kohlenstoff mit derjenigen von Sauerstoff verglichen wird, in folgende Kapitel zerfallen:

1. Das gegenseitige Verhalten von Sauerstoff und Wasserstoff am Kohlenstoff.

---

[1] Siedepunkt wahrscheinlich etwa 5^0 zu hoch. (J. B. 1874, 324.)

2. Das gegenseitige Verhalten von Sauerstoff und Halogenen am Kohlenstoff. Ein Schlusskapitel berücksichtigt:

3. Den Einfluss des Sauerstoffs auf die chemische und physikalische Beschaffenheit von Kohlenstoffverbindungen.

---

1. Zur Beurtheilung des gegenseitigen Verhaltens von Sauerstoff und Wasserstoff am Kohlenstoff

seien die bekannten Bildungswärmen folgender Verbindungen zusammengestellt:

Methylalkohol	$C . H_4 . O$	62	(flüssig).
		53,6	(gasförmig).
Ameisensäure	$C . H_2 . O_2$	95,5	(fest).
		93	(flüssig).
		87,4	(gasförmig).
Kohlenoxyd	$C . O$	25	
Kohlendioxyd	$C . O_2$	100	(fest).
		94	(gasförmig).
Kohlenoxychlorid	$C . O . Cl_2$	34,4	
Ameisensaures Methyl	$C_2 . O_2 . H_4$	74	(flüssig).
		67	(gasförmig).
Aethylalkohol	$C_2 . H_6 . O$	74	(flüssig).
		64,4	(gasförmig).
Aldehyd	$C_2 . H_4 . O$	46	(flüssig).
		40	(gasförmig).
Essigsäure	$C_2 . H_4 . O_2$	118,4	(fest).
		116	(flüssig).
		109,9	(gasförmig).
Oxalsäure	$C_2 . H_2 . O_4$	197	
Chloracetyl	$C_2 . H_3 . O . Cl$	63,5	
Bromacetyl	$C_2 . H_3 . O . Br$	53,6	
Jodacetyl	$C_2 . H_3 . O . J$	39	
Ameisensaures Aethyl	$C_3 . H_6 . O_2$	96,4	
Essigsaures Methyl	$C_3 . H_6 . O_2$	91,8	

Aethyloxyd	$C_4 . H_{10} . O$	53	(flüssig).
		46,3	(gasförmig).
Essigsaures Aethyl	$C_4 . H_8 . O_2$	119	(flüssig).
		109,7	(gasförmig).
Essigsäureanhydrid	$C_4 . H_6 . O_3$	150	
Oxalsaures Methyl	$C_4 . H_6 . O_4$	184,8	
„ Aethyl	$C_6 . H_{10} . O_4$	203,2	
Aceton	$C_3 . H_6 . O$	65	(flüssig).
		56,9	(gasförmig).
Propylaldehyd	$C_3 . H_6 . O$	69	
Buttersäure	$C_4 . H_8 . O_2$	155	
Amylalkohol	$C_5 . H_{12} . O$	96	(flüssig).
		85,3	(gasförmig).
Valeriansäure	$C_5 . H_{10} . O_2$	158	
Amyloxyd	$C_{10} . H_{22} . O$	89,3	
Phenol	$C_6 . H_6 . O$	34	
Cetylalkohol	$C_{16} . H_{34} . O$	112	
Margarinsäure	$C_{16} . H_{32} . O_2$	223	

Während die Vertretung des Wasserstoffs durch Chlor, wegen der einatomigen Natur des letzteren Elements, nur von einer Art war, und demgemäss durch eine allgemeine Gleichung ausgedrückt werden konnte, verhält es sich mit dem zweiatomigen Sauerstoff anders; derselbe kann in Verbindungen, die Kohlenstoff, Wasserstoff und Sauerstoff enthalten, ganz verschieden gebunden sein:

1. Doppelbindung an Kohlenstoff $C = O$.
2. Zweifache Bindung an Kohlenstoff $C - O - C$.
3. Theilweise Bindung an Kohlenstoff und Wasserstoff (Hydroxylgruppe) $C - O - H$ [1]).
4. Theilweise Bindung an Kohlenstoff und Sauerstoff (Chinongruppe) $C - O - O - C$.

---

[1]) Ueber theilweise Bindung an Kohlenstoff und Halogenen folgen nachher einige Erläuterungen.

Bezüglich der Umwandlung aus den entsprechenden Wasserstoffverbindungen lässt sich thermisch Folgendes angeben:

1. In der Gleichung:

$$(= C)\ H_2 + O\ .\ Z = (= C)\ O + H_2\ .\ Z$$

ist der Werth von $(= C)\ O - (= C)\ H_2$ in nachstehenden Fällen:

Uebergang von Methylalkohol in Ameisensäure   31 (33,8 gasf.)

„   „   Aethylalkohol „ Essigsäure   42 (45,5 „)

„   „   Amylalkohol „ Valeriansäure   62

„   „   Cetylalkohol „ Margarinsäure 111

„   „   Aethyloxyd „ essigs. Aethyl   66 (63,4 „)

„   „   essigs. Aethyl „ Essigs.-anhyd. 31,

also immer positiv und mit der Molekulargrösse wachsend.

2. Auch dieser Fall ist auf obige Gleichung zurückführbar, wenn dieselbe etwas geändert wird:

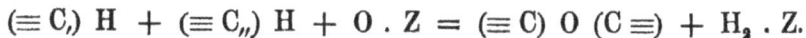

$$(\equiv C_{\prime})\ H + (\equiv C_{\prime\prime})\ H + O\ .\ Z = (\equiv C)\ O\ (C \equiv) + H_2\ .\ Z.$$

Der Werth von $(\equiv C)\ O\ (C \equiv) - \{(\equiv C_{\prime})\ H + (\equiv C_{\prime\prime})\ H\}$ ist in folgenden Fällen:

Uebergang v. Methan u. Aldehyd in essigs. Methyl 29,8 (23,8 gasf.).

„   „   Aldehyd   „ Essigs.-anhyd. 58.

Im zweiten Falle, und bei diesem sind die thermischen Angaben am zuverlässigsten, stimmt dieser Werth nicht nur im Zeichen, sondern auch in der Grösse mit obigem beim gleichen Molekulargewichte ziemlich überein.

3. Bei der dritten Umwandlung, welche durch folgende Gleichung auszudrücken ist:

$$(\equiv C)\ H + O = (\equiv C)\ OH$$

ergiebt sich der Werth von $(\equiv C)\ OH - (\equiv C)\ H$ in nachstehenden Fällen:

Uebergang von Methan zu Methylalkohol   40   (flüssig).

                                33,6 (gasförmig).

„   „   Aldehyd zu Essigsäure   70   (flüssig).

                                69,9 (gasförmig).

„   „   Propylaldehyd z. Propionsäure 74,2.

Dieser einfachen Hydroxyleinführung schliesst sich ein complicirterer Fall an, in welchem durch vorhergehende Anwesenheit einer Hydroxylgruppe, nach Einführung der zweiten, ein Zusammenfallen stattfindet, welches durch folgende Gleichungen auszudrücken ist:

$$(= C\,OH)\ H\ +\ O\ =\ (= C\,OH)\ OH\ =\ (= C)\ O\ +\ H_2O.$$

Der Werth von $(= C)\ O\ +\ H_2O\ -\ (= C\,.\,OH)\,H$ ist in diesen Fällen:

Uebergang von Ameisensäure zu Kohlendioxyd 74,9 (fest).

75,6 (flüssig).
63,8 (gasförm.).

„   „   Alkohol zu Aldehyd   41   (flüssig).

32,8 (gasförm.).

Hiermit vergleichbar ist ein dritter Oxydationsvorgang, der nach folgenden Gleichungen stattfindet:

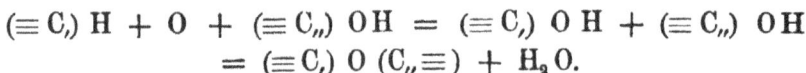

$$(\equiv C_{\prime})\ H\ +\ O\ +\ (\equiv C_{\prime\prime})\ OH\ =\ (\equiv C_{\prime})\ OH\ +\ (\equiv C_{\prime\prime})\ OH$$
$$=\ (\equiv C_{\prime})\ O\ (C_{\prime\prime}\equiv)\ +\ H_2O.$$

Der Werth von $(\equiv C_{\prime})\ O\ (C_{\prime\prime}\equiv)\ +\ H_2O\ -\ (\equiv C_{\prime})\ H$ $-\ (\equiv C_{\prime\prime})\ OH$ ist in diesen Fällen:

Uebergang von Methan und Ameisensäure zu ameisensaurem Methyl: 28 (flüssig), 14,8 (gasförmig).

„   „   Methan und Essigsäure zu essigsaurem Methyl: 22,8 (flüssig).

„   „   Methylalkohol und Aldehyd zu essigsaurem Methyl: 52,8 (flüssig).

„   „   Methan und Oxalsäure zu oxalsaurem Methyl: 81,8 = 2 × 40,9.

4. Bezüglich chinonartiger Oxydation fehlen thermische Angaben.

Bevor Schlüsse aus diesen Zahlen gezogen werden, sei bemerkt, dass letztere nicht vollkommen vergleichbar sind und Widersprechendes enthalten, welches sich bis jetzt nur darin nachweisen, nicht ändern lässt.

α. So wurden von Berthelot für den Vorgang (A. P. (5) IX, 328):

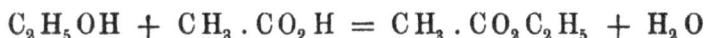

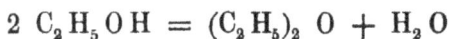

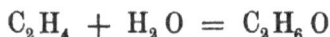

$$C_2H_5OH + CH_3.CO_2H = CH_3.CO_2C_2H_5 + H_2O$$

— 2 Calorien gefunden; in obigen Zahlen wurde deshalb: $C_4.H_8.O_2 = 116\ (C_2.H_4.O_2) + 74\ (C_2.H_6.O) - 69\ (H_2.O)$ — 2 = 119 ermittelt, während sich aus der Verbrennungswärme, von Favre und Silbermann bestimmt, 98 ergiebt.

β. So wurden von Berthelot für den Vorgang (A. P. (5) IX, 328):

$$2\,C_2H_5OH = (C_2H_5)_2\,O + H_2O$$

— 0,3 Calorien gefunden, während aus obigen Zahlen — 26 gefunden wird. Der dazu dienliche Werth 74 für $C_2.H_6.O$ ist das Mittel von denjenigen Werthen, welche sich aus der Verbrennungswärme nach verschiedenen Angaben berechnen lassen (bei Annahme von $C.O_2 = 94$, $H_2.O = 69$):

77 (Dulong), 80 (Andrews), 64 (Favre, Silbermann); der dazu dienliche Werth 53 für Aethyloxyd ist Favre's und Silbermann's Bestimmung der Verbrennungswärme entlehnt, während diejenige von Dulong 22 ergiebt.

γ. So wurden von Berthelot für den Vorgang:

$$C_2H_4 + H_2O = C_2H_6O$$

+ 16,9 Calorien gefunden, während das Mittel — 9 der Werthe für $C_2.H_4$:

— 11 (Dulong), — 9 (Andrews), — 6 (Favre, Silbermann) etwa 14 ergiebt.

Nachdem durch Vorstehendes der Zuverlässigkeitsgrad obiger Zahlen bestimmt ist, sei hier die Folgerung gemacht, dass einfacher Ersatz von zwei Wasserstoffatomen durch Sauerstoff am Kohlenstoff im Allgemeinen von Wärmeentwicklung begleitet ist, deren Grösse im Mittel (von sechs Fällen) 57 beträgt und mit derjenigen des Moleküls zu wachsen scheint; wichtig ist die Uebereinstimmung dieses Mittelwerthes mit demjenigen Werthe (58), welcher in der Umwandlung nach Gleichung 2. für Oxydation des Aldehyds zu Essigsäureanhydrid gefunden und nicht aus Vergleichung der Verbrennungswärmen, sondern mehr aus directen Beobachtungen hergeleitet wurde (C. r. LXXXII, 121). Es sei dieser Schluss folgendermaassen schematisch ausgedrückt: $(\equiv C) . (O -) - (\equiv C) . H = 25$ [1]).

Wo es sich in obigen Fällen um einfachen Ersatz von Wasserstoff durch Sauerstoff am Kohlenstoff handelt, ist in den übrigen Reactionen Bindung von Sauerstoff an Wasserstoff hinzugetreten; über die einzelnen Werthe nachher Näheres; hier sei nur allgemein angeführt, dass sämmtliche Oxydations-vorgänge von Wärmeentwicklung begleitet sind, deren Grösse im Mittel = 50 ist. Dieser Schluss lässt sich in nachstehender Weise schematisch ausdrücken:

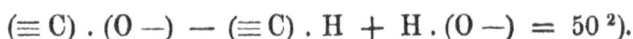

$$(\equiv C) . (O -) - (\equiv C) . H + H . (O -) = 50 \, [2]).$$

Beide Resultate lassen sich in gewissem Sinne vergleichen; wenn die im ersten Falle bezeichnete Oxydation durch Sauerstoff stattfindet:

$$(= C) . H_2 + O_2 = (= C) . O + H_2 O,$$

so ist die Wärmeentwicklung im Mittel 119, mithin:

$$(\equiv C) . (O -) - (\equiv C) . H + H . (O -) = 58.$$

Es lässt sich hiernach voraussehen, dass Umwandlung von Wasserstoff in Sauerstoff am Kohlenstoff in den verschiedensten Fällen durch die verschiedensten Mittel bewirkbar ist; die Mittelzahl 25 kommt derjenigen für Wasserstoff $H . (O -)$ $- H . H = 34\frac{1}{2}$ fast nahe; was dieser Reaction in den speciellen Fällen jedoch ein besonderes Interesse gewährt, ist die äusserst verschiedene Leichtigkeit, womit dieselbe stattfindet, je nach Art des angegriffenen Moleküls und der Stelle an demselben, wenn deren mehrere sind. Das Hauptsächliche für unseren Zweck sei in folgenden Abschnitten zusammengestellt:

a. Die Oxydation am Kohlenstoff.

b. Die Reduction am Kohlenstoff.

c. Reduction am Kohlenstoff durch Oxydation am Kohlen-stoff bewirkt, und umgekehrt.

---

[1]) Mittel aus acht Werthen.

[2]) Mittel aus neun Werthen.

a. Die einfache, schrittweise Oxydation von Kohlenwasserstoffen, beginnend mit Ueberführung eines der Wasserstoffatome in die Hydroxylgruppe, ist eine höchst schwierige Aufgabe, einestheils wegen der Schwierigkeit, unter welcher der Eintritt des ersten Sauerstoffatoms stattfindet, hauptsächlich aber in Folge der Leichtigkeit, mit welcher das Weiterschreiten der Oxydation vor sich geht. In dieser Beziehung seien nachstehend einige Beispiele angeführt:

1. Methan widersteht den kräftigsten Oxydationsmitteln, wahrscheinlich auch dem Ozon (J. B. 1873, p. 319), während Verbrennung oder im Allgemeinen Umwandlung bei hoher Temperatur es völlig in Kohlendioxyd überführt; nur Sauerstoff unter Mitwirkung von Platinschwamm konnte es bei etwas gesteigerter Wärme in Methylalkohol umwandeln (Theil I, p. 36).

2. Amylwasserstoff verwandelt sich in etwa 35 Tagen durch Chromsäure, chromsaures Kali und Wasser bei gewöhnlicher Temperatur in Baldriansäure (J. B. 1874, p. 303).

3. Vom Hexan verwandeln sich unter Einwirkung der kräftigsten Oxydationsmittel (Kaliumpermanganat und Schwefelsäure) in der Wärme erst nach mehreren Monaten einige Decigramme in Capronsäure (J. B. 1867, p. 335).

4. Paraffin giebt in 3 bis 4 Tagen bei Behandlung mit chromsaurem Kali, Schwefelsäure und Braunstein Cerotinsäure.

Es scheint demnach, wiewohl die Angaben nur qualitativer Art sind, dass bei den vergleichbaren Kohlenwasserstoffen die Fähigkeit zur Oxydation mit der Molekulargrösse steigt, entsprechend der Zunahme der begleitenden Wärmeentwicklungen (S. 59).

Leichter findet die Oxydation der vom Benzol hergeleiteten Kohlenwasserstoffe statt, und, wie bei den oben angeführten Körpern der Hauptangriff am wasserstoffreicheren Theile der Verbindung stattzufinden scheint, nimmt hier die Seitenkette den Sauerstoff auf; Chromsäure und Salpetersäure bewirken dasselbe in der Wärme in kurzer Zeit:

5. Methylbenzol giebt, mit Sauerstoff über erhitztes Platin geleitet, Benzaldehyd, sonst Benzoësäure (J. B. 1873, p. 300).

Diphenylmethan giebt Diphenylketon (J. B. 1871, p. 438) u. s. w.

Diese Erleichterung der Oxydation ist jedoch wahrscheinlich nicht nur dem Mehrgehalte an Wasserstoff, sondern auch dem Anhängen von Benzolkernen zuzuschreiben:

6. $C_6H_5 . CH_2 . C_6H_4 . CH_3$ giebt zwar $C_6H_5 . CO . C_6H_4 . CH_3$ und $C_6H_5 . CH_2 . C_6H_4 . CO_2H$ (J. B. 1871, p. 438);

7. $C_6H_5 . C_2H_4 . C_6H_4 . CH_3$ jedoch hauptsächlich $C_6H_5 . C_2H_2O . C_6H_4 . CH_3$ (J. B. 1873, p. 380);

8. $CH_2 (C_6H_4 . CH_3)_2$ hauptsächlich $CO (C_6H_4 . CH_3)_2$ (J. B. 1874, p. 426).

Leichter lässt sich die Oxydation gechlorter oder im Allgemeinen halogenisirter Kohlenwasserstoffe bewirken, und dass die Erleichterung vom anwesenden Halogen herrührt, wird obendrein dadurch bestätigt, dass an demjenigen Kohlenstoff, wo dasselbe sich vorfindet, die Oxydation angreift:

1. Aethyl- und Amyljodid lassen sich (und letzteres leichter als Amylwasserstoff) durch chromsaures Kali und Schwefelsäure in verdünnter Lösung unter 100^0 zu Essigsäure und Baldriansäure oxydiren (J. B. 1866, p. 280).

2. Brompropyl giebt mit Salpetersäure in der Wärme Propionsäure (J. B. 1868, p. 436).

3. Chlorbenzyl giebt, weit leichter als Toluol, und zwar mit Wasser und Bleinitrat Benzaldehyd (J. B. 1866, p. 596) u. s. w., während beim einfach gechlorten Dimethylbenzol ($C_6H_4 . CH_3 . CH_2Cl$, 1.3 und 1.2) durch genanntes Oxydationsmittel nur die Gruppe CH_2Cl in $C{_H^O}$ verwandelt wird (J. B. 1876, p. 483; 1877, p. 620).

Da in allen diesen Fällen die Umstände verwirklicht sind, unter denen die Umwandlung von Halogenen in Hydroxylgruppen stattfindet, so ist es wahrscheinlich, dass eine derartige Reaction der eigentlichen Oxydation vorangegangen ist; jedoch scheint es auch, dass Anwesenheit von Halogenen, ohne Zwischenumwandlung in angedeuteter Richtung, die Oxydation des an demselben Kohlenstoffatome gebundenen Wasserstoffs fordern kann, wie beim Chloroform, das unter dem Einfluss des Lichts einer Oxydation durch Sauerstoff ohne Mitwirkung des Wassers fähig zu sein scheint, und durch Chromsäure und Schwefelsäure leichter angreifbar ist, als Methan (Theil I, p. 159).

Auch die Anwesenheit von Sauerstoff erleichtert weitere Oxydation; die Vergleichung der Leichtigkeit, womit die Oxydation an verschiedenen Körpern vor sich geht, ergiebt dies, und die Angabe der Stelle, an welcher dieselbe in einem complicirteren Körper stattfindet, bestätigt es.

Zuerst sei diesbezüglich die Oxydation verschiedener Körper in thermischer Hinsicht verglichen, und deshalb in einigen Fällen die Wärmebildung angegeben, von welcher der Verbrauch von 16 Gramm Sauerstoff in vergleichbaren Fällen begleitet ist:

a. 1. CH_4 $+ O = CH_4 O$ $\qquad$ 40 (33,6 gasförmig).

2. $CH_4 O + O_2 = CH_2 O_2 + H_2 O$ 100 (91 $\qquad$ „).

$\qquad$ also für O 50 (45,5).

3. $CH_2 O_2 + O = CO_2 + H_2 O$ 70 (63,8 gasförmig).

b. 1. $CH_3 . CH_2 OH + O = CH_3 . COH + H_2 O$ 41 (32,8 „).

2. $CH_3 . COH + O = CH_3 . CO_2 H$ $\qquad$ 70 (69,9 „).

Hieraus ergiebt sich, dass die Wärmeentwicklung bei Aufnahme der angeführten Sauerstoffmenge für Methan kleiner ist, als für Methylalkohol; für letzteren aber kleiner (bei Umwandlung in Ameisensäure) als für Ameisensäure (Theil I, p. 168), während dieselbe beim Aethylalkohol kleiner ist, als beim Aldehyd; dass also in diesen Fällen die Sauerstoffaufnahme durch das Oxydationsproduct mehr Wärme entwickelt, als diejenige durch den ursprünglichen Körper.

Demgemäss lässt sich weitere Oxydation durch weniger kräftige Oxydationsmittel bewirken, als vorhergehende Oxydation, oder vielmehr sind die Producte theilweiser Oxydation kräftiger reducirend, als die Anfangskörper. Methan lässt sich in dieser Hinsicht thermisch mit Kupfer ($Cu . O = 37$), Methylalkohol mit Blei ($Pb . O = 50$), Ameisensäure mit Eisen ($Fe . O . H_2 O = 68$) vergleichen.

Betrachtet man jedoch eingehender diejenigen Verbindungen oder Gemenge, welche auch Kohlenwasserstoffen ihren Sauerstoff abzugeben vermögen, mit denjenigen, welche dasselbe nur mit Alkoholen und mit Aldehyden und Ameisensäure zu thun im Stande sind, so ergiebt sich, dass nicht nur erstere mit grösserer Wärmebildung Sauerstoff abgeben, als letztere:

Kohlenwasserstoffoxydation:

O_3 steht O ab unter einer Wärmebildung von $+ 30$ Cal.

$((MnO_4K)_2 + SO_4H_2)$ Aq. „ „ „ „ $+ 20$ „

$((CrO_3)_2 + (SO_4H_2)_3)$Aq. „ „ „ „ $+ 10$ „

$NO_3H . Aq.$ „ „ „ „ $+ 10$ „

Aldehydoxydation:

Ag_2O steht O ab „ „ „ „ $- 6$ „

HgO „ „ „ „ „ „ $- 31$ „

CuO „ „ „ „ „ „ $- 37$ „

sondern dass der Unterschied (etwa 40) grösser ist, als sich aus obigen Zahlen erwarten liess (etwa 30). Wenn dazu noch beachtet wird, dass letztere Oxydationsvorgänge in weit kürzerer Zeit vor sich gehen, als erstere, dann wird ·der Zahlenunterschied Ausdruck eines zweiten Einflusses des Sauerstoffs auf die Oxydation. Derselbe erhöht nicht nur die Wärmebildung, von welcher die Aufnahme einer bestimmten Sauerstoffmenge begleitet wird, sondern steigert auch, wenn letztere verschiedenen Verbindungen entzogen wird, so gewählt, dass die Wärmeentwicklung des totalen Oxydationsvorganges eine gleiche ist, die Geschwindigkeit der Reaction.

Eine Folge dieser zweiten Wirkung des aufgenommenen Sauerstoffs ist der völlig entgegengesetzte Vorgang bei schrittweiser Oxydation einerseits und schrittweiser Chlorirung andererseits. Beide Vorgänge lassen sich, wenn nur zwei Producte gebildet werden, z. B. aus H_2CO die Producte H_2CO_2 und CO_2, aus H_2CCl_2 die Producte $HCCl_3$ und CCl_4 durch Gleichungen ausdrücken, welche bei Bekanntsein einiger Constanten das Verhältniss der Producte in jedem Augenblicke bestimmen (S. 13). In beiden Fällen ist der Schluss der Reaction gänzliche Umwandlung in das Endproduct, resp. CO_2

und CCl_4; in den entsprechenden Zwischenstadien wird sich jedoch bei der Oxydation verhältnissmässig mehr vom Endproduct, bei der Chlorirung aber mehr vom Zwischenproduct gebildet haben, weil im ersten Falle $c_2 > c_1$, im zweiten $c_2 < c_1$ ist, oder in Worten wiedergegeben: weil eingetretener Sauerstoff die Oxydation erleichtert, eingetretenes Chlor das Chloriren erschwert[1]. Demnach stellt sich der letztere Vorgang eine neue Aufgabe: die Erhaltung eines Zwischenproducts. Es sei dazu bemerkt, dass die verwendeten Mittel auf die sofortige Entfernung des Zwischenproducts hinauslaufen, entweder durch Benutzung der Aggregationszustände, wie Entfernen in Dampfform aus Flüssigkeiten (Oxydation von Alkohol zu Aldehyd u. s. w.), oder mechanisches Vorübertreiben des Oxydationsgemisches (Sauerstoff und der zu oxydirende Körper) an einer Stelle, an welcher die Einwirkung durch Anwesenheit eines Zwischenkörpers ermöglicht wird (Oxydation des Methans zu Methylalkohol, des Methylalkohols zu Formaldehyd, des Toluols zu Benzaldehyd durch erhitztes Platin u. s. w.).

Ganz entsprechend der grösseren Leichtigkeit, mit welcher die fernere Oxydation bei Verbindungen vor sich geht, welche schon Sauerstoff aufgenommen haben, findet die Oxydation in complicirteren Molekülen da statt, wo schon Sauerstoff eintrat. Die Alkohole nehmen, wenn der Kohlenstoff, welcher die Hydroxylgruppe trägt, noch Wasserstoff gebunden hat, den Sauerstoff bei weiterer Oxydation an diesem Kohlenstoff auf, die Aldehyde thun dasselbe; enthält das Molekül Alkohol- und

---

[1] Ist p die Chlor- oder Sauerstoffmenge (in Molekülen oder halben Molekülen), q die Menge CH_2Cl_2 oder CH_2O, x diejenige von $CHCl_3$ oder CH_3O_2, y die von CCl_4 oder CO_2 (in Molekülen), so ist die Beziehung zwischen x und y:

$$\{c_1(q - x - y) - c_2 x\}\, d.y = c_2 x\, d.x \text{ oder } \frac{d.x}{d.y} = \frac{c_1}{c_2} \times \frac{q - x - y}{x} - 1.$$

Steigt $\frac{c_2}{c_1}$ (beim Uebergange von Chlorirung zu Oxydation), so muss in den entsprechenden Zwischenstadien, d. i. für den Fall, dass x + y beiderseits gleich ist, $x\left(1 + \frac{d.x}{d.y}\right)$ sich vermindern, was nur stattfindet, wenn x in Beziehung zu y kleiner wird, wenn also, bei gleicher Gesammtzahl, von CH_2O_2 mit CO_2 verglichen, weniger gebildet ist, als von $CHCl_3$ mit CCl_4 verglichen.

66 Die Bindung von Kohlenstoff an Sauerstoff u. Schwefel.

Aldehydgruppen beschriebener Natur neben einander $\left(CH_2OH,\right.$ $CHOH$ und $\left.C{<}^O_H\right)$, so schreitet die Oxydation in letzterer Gruppe weiter:

Aldol $\left(CH_3 . CHOH . CH_2 . C^O_H\right)$ giebt Oxybuttersäure $(CH_3 . CHOH . CH_2 . CO_2H)$;

Dialdan $\left(C^O_H . CH_2 . CHOH . CH = CH . CH_2 . CH\right.$ $\left.OH . CH_3\right)$ giebt Dialdansäure $\left(C^O_{OH} . CH_2 . CHOH . CH\right.$ $= CH . CH_2 . CHOH . CH_3\Big)$;

Glucose $\left(CH_2OH . CHOH . CHOH . CHOH . CHOH\right.$ $\left. . C^O_H\right)$ giebt Gluconsäure $\left(CH_2OH . CHOH . CHOH . CHOH\right.$ $. CHOH . C^O_{OH}\Big)$ u. s. w.

Enthält das Molekül zwei primäre Alkoholgruppen (CH_2OH), so ist das zweite Oxydationsproduct nicht das Doppelaldehyd, sondern die Säure, entstanden durch Umwandlung einer der Gruppen CH_2OH in CO_2H:

Glycol $(CH_2OH . CH_2OH)$ giebt Glycolsäure $(CH_2OH . CO_2H)$;

Glycerin $(CH_2OH . CHOH . CH_2OH)$ giebt Glycerinsäure $(CH_2 . OH . CHOH . CO_2H)$;

Erythrit $(CH_2OH . CHOH . CHOH . CH_2OH)$ giebt Erythrit-säure $(CH_2OH . CHOH . CHOH . CO_2H)$;

Mannit $(CH_2OH . CHOH . CHOH . CHOH . CHOH . CH_2OH)$ giebt Mannitsäure $(CH_2OH . CHOH . CHOH . CHOH . CHOH . CO_2H)$ u. s. w.

Nachdem in vorstehender Weise die oxydationsfördernde Wirkung des schon vorhandenen Sauerstoffs in zwei Richtungen verfolgt ist, lässt sich Näheres anführen über die Oxydation von Chlorverbindungen.

Auf S. 62 wurde der Schluss gezogen, dass der erleich-ternde Einfluss des Chlors bezüglich der Oxydation, wenigstens theilweise, auf vorhergehende Umwandlung des genannten Ele-mentes zurückführbar ist; eine bedeutende Stütze gewinnt diese

Ansicht durch die Thatsache, dass Chlorverbindungen, welche schon Hydroxylgruppen enthalten, bei Oxydation in der Nähe der letzteren angegriffen werden:

Chloräthylalkohol ($CH_2 Cl . CH_2 OH$) giebt Chloressigsäure ($CH_2 Cl . CO_2 H$) (J. B. 1871, 392);

Dichlorpropylalkohol ($CH_2 Cl . CH Cl . CH_2 OH$) giebt Dichlorpropionsäure ($CH_2 Cl . CH Cl . CO_2 H$) (J. B. 1874, 339);

Dibrompropylalkohol ($CH_2 Br . CH Br . CH_2 OH$) giebt Dibrompropionsäure ($CH_2 Br . CH Br . CO_2 H$) (J. B. 1872, 550);

Dichlorisopropylalkohol ($CH_2 Cl . CH OH . CH_2 Cl$) giebt Dichloraceton ($CH_2 Cl . CO . CH_2 Cl$) (J. B. 1871, 403);

Chlorbromisopropylalkohol ($CH_2 Cl . CH OH . CH_2 Br$) giebt Chlorbromaceton ($CH_2 Cl . CO . CH_2 Br$) (J. B. 1873, 479) u. s. w.

Auf gleiche Weise verhalten sich selbstverständlich auch die halogenisirten Aldehyde: Chlor- und Dichloraldehyd, Butyl- und Hexylchloral u. s. w.

Obige Ansicht gewinnt hierdurch in so weit eine Stütze, dass, wenn im umgekehrten Falle derartige Verbindungen in der Nähe des Chlors oxydirt wurden, eine vorhergehende Umwandlung des letzteren Elementes in die Hydroxylgruppe zur Erklärung unzulässig erschien.

Schliesslich sei bemerkt, dass Moleküle, in welchen gleich oxydirte Kohlenstoffatome vorhanden sind, ähnlich wie die Kohlenwasserstoffe da angegriffen werden, wo die grösste Wasserstoffmenge vorräthig ist, was sich darin ausdrückt, dass im Allgemeinen die Gruppe $CH_2 OH$ der Gruppe $CH . OH$ vorangeht (siehe S. 66: Glycerin, Erythrit, Mannit).

Bei Betrachtung der Hauptreactionsproducte erscheint also die einfache Oxydation als ein Vorgang, dessen Regelmässigkeit stärker hervortritt, als diejenige bei der Chlorirung, und sich noch erhöht durch die Wahrnehmung, dass dieselbe erleichternde Wirkung, welche der Sauerstoff auf seine directe Umgebung (d. i.: den Kohlenstoff, an den er gebunden ist) ausübt, auch noch in grösserer Entfernung fühlbar ist, jedoch in geringerem Grade:

. 1. Thermisch findet dieses Verhältniss wahrscheinlich seinen

Ausdruck im Steigen der einfachen Oxydationswärme bei Uebergang von Aethyläther zu essigsaurem Aethyl, und von essigsaurem Aethyl zu Essigsäureanhydrid von 45,2 zu 51,8; jedoch
sei hier auf dasjenige verwiesen, was bezüglich der Zuverlässig-
keit dieser Zahlen angeführt ist (S. 59).

2. Beim Vergleich mehrerer Verbindungen findet dasselbe
seinen Ausdruck in Erleichterung der Oxydation auch durch
den Sauerstoff, welcher sich nicht in der unmittelbaren Nähe
befindet:

Essigsäure lässt sich allmählich bei hoher Temperatur
durch Kupferoxyd in alkalischer Lösung zu Glycolsäure (Caze-
neuve C. r. LXXXIX. 525) oxydiren, ebenso durch Quecksilberoxyd, während Aethan dieser Einwirkung unbedingt widersteht;

Der Ketonalkohol ($C_6 H_5 . CO . CH_2 OH$) reducirt Kupferoxyd und Silberoxyd in alkalischer Lösung zu Kupferoxydul
und Silber unter Bildung der Ketonsäure ($C_6 H_5 . CO . CO_2 H$);
während der Alkohol $C_6 H_5 . CH_2 . CH_2 OH$ dazu höchst wahrscheinlich unfähig ist (J. B. 1877, 539);

Die Oxydation des Naphtalinderivats $C_{10} H_4 (OH)_2 (O_2)$
geht äusserst leicht vor sich (durch Schwefelsäure beim Erhitzen), unbedingt weit leichter, als die des Naphtachinons
($C_{10} H_4 (O_2)$) (J. B. 1871, 542);

Die Oxydation des Alizarins erfolgt leichter, als die des
Anthrachinons (durch Arsensäure oder Braunstein und Schwefelsäure) (J. B. 1874, 485) u. s. w.

3. In der Stelle, wo Sauerstoffeintritt stattfindet, erhält
dasselbe seinen Ausdruck dadurch, dass, wo am oxydirten
Kohlenstoff keine Gelegenheit zur weiteren Oxydation durch
Wasserstoffanwesenheit geboten wird, dennoch neuer Sauerstoff
in der Nähe eintritt:

Bei der Oxydation von Alizarin und Chinizarin tritt der
neue Sauerstoff in denjenigen der Benzolkerne, bei welchem
sich schon Sauerstoff vorfindet (J. B. 1875, 500) u. s. w.

Wird jedoch nicht nur die Art der Hauptoxydations-
producte, sondern auch deren Menge und diejenige der Neben-
producte in's Auge gefasst, so stellt sich die Oxydation der

Chlorirung dem Wesen nach zur Seite; es findet wesentlich ein **gleichzeitiger Angriff des Moleküls an verschiedenen Stellen** statt, jedoch mit ungleicher Geschwindigkeit, und, was hier die Sache im Ganzen nur vereinfacht, ist die Thatsache, dass die Anwesenheit von Sauerstoff in dieser Hinsicht eine grössere Ungleichheit bewirkt bei der Oxydation, als diejenige des Chlors bei der Chlorirung. Es sei dies an einem speciellen Falle geprüft, und zwar an der Oxydation des Aethylalkohols:

Entsprechend obigen Regelmässigkeiten wären hierbei folgende Oxydationsproducte zu erwarten:

a. Aldehyd $H_3 C . C \begin{smallmatrix} O \\ H \end{smallmatrix}$;

b. Essigsäure $H_3 C . C \begin{smallmatrix} O \\ O H \end{smallmatrix}$;

c. Glycolsäure $H_2 C O H . C \begin{smallmatrix} O \\ O H \end{smallmatrix}$;

d. Glyoxalsäure $C \begin{smallmatrix} O \\ H \end{smallmatrix} . C \begin{smallmatrix} O \\ O H \end{smallmatrix}$;

e. Oxalsäure $C \begin{smallmatrix} O \\ O H \end{smallmatrix} . C \begin{smallmatrix} O \\ O H \end{smallmatrix}$.

Ein erstes Stadium, das mit gänzlicher Oxydation zu Essigsäure beendigt wäre, würde sich durch gleichzeitige Anwesenheit von Aethylalkohol, Aldehyd und Essigsäure charakterisiren, von welchen das zweite Product immer untergeordnet wäre, das erstere anfangs und das letztere schliesslich die Oberhand hätte. Ein zweites Stadium würde hierauf folgen, charakterisirt durch gleichzeitige Anwesenheit von Essigsäure, Glycolsäure, Glyoxalsäure und Oxalsäure, von welchen (weitere Oxydation von Oxalsäure ausser Betrachtung gelassen) das zweite und dritte Product immer untergeordnet wäre, das erstere anfangs und das letztere schliesslich die Oberhand hätte.

Thatsächlich stellt sich heraus, dass bei Gebrauch von Salpetersäure auch ein Zwischenproduct Glyoxal $\left(C \begin{smallmatrix} O \\ H \end{smallmatrix} . C \begin{smallmatrix} O \\ H \end{smallmatrix} \right)$ gebildet, und dass dasselbe sogar bei Oxydation von Aldehyd unter gleichen Umständen erhalten wird (J. B. 1875, p. 477).

Doch eingeräumt, dass die Anwendung von Salpetersäure einen durch Esterbildung u. s. w. verwickelten Oxydationsvorgang bewirken muss, darf aus diesen Thatsachen mit Sicherheit geschlossen werden, dass ein Angriff der Moleküle an verschiedenen Stellen gleichzeitig vor sich geht, und neben Glyoxalbildung auch diejenige von Glycol ($CH_2 OH . CH_2 OH$) und von Aldehydalkohol $\left(CH_2 OH . C \begin{smallmatrix} O \\ H \end{smallmatrix}\right)$ erfolgt.

Die Chinonoxydation ist in obigen Betrachtungen ausgelassen, weil dieselbe einen speciellen Vorgang bildet, in so weit, dass anfangs zwar Bindung von Sauerstoff an Kohlenstoff und Wasserstoff, nachher jedoch wahrscheinlich an Sauerstoff selbst bewirkt wird, was folgende Formeln darthun:

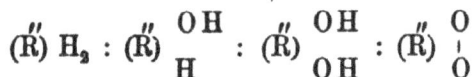

$$(\overset{\prime\prime}{R}) \; H_2 \; : \; (\overset{\prime\prime}{R}) \begin{smallmatrix} O H \\ H \end{smallmatrix} \; : \; (\overset{\prime\prime}{R}) \begin{smallmatrix} O H \\ O H \end{smallmatrix} \; : \; (\overset{\prime\prime}{R}) \begin{smallmatrix} O \\ | \\ O \end{smallmatrix}$$

Insofern der Zweck dieser Arbeit das Studium der Kohlenstoffbindung ist, tritt die Wichtigkeit dieses letzten Vorgangs in den Hintergrund; da derselbe jedoch oft die beiden ersteren Vorgänge begleitet, so sei hier von der Chinonoxydation kurz dasjenige berührt, wodurch sich dieselbe den früheren Oxydationsvorgängen anschliesst:

Die Grösse des Moleküls scheint auch hier der Oxydation günstig zu sein, wenigstens steigt die Leichtigkeit, womit letztere stattfindet, in der Reihenfolge: Benzol, Naphtalin, Phenanthren und Anthracen; jedoch beruht der Unterschied in dem Verhalten dieser Verbindungen nicht allein auf ihrer Molekulargrösse, und dass hier auch die Constitution eine grosse Rolle zu spielen vermag, erhellt aus Vergleich der Methylderivate obiger Kohlenwasserstoffe: Methylbenzole werden in der Seitenkette angegriffen; Methyl- und Dimethylanthracen jedoch in Methyl- und Dimethylanthrachinon übergeführt (J. B. 1875, 501; 1877, 386); bei Annahme der Anthrachinonformel:

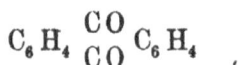

$$C_6 H_4 \begin{smallmatrix} CO \\ CO \end{smallmatrix} C_6 H_4 \qquad.$$

drängt sich sogar die Uebereinstimmung des letzterwähnten Verhaltens auf mit der früher (S. 68) bemerkten erleichternden Wirkung von anhängenden Benzolkernen, wo es sich um die Oxydation am Kohlenstoff handelt.

Auch die weitere Oxydation scheint die vorhergehende an Leichtigkeit des Vorgangs zu übertreffen. Nicht nur drückt sich solches aus in der Schwierigkeit, bei Chinonoxydation Zwischenproducte zu erhalten, sondern auch in der grösseren Fähigkeit dieser Producte, an und für sich, weiter Sauerstoff aufzunehmen. Salzsäure und chlorsaures Kali führen bei Benzol nur Chlorsubstitution herbei, bei Phenol jedoch Bildung von Tetrachlorchinon; Bromjod und Wasser bewirken bei Benzol nur Bromsubstitution, bei Phenol jedoch Bildung von Tetrabromchinon. Dadurch ändert sich sogar die Angriffsstelle des Moleküls: mit erstgenannter Mischung giebt Toluol Benzoësäure und Chlorsubstitutionsproducte, während Kresol gechlortes Toluchinon giebt; wo Cymol in der Seitenkette oxydirt wird, findet bei Thymol Bildung von Thymochinon statt. Noch leichter bewirkbar ist im Allgemeinen der dritte Oxydationsvorgang von Hydrochinonen zu Chinonen; hier ist derselbe jedoch von untergeordnetem Interesse.

Schliesslich sei bemerkt, dass die Chinonbildung ein Beispiel darbietet von Reactionserleichterung und Beschleunigung eigenthümlicher Art, und darin bestehend, dass die Erschütterung, welche das Molekül in Folge einer Umwandlung in demselben erfährt, zur gleichzeitigen Sauerstoffeinführung benutzt wird; diese Umwandlung ist Chlorsubstitution, und die chinonbildende Fähigkeit chlorirender Körper auf obiges Princip zurückführbar. Chlorjod oder Bromjod und Wasser, unterchlorige Säure, chlorsaures Kali und Salzsäure, Chromoxychlorid sind davon Beispiele; sie bewirken gleichzeitige Chlorirung und Chinonbildung, während letztere allein bei denselben Körpern schwierig vor sich geht. Dass diese Beispiele nicht allein dastehen, bedarf kaum der Bemerkung; hier liegen sie sogar auf der Hand: Hexan z. B., das sich so schwierig oxydiren lässt (S. 61) giebt mit Chromoxychlorid ein gechlortes Keton (J. B. 1877, p. 326).

b. Die Reduction am Kohlenstoff.

Die Vergleichung der thermischen Angaben bezüglich der Umwandlung von Kohlenstoff-Wasserstoffbindung in Kohlenstoff-Sauerstoffbindung lässt sich auf den umgekehrten Vorgang beziehen, falls nur das Zeichen der Wärmebildung umgekehrt wird; die Reduction am Kohlenstoff ist also im Allgemeinen von Wärmeabsorption begleitet, und deshalb schwieriger zu bewirken, als Oxydation; das Mittel von den siebenzehn S. 60 angeführten Fällen giebt:

$$(\equiv C) \,.\, H - (\equiv C) \,.\, (O -) = -\ 21.$$

Damit ist die Möglichkeit dargethan, diese Reduction durch Wasserstoff selbst zu bewirken; da der letztere sich mit dem verdrängten Sauerstoff verbinden kann unter einer Wärmeentwicklung, welche für die der obigen Gleichung entsprechende Sauerstoffmenge $\frac{1}{2} \times 69 = 34\frac{1}{2}$ ist, wodurch:

$$(\equiv C) \,.\, (O-) + H_2 = (\equiv C) \,.\, H + H \,.\, (O-) \text{ im Mittel} + 13\frac{1}{2}$$

wird.

Leichter findet diese Reduction jedoch statt durch eine Verbindung oder ein Gemenge, welche oder welches Wasserstoff unter Wärmeentwicklung zu bilden im Stande ist; in dieser Beziehung, sowie über die Mittel, welche diese Reactionen beschleunigen, sei auf das Chlor (S. 6 und folgende) verwiesen.

Hier sei Nachdruck gelegt nicht auf die verschiedenen Mittel, sondern auf den verschiedenen Grad der Leichtigkeit, womit ein und dasselbe Reductionsmittel verschiedene Verbindungen oder verschiedene Stellen einer Verbindung angreift:

Von den Verbindungen, welche nur Kohlenstoff, Wasserstoff und Sauerstoff enthalten, lässt sich, gestützt auf die thermischen Angaben, erwarten, dass im Allgemeinen die höchsten Oxydationsproducte der Reduction am besten widerstehen. Während bei der Oxydation sich die Thatsachen dieser thermischen Voraussagung ganz anschlossen, ist bei der

Reduction, falls dazu Wasserstoff oder Verbindungen, resp. Gemenge, welche durch Wasserstoffabgabe reducirend wirken, verwendet werden, die Sachlage eine etwas andere.

Wie erwartet, ist das Kohlendioxyd eine der am schwierigsten reducirbaren Verbindungen und steht in dieser Beziehung hinter der Ameisensäure zurück, während Formaldehyd ziemlich leicht in Methylalkohol umzuwandeln ist (Theil I, 161, 128, 110); der Erwartung gemäss sind im Allgemeinen Aldehyde und Ketone leichter in Alkohole durch Wasserstoff zurückführbar, als die entsprechenden und bestvergleichbaren Säuren; ferner ist, wie gleichfalls erwartet werden muss, bei der Reduction der letzteren das Zwischenproduct (das Aldehyd) schwierig zu erhalten, da dasselbe leichter, als die Säure selbst, von dem nämlichen Reductionsmittel angegriffen wird, und dadurch hauptsächlich Alkoholbildung stattfindet (z. B. Reduction von Pyroschleimsäure zu Furfuralkohol, von Benzoësäure zu Benzylalkohol, J. B. 1867, 586; 1877, 346, u. s. w.). Dasselbe Verhalten zeigt sich, wenn die Verbindung an mehreren Stellen angreifbar ist:

$C_6H_5 . CO . C_6H_4 . CO_2H$ giebt bei der Reduction (immer durch Wasserstoff in stat. nasc., hier Zink und Salzsäure)

$C_6H_5 . CHOH . C_6H_4 . CO_2H$, und nicht $C_6H_5 . CO . C_6H_4 . C\begin{smallmatrix}O\\H\end{smallmatrix}$ (J. B. 1871, p. 611);

$CO_2H . CO_2H$ giebt unter denselben Umständen CH_2OH . CO_2H, und nicht das Doppelaldehyd $C\begin{smallmatrix}O\\H\end{smallmatrix} . C\begin{smallmatrix}O\\H\end{smallmatrix}$, welches als zweites Reductionsproduct zu erwarten wäre, wenn die sauerstoffreichste Gruppe am leichtesten den Sauerstoff abgäbe (J. B. 1868, p. 533; 1877, p. 657).

Die vorhin angedeutete, etwas andere Sachlage bei der Reduction zeigt sich jedoch in dem Falle, wenn es sich um Entführung des letzten Sauerstoffs einer Hydroxylgruppe handelt, welche Kohlenstoff anhängt, der nicht an Sauerstoff gebunden ist; hier (bei den Alkoholen also), wo man eben ein leichtes Vorsichgehen der Reduction erwarten müsste, ist dieselbe durch Wasserstoff oder wasserstoffabgebende Mittel fast nicht bewirkbar:

Die oben erwähnte Reduction der Säuren, Aldehyde und Ketone bleibt bei der Alkoholbildung stehen (nur bei der Oxalsäure schreitet dieselbe weiter, nämlich zu Essigsäure, J. B. 1868, p. 533); die Alkohole sind der Reduction durch die in Rede stehenden Mittel unfähig (nur bei der Glycolsäure findet durch Zink und Säuren Bildung von Essigsäure statt, J. B. 1868, p. 534); kommen in der Verbindung mehrere angreifbare Stellen vor, so werden, falls sich darunter auch Kohlenstoffatome befinden, die nur einfach an Sauerstoff (Hydroxyl) gebunden sind, diese geschont:

Aldol $\left(CH_3 . CHOH . CH_2 . C\begin{smallmatrix}O\\H\end{smallmatrix}\right)$ giebt einen Glycol $(CH_3$. CHOH . CH$_2$. CH$_2$OH, J. B. 1873, 473);

Salicylsäure $\left(C_6H_4\begin{smallmatrix}CO_2H\\OH\end{smallmatrix}\right)$ giebt einen Alkohol $\left(C_6H_4\begin{smallmatrix}CH_2OH\\OH\end{smallmatrix}\right)$ (J. B. 1877, p. 537);

$C_6H_4 (CO . C_6H_4 . OH)_2$ giebt $C_6H_4\left(\begin{smallmatrix}CO . C_6H_4 . OH\\CHOH . C_6H_4 . OH\end{smallmatrix}\right)$ (J. B. 1876, 432);

$C_5H_5 . CO . C_6H_4 . OH$ giebt $C_6H_5 . CHOH . C_6H_4 . OH$ (J. B. 1877, 583).

Nur die Glycolsäure macht auch hier eine Ausnahme, da sie bei der Reduction Essigsäure giebt[1]) (J. B. 1868, 534).

Dieses Verhalten der Alkohole bezüglich der Reduction findet theilweise schon seine Erklärung in dem S. 64 berührten zweiten Einflusse des Sauerstoffs, welcher ein die Reaction beschleunigender war; seine Abwesenheit und sein Ersatz durch Wasserstoff kann bei den Alkoholen eine hemmende Wirkung auf die Reduction ausüben. In zweiter Linie sei jedoch beachtet, dass wo die verschiedenen Oxydationen als gleichartige

---

[1]) Das ausnahmsweise Verhalten der Glycolsäure bei der Reduction, sowie des Aldehyds bei der Oxydation (S. 69) und des Chloräthyls bei der Chlorirung schliessen sich einander an, und finden möglicherweise Erklärung in dem S. 14 Angeführten.

Vorgänge betrachtet werden können, und zwar als Einführungen von Hydroxyl statt Wasserstoff:

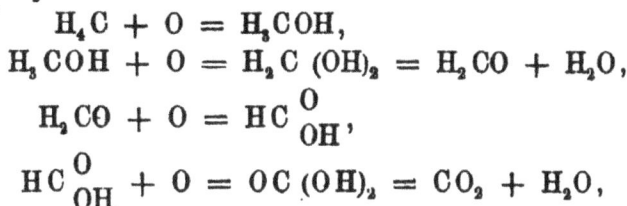

$$H_4C + O = H_3COH,$$
$$H_3COH + O = H_2C(OH)_2 = H_2CO + H_2O,$$
$$H_2CO + O = HC \begin{smallmatrix} O \\ OH \end{smallmatrix},$$
$$HC \begin{smallmatrix} O \\ OH \end{smallmatrix} + O = OC(OH)_2 = CO_2 + H_2O,$$

die Reductionsvorgänge nur bis an die Alkoholbildung vergleichbar sind (als Additionen von Wasserstoff an die Gruppe $C=O$):

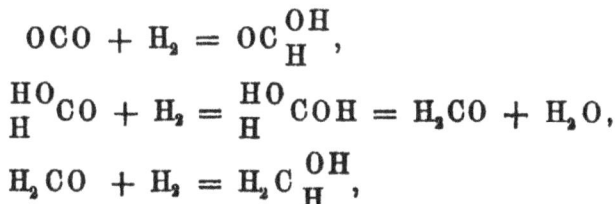

$$OCO + H_2 = OC \begin{smallmatrix} OH \\ H \end{smallmatrix},$$
$$\begin{smallmatrix} HO \\ H \end{smallmatrix} CO + H_2 = \begin{smallmatrix} HO \\ H \end{smallmatrix} COH = H_2CO + H_2O,$$
$$H_2CO + H_2 = H_2C \begin{smallmatrix} OH \\ H \end{smallmatrix},$$

dass jedoch die letztere Umwandlung:

$$H_3COH + H_2 = H_4C + H_2O$$

ein anderer Vorgang ist. Während die Wärmetönung zwar gewissermaassen als Ausdruck der Möglichkeit einer Reaction zu betrachten ist, wird ein Vergleich der Leichtigkeit (Geschwindigkeit) nur da einigermaassen berechtigt sein, wo es sich um Vorgänge gleicher Art handelt.

Ganz dem entsprechend hört das unregelmässige Verhalten der Alkohole auf, wenn Reductionsmittel benutzt werden, welche dieselben in ähnlicher Weise wie die Säuren angreifen, namentlich Jodwasserstoff, welcher beide folgendermaassen zersetzt:

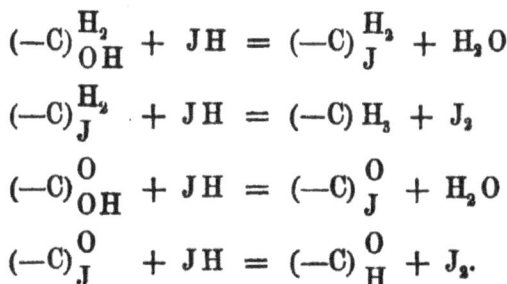

$$(-C) \begin{smallmatrix} H_2 \\ OH \end{smallmatrix} + JH = (-C) \begin{smallmatrix} H_2 \\ J \end{smallmatrix} + H_2O$$
$$(-C) \begin{smallmatrix} H_2 \\ J \end{smallmatrix} + JH = (-C)H_3 + J_2$$
$$(-C) \begin{smallmatrix} O \\ OH \end{smallmatrix} + JH = (-C) \begin{smallmatrix} O \\ J \end{smallmatrix} + H_2O$$
$$(-C) \begin{smallmatrix} O \\ J \end{smallmatrix} + JH = (-C) \begin{smallmatrix} O \\ H \end{smallmatrix} + J_2.$$

Dann stehen wahrscheinlich in der Fähigkeit zur Reduction die Säuren den Alkoholen nach:

Essigsäure wird dann zu Aethan, nicht nur zu Aethylalkohol;

Benzoësäure zu Toluol, nicht nur zu Benzylalkohol;

Buttersäure zu Butan, nicht nur zu Butylalkohol reducirt (J. B. 1867, 345, 346; 1868, 532).

Sogar wenn in demselben Moleküle vereinzelte Alkoholhydroxylgruppen und Carboxylgruppen vorkommen, werden durch Jodwasserstoff erstere leichter angegriffen:

$CH_3 . CHOH . CO_2H$ giebt $CH_3 . CH_2 . CO_2H$ (J. B. 1872, 316);

$C_6H_5 . CH_2 . CHOH . CO_2H$ giebt $C_6H_5 . CH_2 . CH_2 . CO_2H$ (J. B. 1867, 422);

$C_6H_5 . CHOH . C_6H_4 . CO_2H$ giebt $C_6H_5 . CH_2 . C_6H_4 . CO_2H$ (J. B. 1871, 611);

$(C_6H_5)_2 COH . CO_2H$ giebt $(C_6H_5)_2CH . CO_2H$ (J. B. 1870, 708);

$(C_6H_4)_2 COH . CO_2H$ giebt $(C_6H_4)_2CH . CO_2H$ (J. B. 1877, 805).

Dem entsprechend führt die Reduction der Bernsteinsäure durch Jodwasserstoff nicht zum Aldehyd der Oxybuttersäure, sondern zu Buttersäure selbst (J. B. 1868, 532).

Es sei bemerkt, dass auch bei Anwendung dieses Reductionsmittels die Gruppe $C=O$ der Carboxylgruppe vorangeht, wie beim Gebrauch von Wasserstoff und wasserstoffentwickelnden Verbindungen oder Gemengen:

$C_6H_5 . CO . C_6H_4 . CO_2H$ giebt $C_6H_5 . CH_2 . C_6H_4 . CO_2H$ (J. B. 1875);

$C_6H_4 \genfrac{}{}{0pt}{}{CO . CH_3}{CO_2H}$ (1 . 2) giebt $C_6H_4 . \genfrac{}{}{0pt}{}{CH_2 . CH_3}{CO_2H}$ (J. B. 1876, p. 661);

$C_6H_4 \genfrac{}{}{0pt}{}{CO . CH_2 . CH_2 . CO}{CO_2H \qquad\qquad CO_2H} C_6H_4$ (1 . 2) giebt $C_6H_4 \genfrac{}{}{0pt}{}{CH_2 . CH_2}{CO_2H}$ $. CH_2 . CH_2 \atop CO_2H$ C_6H_4 (J. B. 1876, p. 663).

Enthält die reducirte Verbindung nicht nur Kohlenstoff, Wasserstoff, Sauerstoff, sondern auch Halogene, so kommt die Fähigkeit letzterer, durch die angewandten Reductionsmittel in Wasserstoff umgewandelt zu werden, mit in's Spiel.

In den möglichst entsprechenden Fällen, in thermischer Hinsicht verglichen, ergiebt sich:

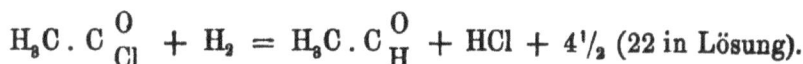

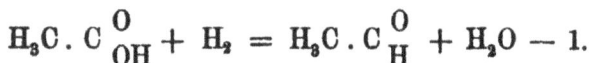

$$H_3C . C {O \atop Cl} + H_2 = H_3C . C {O \atop H} + HCl + 4^1/_2 \text{ (22 in Lösung)}.$$

$$H_3C . C {O \atop OH} + H_2 = H_3C . C {O \atop H} + H_2O - 1.$$

Schwierig ist es, hieraus im Allgemeinen einen Schluss zu ziehen, da die Reduction an weniger oxydirten Kohlenstoffatomen leichter vor sich geht, als im hier angeführten Falle, (so dass die Mittelzahl statt -1, etwa $+13^1/_2$ ist, S. 72); es bleibt nur der Thatsachenvergleich übrig, und davon nur dasjenige, was sich bezieht auf die Reduction complicirterer Moleküle, welche zugleich Sauerstoff und Chlor an Kohlenstoff gebunden enthalten:

In gechlorten Alkoholen wird bei Gebrauch von Wasserstoff und wasserstoffentwickelnden Mitteln, welche unfähig sind das alkoholische Hydroxyl zu entführen, nur das Halogen durch Wasserstoff ersetzt; von zahllosen Verbindungen, wie Chlorhydrin u. s. w. wird solches dargethan.

Bei Wirkung der nämlichen Reductionsmittel auf gechlorte Ketone, Aldehyde und Säuren findet jedoch dasselbe statt; das Halogen wird zuerst angegriffen, wie folgende Beispiele beweisen:

$CCl_3 . CO . CH_3$ giebt $CH_3 . CO . CH_3$ (J. B. 1875, p. 542);

$CBr_2Cl . CO . CH_2Cl$ giebt $CH_3 . CO . CH_3$ (J. B. 1873, p. 324 [1]).

---

[1] Dass hierbei, wie immer, auch theilweise Reaction in anderer Richtung stattfindet, beweist die Bildung von Isopropylalkohol, im dafür günstigsten Falle beobachtet, namentlich wenn sämmtliche Wasserstoffatome im Aceton durch Halogene ersetzt sind bei $CBr_3 CO CBr_3$ (J. B. 1877, 557).

$C_6H_5 . CCl_2 . CO . C_6H_5$ giebt $C_6H_5 . CH_2 . CO . C_6H_5$ (J. B. 1868, p. 483);

$CCl_3 . C {\overset{O}{\underset{H}{}}}$ giebt $CH_3 . C {\overset{O}{\underset{H}{}}}$ (J. B. 1870, p. 613);

$C_6H_4 \Big(C {\overset{O}{\underset{Cl}{}}} \Big)_2$ (1.2) giebt $C_6H_4 \Big(C {\overset{O}{\underset{H}{}}} \Big)_2$ (J. B. 1869, 305; 1877, 621);

Chlorcitramalsäure giebt Citramalsäure u. s. w. (J. B. 1871, 592);

$C_6H_4 {\overset{Cl}{\underset{CO_2H}{}}}$ giebt $C_6H_5 . CO_2H$ (J. B. 1875, p. 556);

$C_6H_3Br {\overset{CH_3}{\underset{CO_2H}{}}}$ giebt $C_6H_4 {\overset{CH_3}{\underset{CO_2H}{}}}$ (J. B. 1869, p. 570);

$C_6H_2Cl (CO_2H)_3$ giebt $C_6H_3 (CO_2H)_3$ (J. B. 1877, p. 785), u. s. w.

Was Jodwasserstoff in diesen Fällen thut, wird nachher angeführt werden.

Die Chinonreduction ist in obigen Betrachtungen ausgelassen, weil dieselbe wieder einen Vorgang ganz anderer Art bildet, bei welchem wahrscheinlich in der Kohlenstoffbindung selbst nichts geändert wird, sondern nur Sauerstoffbindung losgelöst und statt dessen Sauerstoffwasserstoffbindung bewirkt wird:

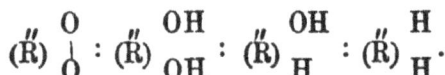

$$(\overset{''}{R}) {\overset{O}{\underset{O}{}}} : (\overset{''}{R}) {\overset{OH}{\underset{OH}{}}} : (\overset{''}{R}) {\overset{OH}{\underset{H}{}}} : (\overset{''}{R}) {\overset{H}{\underset{H}{}}} .$$

Dem Zwecke dieser Arbeit entsprechend, kann also dieser Vorgang unberücksichtigt bleiben; nur sei bemerkt, dass die Leichtigkeit, mit welcher derselbe stattfindet (die gechlorten Chinone werden bei der Reduction hauptsächlich in gechlorte Hydrochinone übergeführt), der Bildung von Wasserstoff-Sauerstoffbindung statt Wasserstoff-Kohlenstoffbindung zuzuschreiben ist; während die Leichtigkeit der Chinonbildung (S. 70) aus Hydrochinonen nichts dem Widersprechendes hat, wenn berücksichtigt wird, dass fast immer da, wo es sich um Aenderung der Kohlenstoffbindung handelt, auch bei gleicher oder sogar grösserer Wärmeentwicklung, die Reactionsgeschwindigkeit verhältnissmässig klein ist.

c. Die Reduction am Kohlenstoff, durch Oxydation am Kohlenstoff bewirkt.

Eine eigenthümliche Folge der verschiedenen Fähigkeit zur Oxydation, welche die Anwesenheit von Sauerstoff in Kohlenstoffverbindungen bewirkt, ist die Möglichkeit, durch Oxydation der einen Verbindung die andere zu reduciren; thermisch lässt sich diese Möglichkeit in folgender Weise voraussagen: Sind die Oxydationsvorgänge:

$$X_1 + O = X_1 O \text{ und } X_2 + O = X_2 O$$

von den bezüglichen Wärmebildungen W_1 und W_2 begleitet, so wird, falls $W_2 > W_1$, die Umwandlung:

$$X_1 O + X_2 = X_2 O + X_1 \dots\dots\dots (1)$$

von einer positiven Wärmeentwicklung $W_2 - W_1$ begleitet, und demnach wahrscheinlich leicht ausführbar sein.

Ist, im speciellen Falle, $X_2 = X_1 O$, und somit $X_1 O$ von X_1 das erste, und $X_2 O$ das zweite Oxydationsproduct, so verwandelt sich Gleichung (1) in:

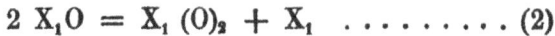

$$2 X_1 O = X_1 (O)_2 + X_1 \dots\dots\dots (2)$$

welcher Vorgang, falls wieder $W_2 > W_1$, ebenfalls von einer positiven Wärmebildung begleitet sein wird.

Es ergiebt sich daraus, da wirklich am Kohlenstoff die weitere Oxydation von grösserer Wärmeentwicklung begleitet ist als die vorhergehende, dass nicht nur durch Anwesenheit und gleichzeitige Oxydation eines höher oxydirten Körpers die Reduction eines sauerstoffärmeren bewirkt werden kann, sondern dass auch ein und dasselbe Product theilweiser Oxydation unter Umständen fähig sein wird, gleichzeitig theilweise Reduction und Oxydation zu erfahren.

Durch ein Beispiel sei diese thermische Betrachtung erläutert. Die Oxydation des Aldehyds:

$$C_2 H_4 O + O = C_2 H_4 O_2$$

ist von 70 Cal. begleitet; diejenige von Ameisensäure:

$$CH_2O_2 + O = CO_2 + H_2O$$

von 75,6; also $X_1 = C_2H_4O$, $X_2 = CH_2O_2$, $W_1 = 70$, $W_2 = 75,6$; die Umwandlung:

$$C_2H_4O_2 (X_1O) + CH_2O_2 (X_2) = C_2H_4O (X_1) + \{CO_2 + H_2O\}(X_2O)$$

d. i. von Essigsäure und Ameisensäure in Aldehyd, Kohlendioxyd und Wasser ist demnach von einer Wärmebildung + 5,6 ($W_2 - W_1$) begleitet, und demgemäss wahrscheinlich bewirkbar.

Sodann ist die Oxydation des Alkohols:

$$C_2H_3O + O = C_2H_4O + H_2O$$

von 41, diejenige des Aldehyds und Wassers zu Essigsäure und Wasser von 70 Cal. begleitet; also $X_1 = C_2H_6O$, $X_2 = C_2H_4O + H_2O$, $W_1 = 41$, $W_2 = 70$; die Umwandlung:

$$2 \{C_2H_4O + H_2O\} = C_2H_6O + C_2H_4O_2 + H_2O$$

oder: $$2 C_2H_4O + H_2O = C_2H_6O + C_2H_4O_2$$

d. i. von Aldehyd und Wasser in Alkohol und Essigsäure ist demnach von einer Wärmebildung + 29 ($W_2 - W_1$) begleitet, und demgemäss wahrscheinlich bewirkbar.

Kaum bedarf es der Erwähnung, dass bei den in Rede stehenden Reactionen in erster Linie die allgemeine Methode zur Umwandlung von Säuren in Aldehyde durch Ameisensäure (bei Erhitzung einer Mischung beider Salze) Beachtung verdient (die Umwandlung von Oxalat und Kalk (J. B. 1875, 463), oder von Chloroform und Natron (J. B. 1876, 585, 602) kommt auf dasselbe hinaus).

In zweiter Linie ist hierher zu zählen die Umwandlung, welche die Ameisensäure selbst erfahren kann (beim Erhitzen ihrer Salze) unter Bildung von Oxydationsproduct (Kohlendioxyd) und von Reductionsproducten (Methylaldehyd, Methylalkohol, Methan, Theil I, S. 133).

In dritter Linie gehört hierher die Umwandlung, welcher die meisten Aldehyde (bei Einwirkung von Alkalien) unterliegen, und welche in Bildung von Oxydationsproducten (den entsprechenden Säuren) und von Reductionsproducten (öfters den entsprechenden Alkoholen) besteht.

In vierter Linie kann diese Umwandlung in verschiedenen Theilen des Moleküls, und zwar im entgegengesetzten Sinne, stattfinden, so dass gewissermaassen der eine Theil von dem andern oxydirt wird; von den Körpern, welche zwei Aldehydgruppen besitzen, wird das Glyoxal $\left(C\ {O \atop H}\ .\ C\ {O \atop H} \right)$ durch Kali in Glycolsäure (Wurtz, Dictionn.), das Bernsteinsäurealdehyd $\left(C\ {O \atop H}\ .\ CH_2\ .\ CH_2\ .\ C\ {O \atop H} \right)$ durch Kalk wahrscheinlich in Oxybuttersäure verwandelt (J. B. 1873, p. 475). Hierher ist wohl auch die Umwandlung von $CCl_2H\ .\ CCl_2H$ durch Kali in Glycolsäure statt in das erwartete Glyoxal (J. B. 1869, p. 386), und von $CCl_2H\ .\ CO\ .\ CH_3$ durch Wasser in $CO_2H\ .\ CHOH\ .\ CH_3$ statt in das erwartete Aldehyd $C\ {O \atop H}\ .\ CO\ .\ CH_3$ (J. B. 1871, 561) zu rechnen.

Schliesslich lässt sich erwarten, dass wo die Reduction noch leichter Halogen- als Sauerstoffentführung bewirkt (S. 77), etwas Aehnliches da möglich sein wird, wo im Molekül nebeneinander Halogene und oxydirbare Gruppen vorkommen. Folgende Gleichungen mögen dies erläutern:

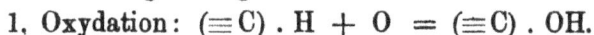

1. Oxydation: $(\equiv C)\ .\ H + O = (\equiv C)\ .\ OH$.

2. Reduction: $(\equiv C,)\ .\ Cl + H_2 = (\equiv C,)\ .\ H + HCl$.

3. Gleichzeitiger Vorgang:

$(\equiv C)\ .\ H + (\equiv C,)Cl + H_2O = (\equiv C)\ .\ OH + (\equiv C,)H + HCl$.

4. Dasselbe in einem Molekül:

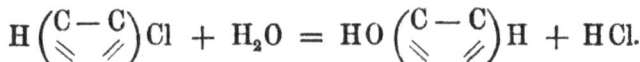

$$H \left({C - C \atop \diagdown\ \diagup\diagup} \right) Cl + H_2O = HO \left({C - C \atop \diagdown\ \diagup\diagup} \right) H + HCl.$$

Da die Aldehydgruppe am besten oxydirbar ist, so lässt sich eine derartige Umwandlung in erster Linie an gechlorten Aldehyden erwarten; dieselbe findet auch thatsächlich an letzteren statt. Chloral verwandelt sich dadurch in Bichloressigsäure:

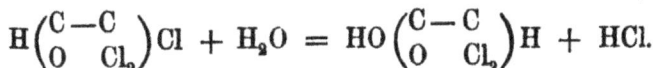

$$H \left({C - C \atop O\quad Cl_2} \right) Cl + H_2O = HO \left({C - C \atop O\quad Cl_2} \right) H + HCl.$$

82 Die Bindung von Kohlenstoff an Sauerstoff u. Schwefel.

Dass die Anwesenheit von Alkalien die Wärmebildung bedeutend erhöht und daher die Reaction erleichtert, dass jedoch die Alkalien selbst wegen der durch dieselben hervorgerufenen Nebenreactionen nicht verwendbar sind, sondern durch Salze schwächerer Säuren (Cyankalium) ersetzt werden müssen, bedarf kaum der Erwähnung (Wallach's Reaction [1]).

---

2. Das gegenseitige Verhalten von Sauerstoff und Halogenen am Kohlenstoff.

Zuerst seien wieder die diesbezüglichen thermischen Angaben zusammengestellt, wie im vorigen Abschnitt diejenigen, welche sich auf das gegenseitige Verhalten von Sauerstoff und Wasserstoff am Kohlenstoff bezogen:

a. Thermischer Vergleich der Doppelbindung an Sauerstoff mit zweifacher an Chlor: $(=C)O - (=C)Cl_2$;

1. $OCO - OCCl_2 = 94 - 44,6 = 49,4$,

hierneben: $(\equiv C_,)O (C_,, \equiv) - (\equiv C_,)Cl - (\equiv C_,,)Cl$;

2. $(CH_3.CO) O (CO.CH_3) - 2(CH_3.CO)Cl = 150 - 2 \times 63,5 = 23$.

b. Thermischer Vergleich der einfachen Bindung an Sauerstoff (Hydroxyl) mit der einfachen Bindung an Chlor: $(\equiv C)OH - (\equiv C)Cl$;

1. $C_5H_{11}.OH - C_5H_{11}.Cl = 96 - 50 = 46$;
2. $C_2H_3O.OH - C_2H_3O.Cl = 116 - 63,5 = 52,5$;
3. $C_4H_7O.OH - C_4H_7O.Cl = 155 - 104,2 = 50,8$;
4. $C_5H_9O.OH - C_5H_9O.Cl = 158 - 108,5 = 49,5$.

Für Sauerstoff und Brom wird erhalten:

a. 1. $(C_2H_3O)_2 O - 2(C_2H_3O)Br = 150 - 2 \times 53,6 = 42,8$;
b. 1. $C_5H_{11}.OH - C_5H_{11}.Br = 96 - 34 = 62$;
2. $C_2H_3O.OH - C_2H_3O.Br = 116 - 53,6 = 62,4$;

---

[1] Siehe B. B. X, 1740, 2120. Die Blausäure gehört bei dieser Reaction nach Wallach zu den die Reaction beschleunigenden Mitteln, die wie Jod und SbCl₃ bei der Chlorirung wirken.

3. $C_4H_7O \cdot OH - C_4H_7O \cdot Br = 155 - \quad 92,5 = 62,5$;
4. $C_5H_9O \cdot OH - C_5H_9O \cdot Br = 158 - \quad 95,7 = 62,3$.

Für Sauerstoff und Jod:

a. 1. $(C_2H_3O)_2 O - 2(C_2H_3O)J = 150 - 2 \times 39 = 72$;
b. 1. $C_5H_{11} \cdot OH - C_5H_{11} \cdot J = 96 - \quad 19,5 = 76,5$;
2. $C_2H_3O \cdot OH - C_2H_3O \cdot J = 116 - \quad 39 = 77$.

Die Eintheilung ist, derjenigen des vorigen Abschnitts gemäss, folgenderweise getroffen:

a. Die Umwandlung von Halogenen in Sauerstoff am Kohlenstoff.
b. Die Umwandlung von Sauerstoff in Halogene am Kohlenstoff.
c. Die Wechselwirkung zwischen Verbindungen, welche Kohlenstoff an Halogene und Kohlenstoff an Sauerstoff gebunden enthalten.

a. Die Umwandlung von Halogenen in Sauerstoff am Kohlenstoff.

Da dieselbe im Allgemeinen nach den Gleichungen:

$$(=C):Cl_2 + O:Z = (=C):O + Cl_2:Z,$$
$$\text{oder}: (\equiv C) \cdot Cl + HO \cdot Z = (\equiv C) \cdot OH + Cl \cdot Z$$

stattfindet, so sind zuerst für die verschiedenen sauerstoffeinführenden Mittel die thermischen Werthe von $Cl_2:Z$ $- O:Z$ und $Cl \cdot Z - HO \cdot Z$ zu bestimmen. Bei Anwendung von Wasser:

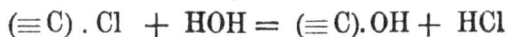

$$(=C):Cl_2 + OH_2 = (=C):O + 2 ClH,$$
$$(\equiv C) \cdot Cl + HOH = (\equiv C) \cdot OH + HCl$$

sind diese Werthe:

$$44 - 69 = - 25 \text{ und } 22 - 69 = - 47,$$

oder in verdünnter Lösung:

$$79 - 69 = + 10 \text{ und } 39 - 69 = - 30.$$

Bei Anwendung von Metalloxyden:

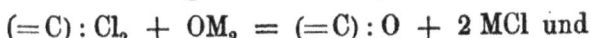

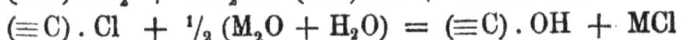

$$(=C):Cl_2 + OM_2 = (=C):O + 2 MCl \text{ und}$$
$$(\equiv C) \cdot Cl + \tfrac{1}{2}(M_2O + H_2O) = (\equiv C) \cdot OH + MCl$$

oder Hydroxyden:

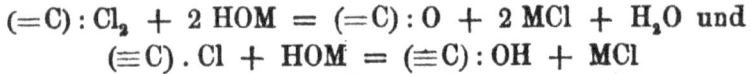

$$(=C):Cl_2 + 2\,HOM = (=C):O + 2\,MCl + H_2O \text{ und}$$
$$(\equiv C)\,.\,Cl + HOM = (\equiv C):OH + MCl$$

muss dem obigen zweiten Zahlenpaare ($+10$ und -30) die Neutralisationswärme der verwendeten Oxyde oder Hydroxyde auf die bei jenen Umwandlungen entstandenen Salzsäuremengen (2 HCl und HCl) zugezählt werden, wodurch:

für Silberoxyd   51 und — 9,

für Kaliumhydroxyd 37 und — 16,

für Bleioxyd   31 und — 19,

für Quecksilberoxyd 30 und — 20 (do. für Zinkoxyd),

für Kupferoxyd   25 und — 23 u. s. w.,

erhalten wird.

Bei entsprechender Umwandlung von Bromverbindungen werden sämmtliche Zahlen um beziehungsweise 27,2 und 13,6 herabgedrückt, je nachdem Umwandlung von $(=C)\,Br_2$ in $(=C)\,O$ oder von $(\equiv C)\,Br$ in $(\equiv C)\,OH$ vorliegt.

Bei entsprechender Umwandlung von Jodverbindungen werden sämmtliche Zahlen um resp. 56,4 und 28,2 herabgedrückt.

Der Vollständigkeit wegen sei erwähnt, dass auch Schwefeltrioxyd und Phosphorpentoxyd für Umwandlungen nach der ersten von obigen Gleichungen verwendet wurden, und zwar das Schwefeltrioxyd beim CCl_4 (Theil I, S. 159), $OCCl_2$ (Theil I, S. 172), C_2Cl_6 und $C_6H_5\,.\,CCl_3$ (J. B. 1870, 397), welche in $OCCl_2$, CO_2, C_2Cl_4O und $C_6H_5\,.\,C{O \atop Cl}$ verwandelt wurden (siehe auch Theil I, S. 154), das Phosphorpentoxyd beim CCl_4 und $OCCl_2$ (Theil I, l. c.). Thermisch ist die Einwirkung von Phosphorpentoxyd mit derjenigen von Wasser (unverdünnt) vergleichbar; geht dieselbe nach folgender Gleichung vor sich:

$$\tfrac{1}{3}\{3\,(=C)\,Cl_2 + P_2O_5 = 3\,(=C)\,O + 2\,POCl_3\},$$

so ist der Werth von $(Cl_2 = Z) - (O = Z)$ etwa $-26,4$.

Soweit die Mittel; dem Zwecke der vorliegenden Arbeit

entsprechend, bietet nun das verschiedene Verhalten mehrerer Kohlenstoffverbindungen oder mehrerer Stellen einer Verbindung beim Gebrauch ein und desselben Mittels grösseres Interesse. In dieser Beziehung sei die Einwirkung des Wassers auf gechlorte Kohlenstoffverbindungen in erste Linie gestellt.

Die äusserst verschiedene Wärmeentwicklung bei Verwendung derselben Wassermenge stellt schon ein verschiedenes Verhalten in Aussicht:

Reactionsgleichung.	Wärmeentwicklung.
$OCCl_2 + H_2O = CO_2 \quad\quad +2HCl$	$49,4 - 25 = +24,4$
	(59,4 in Lösung).
$2\,(C_2H_3O)\,Cl + H_2O = (C_2H_3O)_2\,O +2HCl$	$23 \quad -25 = -\; 2$
	(33 in Lösung).
$C_5H_{11}Cl + H_2O = C_5H_{11}.OH + HCl$	$46 \quad -47 = -\; 1$
	(16 in Lösung).
$C_3H_3OCl + H_2O = C_3H_3O.OH + HCl$	$52,5 - 47 = +\; 5,5$
	(22,5 in Lösung).
$C_4H_7OCl + H_2O = C_4H_7O.OH + HCl$	$50,8 - 47 = +\; 3,8$ [1]
	(20,8 in Lösung).
$C_5H_9OCl + H_2O = C_5H_9O.OH + HCl$	$49,5 - 47 = +\; 2,5$ [2]
	(19,5 in Lösung).

Thatsächlich ist auch die Leichtigkeit, womit diese Umwandlung stattfindet, eine äusserst verschiedene, und hängt zusammen mit Demjenigen, was ausserhalb des sich umwandelnden Chlors am Kohlenstoff gebunden ist.

Ist daran nur Kohlenstoff und Wasserstoff gebunden, so tritt schon ein bedeutender Unterschied hervor: $(H_3C)_3\,CCl$ wird durch Wasser leichter verwandelt als $H_3C.CH_2Cl$ und $(H_3C)_2CH.CH_2.CH_2Cl$ (J. B. 1867, 577); dagegen werden Chlor-

---

[1] Für Isobuttersäurechlorid $\left(\begin{smallmatrix}H_3C\\H_3C\end{smallmatrix}CHCOCl\right)$ wurde der entsprechende Werth (wiewohl bei Beobachtungen, die von obigen im Resultat verschieden waren) um 1,6 niedriger gefunden.

[2] Für Trimethylessigsäurechlorid $\left(\begin{smallmatrix}H_3C\\H_3C\\H_3C\end{smallmatrix}CCCOCl\right)$ wurde der entsprechende Werth um 5 niedriger gefunden (J. B. 1875, p. 89).

toluol und Verbindungen, welche das Chlor am Benzolkern gebunden enthalten, nicht, — Chlorbenzyl und die Isomeren, welche genanntes Element in der Seitenkette tragen, ziemlich leicht angegriffen.

Ist an den Kohlenstoff, an welchem die Umwandlung stattfindet, auch noch Chlor gebunden, so scheint dessen Anwesenheit im Allgemeinen die Geschwindigkeit des Umtausches zu beeinträchtigen; quantitative Ergebnisse liegen zwar nicht vor, dennoch ist unbedingt Chlormethyl durch Wasser leichter angreifbar, als Chlormethylen, Chloroform und Chlorkohlenstoff; gechlortes Chlorbenzyl ($C_6H_4Cl . CH_2Cl$) verwandelt sich leicht; das gechlorte Chlorobenzol ($C_6H_4Cl . CHCl_2$) scheint erst bei 170° (J. B. 1867, 661), das gechlorte Benzotrichlorid ($C_6H_4Cl.CCl_3$) erst bei 190° (J. B. 1868, 361) bedeutend angegriffen zu werden u. s. w. Wichtig ist es, dass auch Eintreten von Chlor an die Stelle von Wasserstoff, entfernt von dem Kohlenstoff, an welchem die hier berücksichtigte Umwandlung stattfindet, einen gleichen Einfluss zu haben scheint:

$C_6H_5 . CCl_3$ wird mit Wasser bei 170° (J. B. 1867, 662),
$C_6H_4Cl . CCl_3$ „ „ „ „ 190° (J. B. 1868, 361),
$C_6H_3Cl_2 . CCl_3$ „ „ „ „ 200° (J. B. 1869, 553),
$C_6H_2Cl_3 . CCl_3$ „ „ „ „ 250° (J. B. 1868, 364),
und $C_6HCl_4.CCl_3$ „ „ „ über 270° (J. B. 1868, 365)

umgewandelt, und zwar die ersten vier Verbindungen ziemlich rasch, die letzte erst allmählich. Auch $C_6Cl_5 . CHCl_2$ wird von Wasser fast nicht angegriffen, während $C_6H_5 . CHCl_2$ sehr leicht, $C_6H_4Cl.CHCl_2$ (wie oben erwähnt) ziemlich leicht verwandelt wird.

Zwar haben diese Zahlen keine absolute Bedeutung (J. B. 1865, 539 giebt die Temperatur für $C_6H_5 .CCl_3$ z. B. zu 140° bis 150° statt 170° an), jedoch wohl, da sie von denselben Forschern herrühren, einen vergleichbaren Werth; sie bestätigen, was für Chlor schon in den Siedepunktsregelmässigkeiten ersichtlich war: den sich über das ganze Molekül erstreckenden gleichartigen Einfluss dieses Elements.

Noch bedeutender ist die Wirkung des Sauerstoffs: thermisch ist die Umwandlung des Chlors am oxydirten Kohlenstoff von beziehungsweise $+ 24,4$, $- 2$, $+ 5,5$, $+ 3,8$, $+ 2,5$ beim Kohlenoxychlorid, Chloracetyl in Essigsäureanhydrid, Chloracetyl in Essigsäure, Chlorbutyryl und Chlorvaleryl, also im Mittel von $+ 7$, am nicht oxydirten Kohlenstoff (beim Chloramyl) von $- 1$ Cal. begleitet. Sprechend sind die Zahlenwerthe für die vollkommen vergleichbaren Verbindungen, nämlich Chlorvaleryl ($+ 2,5$) und Chloramyl ($- 1$): wie der Uebergang von Wasserstoff- in Sauerstoffbindung (Oxydation) durch Anwesenheit von Sauerstoff am Kohlenstoff, an welchem die Aenderung stattfindet, erleichtert wird, so wird es auch der Ersatz von Chlor durch Sauerstoff. Nicht nur thermisch, sondern auch thatsächlich tritt dies hervor: Chloramyl verwandelt sich nur langsam mit Wasser (in diesem Falle ist die Wärmeentwicklung statt $- 1$, durch Bindung der Salzsäure an Wasser $+ 16$), so im Allgemeinen die Chlorverbindungen von s. g. Alkoholradikalen (darin eben trägt der am Chlor gebundene Kohlenstoff keinen Sauerstoff); Chlorvaleryl verwandelt sich mit Wasser sehr schnell (in diesem Falle ist die Wärmeentwicklung statt $+ 2,5$, durch obige Ursache $+ 19,5$ geworden), so im Allgemeinen die Chlorverbindungen von s. g. Säureradikalen (darin eben trägt der an Chlor gebundene Kohlenstoff Sauerstoff); dementsprechend verwandeln sich die Moleküle, welche mehrere Chloratome enthalten, mit Wasser zuerst da, wo das halogentragende Kohlenstoffatom oxydirt ist: $CH_2 Cl$. $C\begin{smallmatrix} O \\ Cl \end{smallmatrix}$ giebt mit Wasser zuerst $CH_2Cl . CO_2H$ u. s. w.

Beim genaueren Vergleich stellt sich überdies noch heraus, dass die Umwandlungsfähigkeit des Chlorvaleryls diejenige des Chloramyls mehr übertrifft, als die grössere Wärmeentwicklung erwarten liess. Klar tritt dies darin hervor, dass die letztere bei Anwendung von überschüssigem Wasser für Chlorvaleryl $+ 19,5$, bei Anwendung der gerade erforderlichen Menge Wasser aber $+ 2$ ist, dass es folglich eine mässig verdünnte Salzsäure giebt, welche mit Chlorvaleryl für je 18 Gramm verwendeten Wassers eine Wärme von $+ 16$ entwickelt, also dieselbe Wärmemenge, welche Chloramyl mit reinem Wasser giebt; dennoch wird, ungeachtet dieser Gleichheit, im ersteren Fall die Umwandlung weit schneller vor sich gehen, als im letzteren. Der Sauerstoff übt also hier, wie bei der Oxydation, ausser seiner die Affinität ändernden Wirkung auch einen die Reaction beschleunigenden Einfluss aus.

Höchst bemerkenswerth ist es, dass nun wieder dieser die Umwandlung von Chlor in sauerstoffhaltigen Gruppen erleichternde Einfluss des Sauerstoffs nicht nur auf das Kohlenstoffatom, an welches letzterer gebunden ist, beschränkt bleibt, sondern sich auch weiter im Molekül, wiewohl in geringerem Grade, geltend macht.

Dafür sprechen mehrere Thatsachen:

Das Chloräthyl wird schwieriger durch Wasser angegriffen (J. B. 1867, 577), als die Chloressigsäure (J. B. 1871, 115; 1876, 522).

Chlorbenzol und Chlortoluol werden von Kali nicht oder nur äusserst schwierig angegriffen (J. B. 1872, 389), viel leichter Chlorphenol (J. B. 1873, 407), Chlorbenzoësäure (J. B. 1868, 550) u. s. w.

Beim Brom findet dasselbe Verhalten eine neue Stütze darin, dass der Körper $C_6H_5 . CHBr . CHBr . CO_2H$ sich zuerst in $C_6H_5 . CHBr . CHOH . CO_2H$ verwandelt (J. B. 1867, 420; 1877, 786); wahrscheinlich wird auch die aus Bichlorpropionsäure ($CH_2Cl . CHCl . CO_2H$) erhaltene Chlormilchsäure sich als $CH_2Cl . CH . OH . CO_2H$ herausstellen (J. B. 1873, 551).

Schliesslich sei erwähnt, dass die Abwesenheit von Zwischenproducten bei Einwirkung von Wasser auf Bromäthylen und Brompropylen (J. B. 1877, 399), wobei wohl zuerst die Bromhydrine, dann die Glycole gebildet werden, ebenso beweisend für die grössere Leichtigkeit der Umwandlung im zweiten Stadium (nach Einführung von Sauerstoff am benachbarten Kohlenstoffatom) ist, als die Abwesenheit von Zwischenproducten bei der Oxydation.

Dieser Vergleichung der verschiedenen Chlorverbindungen in ihrem Verhalten zu Wasser seien einige Angaben hinzugefügt bezüglich des Verhaltens der Brom- und Jodverbindungen unter denselben Umständen. Zuerst seien die entsprechenden Umwandlungen bei den drei Elementen verglichen in thermischer Hinsicht:

Reactionsgleichung:	$X = Cl,$	Br,	J.
$2 (C_2H_3O) X + H_2O = (C_2H_3O)_2O + 2XH$	− 2	− 9,4	− 9,4
$C_5H_{11}X + \text{\textquotedbl} = C_5H_{11} . OH + XH$	− 1	+ 1,4	+ 1,3
$(C_2H_3O)X + \text{\textquotedbl} = C_2H_3O . OH + \text{\textquotedbl}$	+ 5,5	+ 1,8	+ 1,8
$(C_4H_7O)X + \text{\textquotedbl} = C_4H_7O . OH + \text{\textquotedbl}$	+ 3,8	+ 1,9	—
$(C_5H_9O)X + \text{\textquotedbl} = C_5H_9O . OH + \text{\textquotedbl}$	+ 2,5	+ 1,7	—

Bei den Amylderivaten sind also die Zahlen, welche sich auf Jod und Brom beziehen, grösser, bei den übrigen kleiner als die auf Chlor bezüglichen Zahlen.

Das Thatsächliche ist in folgender Tabelle zusammengestellt, worin W die Zahl der Wassermoleküle bezeichnet, welche auf 10 Moleküle der Halogenverbindung während einer Zeit Z, in Stunden, bei der Temperatur T, einwirkten; die Grösse der Umwandlung unter diesen Umständen ist durch M, die Zahl der gebildeten Halogenwasserstoffmoleküle ausgedrückt; wo der entstandene Körper nicht ausdrücklich angegeben wurde, ist das Product immer das normale, nämlich die durch einfachen Umtausch des Halogens in Hydroxyl entstandene Verbindung:

	Jodverbindung				Bromverbindung				Chlorverbindung			
	W	Z	T	M	W	Z	T	M	W	Z	T	M
Methyl	1208	8	100°	8,5	908	18	100°	9,5	179	92	100°	5
Aethyl	1137	15	100°	9,8	414	48	100°	10	291	48	100°	10
Isopropyl	a. 665	48	100°	10					—			
	b. 1431	70	100°	9,9								
	c. 1540	40	100°	9,9								
Isobutyl	1640	40	120°						822	40	120°	
	[1]	40	120°	9,3					[1]	40	120°	9,3
Amyl	2757	90	100°						a. 1065	20	120-130°	0,9
		40	130°	Spur.					b. 1173	20	120-130°	1
									c. 1298	20	120-130°	0,6
β-Hexyl	5220	64	100°	8,6 [2]					a. 1046	50	100-110°	9,8
									b. 1077	50	100-110°	9,7
Benzyl	—								c. 1911	23	100°	10 [3]
Allyl	1720	60	100°	9,6	a. 1044	52	140-150°	9,7×2	—			
Aethylen	—				[1]	40	140-150°	10×2	—			
					b. 2715	130	100°	(nahezu)				
Propylen					4046	42	100°	9,3×2 [4]	—			
Amylen					3773	30	100°	9,8×2 [5]	—			

[1]) Die unzersetzte Menge der Halogenverbindung wurde von Neuem mit der anfangs benutzten Wassermenge erhitzt. [2]) Neben Hexylalkohol wurde Hexylen gebildet. [3]) Neben Benzylalkohol wurde ein anderer Körper in geringer Menge gebildet. [4]) Neben-bildung von Aceton fand statt. [5]) Das Product war hauptsächlich $C_5H_{10}O$.

Obige Zahlen, aus Versuchen berechnet, welche nicht einen Vergleich der Leichtigkeit bezweckten, womit dieselbe Reaction in verschiedenen Verbindungen vor sich geht, sondern welche nur die Art des entstandenen Products und dessen Darstellung in's Auge gefasst hatten, können in der vorliegenden Form jedoch einigermaassen zu dem erstgenannten Vergleiche verwendet werden (A . C . CLXXXVI, 388; CXCVI, 349):

Von den entsprechenden Derivaten scheint sich beim Aethyl die Chlorverbindung schwieriger, beim Isopropyl, Isobutyl und Amyl jedoch leichter zu verwandeln, als diejenige des Jods. Es sei in Anschluss daran bemerkt, dass es nicht gelingt, in Chlorjodäthylen durch Wasser oder Silberoxyd eins der Halogenatome zuerst in Hydroxyl umzuwandeln, und z. B. Glycoljododer Glycolchlorhydrin zu erhalten (J. B. 1868, 451).

Von den vergleichbaren Jodverbindungen (Aethyl-, Allyl-, Isobutyl-, Amyljodid) scheint das grösste Molekül am schwierigsten zersetzt zu werden; dasselbe findet sich beim Vergleich von Isopropyl- und β-Hexyljodid wieder; ebenso bei demjenigen von Aethyl-, Isobutyl- und Amylchlorid. Beim Aethylen-, Propylen-, Amylenbromid steigt zwar die Leichtigkeit des Umwandelns mit der Molekulargrösse, kann jedoch von einer allmählich in den Vordergrund tretenden Nebenreaction herrühren (siehe [4]), [5]); auch sind die beiden ersten Verbindungen nicht vergleichbar.

Die Umwandlung wird erleichtert, wenn der das Halogen tragende Kohlenstoff statt Wasserstoff Kohlenstoff trägt (Vergleich von Jodallyl und Jodisopropyl (siehe auch die früher angeführte leichte Zersetzbarkeit von $(H_3C)_3$ CCl); am Benzolkohlenstoff ist dieselbe jedoch fast unmöglich.

Die Umwandlung wird erleichtert, wenn der das Halogen tragende Kohlenstoff Benzolkerne trägt (Vergleich von Chlorbenzyl und Chloramyl); die Verbindung $(C_6H_5)_3CBr$ zersetzt Wasser fast wie ein Säurebromid (J. B. 1874, p. 443).

Schliesslich sei bemerkt, · dass das Erschweren der Umwandlung, wenn Wasserstoff am Kohlenstoff durch Chlor ersetzt ist, sich bei den Jodverbindungen nicht wiederzufinden scheint:

CJ_4 scheint der Umwandlung mit Wasser fähiger als CJ_3H (Theil I, 149); dadurch wird die Umwandlung von $CH_3CCl_2CH_3$ durch Wasser bei Anwesenheit von Jodwasserstoff bedeutend erleichtert (J. B. 1872, 316); sicher findet hier zuerst Methyljodacetolbildung statt, welches sich leichter als Jodisopropyl verwandelt, während Methylchloracetol dasselbe schwieriger als Chlorisopropyl thut.

b. Die Umwandlung von Sauerstoff in Halogene am Kohlenstoff.

Da diese Umwandlung im Allgemeinen nach den Gleichungen:

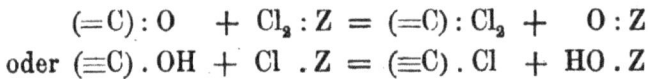

$$(=C):O \quad + Cl_2:Z = (=C):Cl_2 + \quad O:Z$$
$$\text{oder } (\equiv C).OH + Cl \ .Z = (\equiv C).Cl \quad + HO.Z$$

stattfindet, und da die thermischen Zahlen für einfache Verwandlung von O und OH in Cl_2 und Cl den auf S. 83 und 84 angeführten mit umgekehrtem Zeichen gleich sind, so kommt es hier darauf an, den Werth von $O:Z - Cl_2Z$ und $HO.Z - Cl.Z$ in verschiedenen Fällen zu kennen:

1. Einführung von Chlor statt Sauerstoff.

Z	Reactionsgleichung.	$O : Z - Cl_2 : Z.$
H_2	$(=C):O + 2\,ClH = (=C):Cl_2 + OH_2$	$69 - 44 = 25\ (-9{,}6\ \text{i.w.L.})$
PCl_3	$\quad " \ + PCl_5 = \quad " \quad + OPCl_3$	$142{,}4 - 107{,}8 = 34{,}6$
$^2/_3 PO$	$^1/_3\{3\ " \ + 2\,POCl_3 = 3\ " \ + P_2O_5\}$	$^1/_3(363{,}8 - 2 \times 142{,}4) = 26{,}3$
$^2/_3 B$	$^1/_3\{3\ " \ + 2\,BCl_3 = 3\ " \ + B_2O_3\}$	$^1/_3(312{,}6 - 2 \times 104) = 34{,}9$
$^1/_2 Si$	$^1/_2\{2\ " \ + SiCl_4 = 2\ " \ + SiO_2\}$	$^1/_2(211{,}5 - 149{,}5) = 31$

Z	Reactionsgleichung.	$HO . Z - Cl . Z.$
H	$(\equiv C).OH + ClH = (\equiv C).Cl + H_2O$	$69 - 22 = 47\ (29{,}7\ \text{i.w.L.})$
PCl_4	$\quad " \ + PCl_5 = \quad " \quad + HCl + POCl_3$	$142{,}4 + 22 - 107{,}8 = 56{,}6$
$^1/_3 PO$	$^1/_3\{3\ " \ + POCl_3 = 3\ " \ + PO_4H_3\}$	$^1/_3(302{,}6 - 142{,}4) = 53{,}4$
$^1/_3 P$	$^1/_3\{3\ " \ + PCl_3 = 3\ " \ + PO_3H_3\}$	$^1/_3(227{,}7 - 75{,}8) = 50{,}6$
$^1/_2 Si$	$^1/_2\{2\ " \ + SiCl_4 = 2\ " \ + SiO_2 + 2\,HCl\}$	$^1/_2(211{,}5 + 2 \times 22 - 149{,}5) = 53$

2. Einführung von Brom statt Sauerstoff.

Z	Reactionsgleichung.	$O : Z - Br_2 : Z.$
H_2	$(=C):O + 2\,BrH = (=C):Br_2 + OH_2$	$69 - 16{,}8 = 52{,}2\ (12{,}2\ \text{i.w.L.})$
$^2/_3 B$	$^1/_3\{3\ " \ + 2\,Br_3 = 3\ " \ + B_2O_3\}$	$^1/_3(312{,}6 - 2 \times 62{,}1) = 62{,}8$
$^1/_2 Si$	$^1/_2\{2\ " \ + SiBr_4 = 2\ " \ + SiO_2\}$	$^1/_2(2i1{,}5 - 112{,}3) = 49{,}6$

2. Einführung von Brom statt Sauerstoff.

Z	Reactionsgleichung.	HO . Z — Br . Z.
H	$(\equiv C).OH + BrH = (\equiv C).Br + OH_2$	$69 - 8,4 = 60,6\ (40,6\ \text{i.w.L.})$
$^1/_3$ P	$^1/_3 \{3\ \text{"} + PBr_3 = 3\ \text{"} + PO_3H_3\}$	$^1/_3\ (227,7 - 42,6) = 61,7$
$^1/_2$ Si	$^1/_2 \{2\ \text{"} + SiBr_4 = 2\ \text{"} + SiO_2 + 2HBr\}$	$^1/_2\ (211,5 + 16,8 - 112,3) = 58$

3. Einführung von Jod statt Sauerstoff.

Z	Reactionsgleichung.	O : Z — J₂ : Z.
H_2	$(=C):O + 2JH = (=C):J_2 + OH_2$	$69 + 12,4 = 81,4\ (42,6\ \text{i.w.L.})$
$^1/_2$ Si	$^1/_2 \{2\ \text{"} + SiJ_4 = 2\ \text{"} + SiO_2\}$	$^1/_2\ (211,5 - 49,9) = 80,8$

Z		HO . Z — J . Z.
H	$(\equiv C).OH + JH = (\equiv C).J + OH_2$	$69 + 6,2 = 75,2\ (55,8\ \text{i.w.L.})$
$^1/_3$ P	$^1/_3 \{3\ \text{"} + PJ_3 = 3\ \text{"} + PO_3H_3\}$	$^1/_3\ (227,7 - 10,5) = 72,4$
$^1/_2$ Si	$^1/_2 \{2\ \text{"} + SiJ_4 = 2\ \text{"} + SiO_2 + 2HJ\}$	$^1/_2\ (211,5 - 49,9 - 12,4) = 74,6$

Dem entsprechend eignet sich zur Ueberführung von Sauerstoff und Hydroxyl in Chlor in erster Linie Chlorphosphor (PCl_5): seine Wirkungsfähigkeit, im ersten Fall durch 34,6, im zweiten durch 56,6 ausgedrückt, übertrifft 23 (den Energieaufwand zur Ueberführung des Essigsäureanhydrids in Chloracetyl):

$$(C_2H_3O)_2O + PCl_5 = 2\,C_2H_3OCl + OPCl_3 \quad 34,6 - 23 = +\,11,6$$

und 46 bis 52,5 (denjenigen zur Ueberführung von Hydroxyl in Chlorderivate):

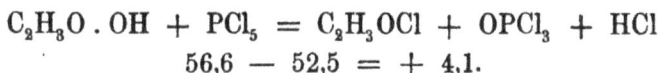

$$C_2H_3O\,.\,OH + PCl_5 = C_2H_3OCl + OPCl_3 + HCl$$
$$56,6 - 52,5 = +\,4,1.$$

Die verschiedensten Kohlenstoffverbindungen, in welchen der Sauerstoff an Kohlenstoff gebunden ist, eignen sich hierzu; auch die Chiningruppe wird verwandelt, wobei jedoch freiwerdendes Chlor Nebenreactionen bedingen kann:

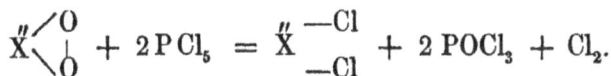

$$\overset{''}{X}\!\!\begin{array}{c}\diagup O \\ \diagdown O\end{array} + 2\,PCl_5 = \overset{''}{X}\begin{array}{c}-Cl \\ -Cl\end{array} + 2\,POCl_3 + Cl_2.$$

Die Leichtigkeit, womit diese Umwandlungen stattfinden, ist wieder äusserst verschieden; beim Vergleiche mehrerer Verbindungen scheint das Hydroxyl der Carboxylgruppe, ungeachtet der dabei wahrscheinlich kleineren Wärmebildung, zuerst, dann das alkoholische Hydroxyl angegriffen zu werden; der doppelt gebundene Sauerstoff der Aldehyde scheint zwischen jenen beiden, derjenige der Ketone etwas schwieriger ersetzbar, sehr schwierig derjenige der Gruppe $C\begin{smallmatrix}O \\ Cl\end{smallmatrix}$ (der Sauerstoff der Aether und Ester ist fast unumwandelbar).

Von Molekülen, welche mehrere Sauerstoffatome enthalten, werden demnach folgende Zwischenproducte gebildet:

$$X\,.\,C\begin{smallmatrix}O \\ OH\end{smallmatrix} \text{ geben im Allgemeinen } X\,.\,C\begin{smallmatrix}O \\ Cl\end{smallmatrix},\text{ und danach}$$

nur ausnahmsweise $X\,.\,CCl_3$ (J. B. 1869, 505; 1870, 437 für $H_3C\,.\,CO_2H$ und J. B. 1865, 539 für $C_6H_5\,.\,CO_2H$).

C_{H}^{O} . CH_2 . CH_2 . C_{OH}^{O} giebt $C_{H}^{Cl_2}$. CH_2 . CH_2 . C_{Cl}^{O} (J. B. 1873, 475).

$C_6H_4{}_{OH}^{C_{OH}^{O}}$ (1.2) giebt C_6H_4 . COCl . OH, C_6H_4 . COCl . Cl und $C_6H_4CCl_3$. Cl (J. B. 1860, 289).

$C_6H_4{}_{OH}^{COH}$ (1.2) giebt C_6H_4 . CCl_2H . OH und C_6H_4 . CCl_2H . Cl (J. B. 1869, 508).

$C_6H_3Cl{}_{OH}^{C_{OH}^{O}}$ (1.2) giebt C_6H_3Cl . COCl . OH (J. B. 1875, 561).

C_6H_4 (CO . C_6H_4 . OH)$_2$ giebt C_6H_4 (CO . C_6H_4Cl)$_2$ (J. B. 1876, 432).

Wo diese Unterschiede, wahrscheinlich unabhängig von der Wärmebildung, von einer beschleunigenden Wirkung herrühren, wie sie z. B. der Sauerstoff öfter auszuüben im Stande ist, stellt sich das Kohlendioxyd obigen Verbindungen gegenüber als wirklich der Chlorirung unfähig, weil dieselbe sogar bei Anwendung von Phosphorpentachlorid von Wärmeabsorption begleitet ist:

$$CO_2 + PCl_5 = COCl_2 + POCl_3 \quad 34,6 - 49,4 = -14,8.$$

Ganz dem Chlorphosphor zur Seite stellt sich, wenn der thermische Werth als Maass gewählt wird, das Chlorbor in der Fähigkeit zur Chlorirung von Sauerstoffverbindungen; wirklich ist es dazu auch, anscheinend wie ersterer Körper, im Stande: Essigsäure wird z. B. davon in Chloracetyl verwandelt (J. B. 1870, 396).

In der Fähigkeit, dieselben Umwandlungen zu bewirken, folgen dann Phosphoroxychlorid und Trichlorphosphor (wahrscheinlich auch Chlorsilicium); dieselben scheinen unfähig, den doppelt gebundenen Sauerstoff der Aldehyde und Ketone in Chlor zu verwandeln, und wirken auf Säuren schwieriger ein (erst beim Erhitzen), als die ebengenannten Chlorverbindungen.

Die Salzsäure schliesslich eignet sich am wenigsten; nur die alkoholische Hydroxylgruppe scheint von derselben in Chlor verwandelbar, während Säuren nur dann in Chloride übergehen, wenn Anwesenheit von wasserentziehenden Mitteln (z. B. Phosphorpentoxyd bei Einwirkung von Chlorwasserstoff auf Essigsäure und Benzoësäure, J. B. 1869, 307) die Reaction erleichtert. Dennoch hat die Einwirkung von Salzsäure ein besonderes Interesse, weil dieselbe das Umgekehrte bewirkt, was die Anwesenheit von Wasser bei den Chloriden zu thun vermag (S. 85), dasselbe sogar bei den entsprechenden Hydroxyl- und Chlorverbindungen thut, und demnach die S. 85 besprochenen Reactionen öfters ergänzt und die Umwandlung abschliesst. Zuerst seien diese beiden entgegengesetzten Wirkungen in thermischer Hinsicht verglichen:

Die an und für sich gedachte Umwandlung von Chloramyl in Amylalkohol, unter Freiwerden von Chlor und Aufnahme von Wasserstoff und Sauerstoff, ist nach S. 82 von einer Wärmeentwicklung 46 begleitet; wird dieselbe durch Wasser bewirkt und dabei berücksichtigt, dass die gedachte Umwandlung von Wasser in Salzsäure nach S. 85 von einer Wärmeabsorption 47 begleitet ist, so ist der Vorgang:

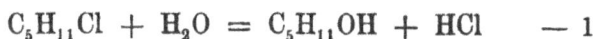

$$C_5H_{11}Cl + H_2O = C_5H_{11}OH + HCl \qquad - 1$$

von einer Wärmeabsorption 1 begleitet; und vielmehr lässt sich das Umgekehrte erwarten, was auch stattfindet. Anders, wenn man die begleitende Reaction mit in Betracht zieht, welche durch die gegenseitige Wirkung von Salzsäure und Wasser veranlasst wird; dieselbe besteht allgemein im Entnehmen des verwendeten Wassers aus einer verdünnten Salzsäure und im Aufnehmen des gebildeten Chlorwasserstoffs durch dieselbe verdünnte Salzsäure. Thermisch ergiebt sich für diese Vorgänge im allgemeinen Falle, wenn die angewendete Salzsäure Chlorwasserstoff und Wasser in dem Molekularverhältnisse 1 : n enthält, Folgendes:

1 HCl + n H$_2$O [1]) giebt nach Thomsen (B. B. VI, 717) bei

---

[1]) Genau gelten diese Zahlen für n > 2.

Verdünnung mit einer unbegrenzten Wassermenge $\frac{1}{n}$. 11,8 Calorien. Das Entnehmen von einem Molekül (18 Gramm) Wasser aus einer Salzsäure, in Molekülen durch $A(1\,HCl + n\,H_2O)$ ausgedrückt, ist demnach von folgender Wärmeentwicklung (W_1) begleitet:

1. Wärmeentwicklung bei unbegrenzter Verdünnung von:

$$A(1\,HCl + n\,H_2O) \dots A \times \frac{1}{n} \cdot 11,8.$$

2. Wärmeentwicklung bei unbegrenzter Verdünnung von:

$$A \cdot HCl + (n\,A - 1)H_2O = A\left(1\,HCl + \frac{n\,A-1}{A}\,H_2O\right)$$

$$\dots A \frac{1}{\dfrac{n\,A-1}{A}}\, 11,8,$$

also: $W_1 = \dfrac{A}{n}\, 11,8 - \dfrac{A}{\dfrac{n\,A-1}{A}}\, 11,8 = -\dfrac{1}{n\left(n - \dfrac{1}{A}\right)}\, 11,8,$

d. i. falls A sehr gross ist, also überflüssige Säure verwendet wird: $-\dfrac{11,8}{n^2}$.

Das Aufnehmen von einem Molekül (36,5 Gramm) Chlorwasserstoff durch dieselbe Säure ist demnach von folgender Wärmeentwicklung (W_2) begleitet:

1. Wärmeentwicklung bei unbegrenzter Verdünnung von:

$A(1\,HCl + n\,H_2O)$ und von $1\,HCl \dots A \times \frac{1}{n} \cdot 11,8 + 17,32.$

2. Wärmeentwicklung bei unbegrenzter Verdünnung von:

$$(A + 1)HCl + n\,AH_2O = (A + 1)\left(1\,HCl + \frac{n\,A}{A + 1}\,H_2O\right)$$

$$\dots (A + 1)\frac{1}{\dfrac{n\,A}{A + 1}}\, 11,8,$$

also:
$$W_2 = \frac{A}{n}\,11{,}8 + 17{,}32 - \frac{\dfrac{A+1}{nA}}{A+1}\,11{,}8 = 17{,}32$$

$$- \frac{11{,}8}{n}\left(2 + \frac{1}{A}\right),$$

d. i. falls A sehr gross ist: $17{,}32 - \dfrac{11{,}8}{n}2$.

Die Calorienzahl, um welche obige Umwandlungswärme von Chloramyl (und Chlorverbindungen im Allgemeinen) durch Wasser vermehrt werden muss, wenn die Wechselwirkung von Wasser und Salzsäure mit in Betracht gezogen wird, ist:

$$W = W_1 + W_2 = 17{,}32 - 2\,\frac{11{,}8}{n} - \frac{11{,}8}{n^2},$$

worin n die Zahl der Wassermoleküle, welche sich auf je ein Molekül Chlorwasserstoff in der verwendeten Salzsäure vorfinden, ausdrückt.

Für eine Verbindung wie Chloramyl ist also die Wärmeentwicklung bei Einwirkung von wässriger Salzsäure umkehrbar; verdünnt wird Amylalkohol gebildet, während Chlorwasserstoff das Umgekehrte bewirkt. Die Grenze findet sich, nach diesen thermischen Ergebnissen, für den Werth, welchen n erhält, in der Gleichung:

$$-1 = 17{,}32 - 2\,\frac{11{,}8}{n} - \frac{11{,}8}{n^2}.$$

Dasselbe gilt für ähnliche Chlorverbindungen. Da W auch negative Werthe erhalten kann, so ist die Umwandlung von Hydroxylgruppen in Chlor durch Salzsäure auch im Voraus nicht unmöglich in dem Falle, wo die einfache Reaction:

$$(\equiv C)\,.\,OH + HCl = (\equiv C)\,.\,Cl + H_2O$$

einen Vorgang ausdrückt, der von Wärmeaufnahme begleitet ist.

Für eine wässrige Lösung von Bromwasserstoff gilt dasselbe, nur ist da:

$$W = 19{,}94 - 2\,\frac{12{,}06 - 0{,}2\,n}{n} - \frac{12{,}06 - 0{,}2\,n}{n^2}$$

$$= 20{,}34 - \frac{23{,}92}{n} - \frac{12{,}06}{n^2}$$

Für Jodwasserstoff:

$$W = 19{,}21 - 2\,\frac{11{,}74 - 0{,}5\,n}{n} - \frac{11{,}74 - 0{,}5\,n}{n^2}$$

$$= 20{,}21 - \frac{22{,}98}{n} - \frac{11{,}74}{n^2}.$$

Eine demgemäss bestehende Grenze der Einwirkung scheint wirklich gefunden zu sein (zwar bei höherer Temperatur) bei der Einwirkung von Brom- und Jodäthyl auf Wasser (bei 200° nach 12 Stunden erreicht), wo ein Theil beider unzersetzt blieb, und zwar von Jodäthyl um so weniger, je grösser die Menge des angewendeten Wassers war (J. B. 1856, 567). Dasselbe scheint der Fall mit Chloressigsäure, von welcher Wasser sogar in grosser Menge (in Molekülen auf 1 CH_2Cl . CO_2H etwa 164 H_2O), bei 100° nach 430 Stunden nur 97,5 % in Glycolsäure verwandelte, während der Gang der Reaction zu zeigen scheint, dass der gänzlichen Umwandlung eine Grenze gestellt ist (B. B. 1871, 340). Es sei dieser Versuch, bei welchem die Menge der nach bestimmten Zeiten umgewandelten Chloressigsäure ermittelt wurde, benutzt, um nachzuforschen, inwieweit eine derartige Untersuchung dazu dienen kann, sich von dem Vorgange eine bestimmte Vorstellung zu machen:

1. Zuerst kann die in Rede stehende Einwirkung betrachtet werden als eine unbegrenzte, deren Fortschreiten nur von der Anwesenheit von Chloressigsäure und Wasser bedingt ist. Sind dann im Anfang:

p Moleküle CH_2Cl . CO_2H und q Moleküle H_2O vorhanden, und nach einer Zeit t:

(p — x) und (q — x) der genannten Verbindungen umgeändert, während sich x Moleküle CH_2OH . CO_2H und x Moleküle HCl gebildet haben,

so ist die Geschwindigkeit der Umwandlung:

$$\frac{d\,.\,x}{d\,.\,t} = c\,(p - x)\,(q - x) \text{ oder } \frac{d\,.\,x}{(p - x)\,(q - x)} = c\,d\,.\,t,$$

woraus: $\displaystyle\int \frac{d\,.\,x}{(p - x)\,(q - x)} = \frac{1}{q - p}\,l\,.\,\frac{q - x}{p - x} = ct + K,$

und (da für $t = o$ auch $x = o$) $K = \dfrac{1}{q-p} l . \dfrac{q}{p}$,

also: $\dfrac{1}{q-p} l . \dfrac{p(q-x)}{q(p-x)} = c\, t$ . . . . (1)

2. In zweiter Linie kann eine derartige Reaction betrachtet werden als eine durch gleichzeitige Möglichkeit des Entgegengesetzten begrenzte, deren Fortschreiten zwar von der Anwesenheit von Chloressigsäure und Wasser bedingt ist, jedoch von derjenigen von Glycolsäure und Chlorwasserstoff beeinträchtigt wird. Die Geschwindigkeit der Umwandlung ist dann:

$$\frac{d.x}{d.t} = \frac{d.x_1}{d.t} - \frac{d.x_2}{d.t} = c_1 (p - x)(q - x) - c_2 x^2,$$

die Grenze (G) ist erreicht für den Werth von x, falls $\dfrac{d.x}{d.t} = o$, also:

$$c_1 (p - G)(q - G) - c_2 G^2 = o,$$

durch Integration und Transformation erhält man:

$$\frac{1}{G+P} l . \frac{G(P+x)}{P(G-x)} = (c_2 - c_1)\, t \quad . . . . (2)$$

worin: $P = G + \dfrac{c_1(p+q)}{c_2 - c_1}$.

3. Schliesslich lässt es sich nach obigen thermischen Betrachtungen denken, dass die Reaction dadurch begrenzt ist, dass es eine Salzsäure von bestimmter Concentration giebt, welche unfähig ist, bei 100^0 sowohl Chloressigsäure als Glycolsäure umzuwandeln; dass eine wasserreichere Säure erstere, eine wasserärmere Säure letztere Verbindung angreift. Ist die Zusammensetzung einer derartigen Säure $1\,HCl + n\,H_2O$, so kommen bei Umwandlung von Chloressigsäure durch eine Mischung $1\,HCl + m\,H_2O$ nur $(m-n)\,H_2O$ als zersetzungsbewirkend in Betracht. Die Geschwindigkeit der Umwandlung ist dann:

$$\frac{d.x}{d.t} = c(p-x)(q-x-nx) = c(n+1)(p-x)\left(\frac{q}{n+1} - x\right).$$

Der ersten Gleichung entsprechend $\left(c\,(n+1)\text{ statt } c, \dfrac{q}{n+1}\right.$ statt $\left. q\right)$ giebt die Intregation:

$$\frac{1}{q-p\,(n+1)}\;1\,.\,\frac{p\,\{q-x\,(n+1)\}}{q\,(p-x)} = c\,t \quad \ldots\ldots (3)$$

In wie weit diese Gleichungen dem Vorgange Ausdruck geben, lässt sich dadurch entscheiden, dass die Werthe:

$$\frac{1}{t}\,1\,.\,\frac{p-\dfrac{p}{q}\,x}{p-x} = c\,(q-p) \quad \text{nach (1)}$$

$$\frac{1}{t}\,1\,.\,\frac{G+\dfrac{G}{P}\,x}{G-x} = (c_2 - c_1)\,(G+P) \quad \text{nach (2) und}$$

$$\frac{1}{t}\,1\,.\,\frac{p-\dfrac{p}{q}\,(n+1)\,x}{p-x} = c\,\{q-p\,(n+1)\} \quad \text{nach (3)}$$

constant sein müssen.

Die zersetzte Chloressigsäure ist in Procenten angegeben, deshalb ist $p = 100$, also $q = 16400$ genommen; als Grenze G ist (weil sich am besten anschliessend) 97,5 gewählt; als Verhältniss zwischen Wasser und Chlorwasserstoff in der Salzsäure, welche weder Chloressigsäure noch Glycolsäure angreift, n, ist (aus demselben Grunde) $133\frac{1}{2}$ gewählt. Dadurch werden obige Constanten:

$$\frac{1}{t}\,1\,.\,\frac{100-\dfrac{1}{164}\,x}{100-x} = C_1, \qquad \frac{1}{t}\,1\,.\,\frac{97,5+0,019\,x}{97,5-x} = C_2$$

$$\text{und } \frac{1}{t}\,1\,.\,\frac{100-0,82\,x}{100-x} = C_3.$$

Die Rechnung ergiebt:

x	t	C_1	C_2	C_3
6	2	0,0133	0,0140	0,00248
11	4	0,0127	0,0132	0,00239
14,5	6	0,0113	0,0119	0,00218

x	t	C_1	C_2	C_3
23	11	0,0103	0,0108	0,00207
28	14	0,0109	0,0107	0,00210
31,5	16	0,0103	0,0107	0,00216
35	18	0,0104	0,0109	0,00223
38	21	0,0099	0,0104	0,00216
42,5	24	0,0096	0,0105	0,00226
45	27	0,0096	0,0101	0,00221
51,5	30	0,0104	0,0110	0,00253
53,5	33	0,0101	0,0106	0,00247
56	37	0,0096	0,0101	0,00242
62,5	43	0,0099	0,0104	0,00265
66	48	0,0097	0,0103	0,00271
76,5	72	0,0087	0,0094	0,00276
82	96	0,0077	0,0084	0,00271
87,5	120	0,0075	0,0083	0,00295
89,5 [1])	144	0,0067	0,0075	0,00280
93	192	0,0060	0,0070	0,00276
97	332	0,0046	0,0069	0,00251
97,5	430	0,0037	—	0,00210

Wird jetzt für C_1 das Mittel 0,0092, für C_2 0,0102, für C_3 0,00245 gewählt, so ergiebt die Beziehung zwischen t und x bei den drei Annahmen für die verschiedenen Werthe von t folgende Zahlen:

t	x gefunden.	x nach Annahme 1.	x nach Annahme 2.	x nach Annahme 3.
2	6	4,2	4,6	5,9
4	11	8,1	8,6	11,3
6	14,5	12	12,6	15,9
11	23	20,8	21,9	26,2
14	28	25,8	26,8	31,3
16	31,5	28,8	30,1	33,8
18	35	31,8	33,2	37,3
21	38	36	37,5	41,2

[1]) Nach Privatmittheilung des Herrn Buchanan ist die Zahl 90,5 (l. c.) durch 89,5 zu ersetzen.

t	x gefunden.	x nach Annahme 1.	x nach Annahme 2.	x nach Annahme 3.
24	$42^1/_2$	40	41,6	44,6
27	45	43,7	45,3	47,7
30	$51^1/_2$	47,2	48,9	50,5
33	$53^1/_2$	50	52,1	53,2
37	56	54,5	56,2	56,3
43	$62^1/_2$	60	61,6	60,4
48	66	64	67	63,8
72	$76^1/_2$	78,4	79,3	73,6
96	82	86,9	87,1	80
120	$87^1/_2$	92,1	91,6	84,3
144	$89^1/_2$	95,6	94,1	88,7
192	93	98,3	96,4	91,1
332	97	100	97,5	96,9
430	$97^1/_2$	100	97,5	98,3

Während im ersten Falle die Constante allmählich sinkt, von 0,0133 auf 0,0037, im zweiten von 0,014 auf 0,0069, bleibt sie im letzten Fall ziemlich von derselben Grösse, um abwechselnd mehrere Male kleiner und grösser zu werden. Es scheint demnach, dass die auf thermischen Gründen fussende Vorstellung von dem Reactionsvorgange die richtigere ist.

Von demselben Forscher, von welchem obige Zahlen herrühren, wurde auch der Reactionsgang studirt bei Anwendung von Natron (B. B. IV, 863), und zwar in folgenden Verhältnissen (Temperatur 100°):

$$C_2H_3ClO_2 + 159 H_2O + NaOH$$

und

$$C_2H_3ClO_2 + 159 H_2O + 2 NaOH.$$

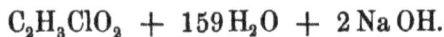

Die verschiedenen Deutungen, welche man letzterer Reaction in ihrem schrittweisen Verlaufe geben kann, lassen sich auch hier an den erhaltenen Zahlen prüfen, wobei sich herausstellt, dass eine einfache unbegrenzte Einwirkung von Natron auf chloressigsaures Natron die Hauptrolle spielt:

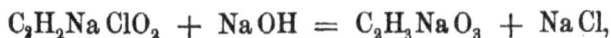

$$C_2H_2NaClO_2 + NaOH = C_2H_3NaO_3 + NaCl,$$

ein Vorgang also nach erster Art (S. 100), welche sich durch die Gleichungen:

$$\frac{d.x}{d.t} = c\,(p-x)\,(q-x) \text{ oder } \frac{1}{q-p}\,1\,.\,\frac{p\,(q-x)}{q\,(p-x)} = ct$$

in schrittweisem Gang ausdrücken lässt, worin p und q die Menge des angewandten chloressigsauren Natrons und Natrons; da letztere Mengen im obigen Falle dieselben sind, so erhalten die Gleichungen nachstehende Form:

$$\frac{d.x}{d.t} = c\,(p-x)^2 \text{ oder } \frac{x}{p-x} = p\,c\,t.$$

Zur Prüfung wird wieder pc berechnet, dessen Constanz für die Richtigkeit der Gleichung bedingend ist:

t	x	$C = \dfrac{x}{t\,(100-x)}$
10 Minuten	36	0,0562
20 „	55	0,0611
30 „	64	0,0592
60 „	78	0,0594
60 „	77	0,0558
90 „	83	0,0542
120 „	88	0,0611
150 „	90	0,0600

Die Abweichung bleibt hier hinter dem Versuchsfehler zurück; das Mittel von C zu 0,0584 angenommen, wird

$$x = \frac{5,84\,t}{1 + 0,0584\,t}:$$

t	x gefunden.	x berechnet.
10 Minuten	36	36,8
20 „	55	53,9
30 „	64	63,7
60 „	77 u. 78	77,5
90 „	83	84,0
120 „	88	87,5
150 „	90	89,7

Dieses wirft jetzt auch Licht auf die verwickeltere Einwirkung von Chloressigsäure und Natronlauge im ersten Fall, wo nur die zur Neutralisation eben erforderliche Natronmenge angewandt wurde; die Hauptreaction scheint hier anfangs in einer gegenseitigen Wirkung von chloressigsaurem Natron unter Glycolidbildung zu bestehen:

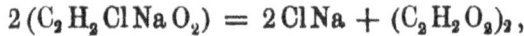

$$2\,(C_2\,H_2\,Cl\,Na\,O_2) = 2\,Cl\,Na + (C_2\,H_2\,O_2)_2,$$

welches Product sofort von Wasser in Glycolsäure verwandelt wird. Dieselbe Gleichung wie oben giebt dann dieser Reaction Ausdruck, und die anfängliche Unveränderlichkeit der Constanten zeigt sich scharf:

t		x	$C = \dfrac{x}{t\,(100-x)}$
0,5 Stunden		6	0,162
1	„	10	0,111
1	„	11	0,123
1,5	„	14	0,108
2	„	18	0,109
2	„	19	0,115
2,5	„	22	0,113
2,5	„	23	1,119
3	„	26	0,117
4	„	32	0,118
5	„	37	0,117

Dann findet jedoch ein regelmässiges Steigen der Constanten (0,125, 0,127 bis auf 0,218) statt, als träte eine Nebenreaction in den Vordergrund; unbedingt eine Verwicklung, die durch Theilung des vorhandenen Natriums zwischen Salzsäure, Glycolsäure und Chloressigsäure veranlasst wird.

Beim Vergleiche der Fähigkeit mehrerer Körper, ihre alkoholischen Hydroxylgruppen mit Salzsäure in Chlor umzuwandeln, tritt hauptsächlich hervor, dass Sauerstoff in einiger Entfernung vom Kohlenstoff, an welchem die Umwandlung stattfindet, denselben Einfluss ausübt, wie wenn er diesem Kohlenstoff selbst anhängt, jedoch in geringerem Grade.

Die Unfähigkeit des Säurehydroxyls $\left(- C \begin{smallmatrix} \diagup\!\diagup O \\ O\,H \end{smallmatrix}\right)$, sich in Chlor zu verwandeln, findet sich wieder in der Schwierigkeit, mit welcher das alkoholische Hydroxyl in der Glycolsäure (wo nicht der direct sondern indirect an OH gebundene C Sauerstoff trägt) derselben Aenderung unterliegt (J. B. 1873, 539), während die jene Reaction beschleunigende Wirkung des Sauerstoffs (S. 88) im Glycol z. B. sich dadurch fühlbar macht, dass die Salzsäureeinwirkung bei der Bildung von Chlorhydrin einen bestimmten Ruhepunkt findet. Der hydroxylirte Kohlenstoff in letzterer Verbindung trägt keinen indirect gebundenen Sauerstoff mehr (vergl. S. 88), und wird von Salzsäure also langsamer angegriffen, als derjenige im Glycol.

Enthält schliesslich die Verbindung mehrere verschieden gebundene alkoholische Hydroxyle, wie Glycerin, so werden zuerst hauptsächlich die primären angegriffen unter Bildung von $CH_2Cl\,.\,CHOH\,.\,CH_2OH$ und $CH_2Cl\,.\,CHOH\,.\,CH_2Cl$, entsprechend der grösseren Leichtigkeit, womit nach S. 90 das secundäre Isopropylchlorid im Vergleich mit den primären Verbindungen durch Wasser umgewandelt wird; dass dennoch ein gleichzeitiger Angriff des complicirten Moleküls an mehreren Stellen gleichsam fast allgemein stattfindet, zeigt die Nebenbildung eines isomeren Chlorhydrins $(CH_2OH\,.\,CHCl\,.\,CH_2OH)$ u. s. w.

Die Bromeinführung statt Sauerstoff und Hydroxyl steht derjenigen von Chlor ganz zur Seite; nur sei bemerkt, dass Bromphosphor (PBr_5) leichter substituirend wirkt $(PBr_3 + Br_2)$, als Chlorphosphor (PCl_5), so dass $C_6H_4 \begin{smallmatrix} CO_2H \\ OH \end{smallmatrix}$ und $C_6H_4 \begin{smallmatrix} C \diagdown O \\ H \\ OH \end{smallmatrix}$ (1.2) von ersterer Verbindung in $C_6H_3Br \begin{smallmatrix} CO_2H \\ OH \end{smallmatrix}$ und $C_6H_3Br \begin{smallmatrix} C \diagdown O \\ H, \\ O\,H \end{smallmatrix}$ von letzterer in $C_6H_4 \begin{smallmatrix} CO\,Cl \\ OH \end{smallmatrix}$ und $C_6H_4 \begin{smallmatrix} CCl_2H \\ OH \end{smallmatrix}$ umgewandelt werden u. s. w. Anderseits scheint Bromwasserstoff zur Umwandlung von Sauerstoff in Brom fähiger, als Salzsäure zur Umwandlung desselben Elements in Chlor; so wird $CH_3 . CO . CO_2H$ durch Brom in $CHBr_2 . CO . CBr_3$ verwandelt, wobei also Bromwasserstoff eine ganze Carboxylgruppe zersetzt; thermisch spricht sich dasselbe im Umgekehrten der S. 89 angeführten Zahlen aus:

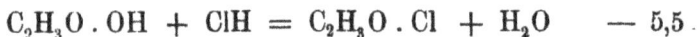

$$C_2H_3O . OH + ClH = C_2H_3O . Cl + H_2O \qquad - 5,5$$

$$C_2H_3O . OH + BrH = C_2H_3O . Br + H_2O \qquad - 1,8$$

Noch fähiger, Sauerstoffverbindungen in dieser Weise anzugreifen, ist Jodwasserstoff; nicht nur stellt diese Verbindung sich thermisch im obigen Falle neben Bromwasserstoff, sondern sie verwandelt die entstandenen Jodderivate in Wasserstoffverbindungen, und verwandelt so eine sonst jedenfalls durch das gebildete Wasser begrenzte Reaction in einen unbegrenzten Reductionsvorgang. Damit schliesst sich die Fähigkeit des Jodwasserstoffs, Sauerstoffgruppen in Jod zu verwandeln, der Reduction dieser Gruppe durch genannte Verbindung, welche S. 75 betrachtet wurde, an.

Unerörtert blieb dort jedoch die Frage nach dem Verhalten des Jodwasserstoffs zu Sauerstoffverbindungen, verglichen mit demjenigen zu den Halogenderivaten. Die genannte Verbindung verwandelt bei gleichzeitigem Vorkommen von alkoholischen Hydroxylgruppen und Jod öfters zuerst das Halogen: so giebt Weinsäure nicht Dijodbernstein- sondern Aepfelsäure; auch die Ueberführung von Glycerin und Mannit in Jodisopropyl und β-Jodhexyl schliesst sich hieran, falls die Seite 107 angeführte leichtere Umwandlung des primären Hydroxyls berücksichtigt wird; Glycol giebt jedoch nicht Jodäthyl, sondern Jodäthylen (J. B. 1859, 490); der schwieriger durch Halogene ersetzbare doppeltgebundene Sauerstoff und das Säurehydroxyl werden jedoch immer nach Entführung etwa vorhandener Halogene angegriffen, [$C_6H_4 (COCl)_2$ (1 . 2) giebt z. B. nicht $C_6H_4 (CJ_2Cl)_2$ oder $C_6H_4 (CH_2Cl)_2$, sondern $C_6H_4 (COH)_2$ (J. B. 1877, 621)].

c. Die Wechselwirkung zwischen Verbindungen, welche Kohlenstoff an Halogene und Kohlenstoff an Sauerstoff gebunden enthalten.

Wo die verschiedene Leichtigkeit, mit welcher die Oxydation am Kohlenstoff vor sich geht, die Wahrscheinlichkeit in Aussicht stellte, dass die Oxydation der einen Kohlenstoffverbindung die Reduction der anderen bewirke, und diese Voraussetzung in verschiedenen Richtungen völlige Bestätigung fand, ist es nicht voreilig, in der verschiedenen Leichtigkeit, mit welcher die Umwandlung von Chlor in Sauerstoff am Kohlenstoff vor sich geht, einen Grund für ähnliche Vorgänge zu sehen. Wirklich sind auch einige organische Chlorverbindungen im Stande, anderen, welche Sauerstoff enthalten, ihr Halogen für letztgenanntes Element abzugeben; ein Blick auf die thermischen Angaben Seite 85 genügt, um diese Eigenschaft zuerst beim Kohlenoxychlorid zu erwarten, welches sich unter so bedeutender Wärmeentwicklung (49,4) in Kohlendioxyd umwandelt; demgemäss ist es auch fähig, den doppelt gebundenen Sauerstoff des Benzaldehyds in Chlor zu verwandeln:

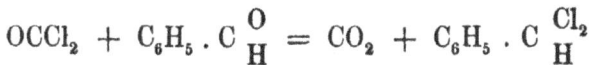

$$OCCl_2 + C_6H_5 . C {\overset{O}{\underset{H}{}}} = CO_2 + C_6H_5 . C {\overset{Cl_2}{\underset{H}{}}}$$

und sogar das Säurehydroxyl der Essigsäure durch genanntes Element zu ersetzen:

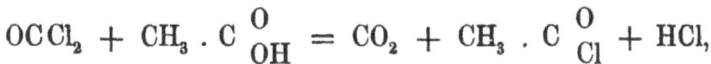

$$OCCl_2 + CH_3 . C {\overset{O}{\underset{OH}{}}} = CO_2 + CH_3 . C {\overset{O}{\underset{Cl}{}}} + HCl,$$

welche letztere Reaction von einer Wärmeentwicklung 49,4 — 52,5 + 22 = 18,9 begleitet sein muss. In geringerem Grade würde dieselbe Fähigkeit anderen Säurechloriden zukommen, und wirklich wird der Alkohol $C_6H_5 . CHOH . CH_3$ von Chloracetyl in die Chlorverbindung umgewandelt:

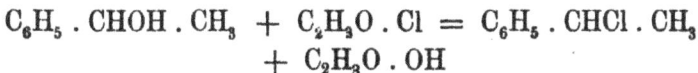

$$C_6H_5 . CHOH . CH_3 + C_2H_3O . Cl = C_6H_5 . CHCl . CH_3 + C_2H_3O . OH$$

(J. B. 1874, 452). Eine derartige Umwandlung würde allgemein stattfinden, wenn nicht Esterbildung dazwischen käme.

Noch weiter jedoch lässt sich die Analogie ziehen: Die grössere Fähigkeit der Kohlenstoffverbindungen, bei grösserem Sauerstoffgehalte sich weiter zu oxydiren, verursachte Reactionen, bei denen sich aus theilweise oxydirten Körpern gleichzeitig Oxydations- und Reductionsproducte bildeten; Aehnliches ist bei Halogenverbindungen zu erwarten, welche Sauerstoff enthalten, da der eingetretene Sauerstoff auch die Umwandlung der Halogene in Sauerstoffgruppen erleichtert; derartig ist die Umwandlung von Jodhydrin ($CH_2J . CH_2OH$) beim Erwärmen in Jodäthylen und Glycol: $2 CH_2J . CH_2OH = CH_2J . CH_2J + CH_2OH . CH_2OH$ u. s. w.

3. Die durch Eintreten von Sauerstoff bewirkten Eigenschaftsänderungen.

Die durch Sauerstoffeintreten bedingten Eigenschaftsänderungen zerfallen in zwei Abtheilungen, je nachdem dieselben chemischer oder physikalischer Art sind.

a. Die chemischen Aenderungen, welche die Anwesenheit von Sauerstoff hervorruft, bestehen entweder in den Affinitätsänderungen, welche der Kohlenstoff erfährt, woran genanntes Element gebunden ist, oder in den Eigenschaften, welche der Sauerstoff mittheilt, indem er seine eigene Beschaffenheit (seine Persönlichkeit) in das Molekül hineinbringt. Diese beiden chemischen Wirkungen mögen durch die Bezeichnungen indirect und direct unterschieden werden.

Die indirecte Wirkung des Sauerstoffs wurde schon da erörtert, wo es sich um seinen Einfluss auf Kohlenstoff bezüglich dessen Fähigkeit zur Oxydation und Reduction, sowie zur Vertauschung des Sauerstoffs mit Chlor handelte; hier bleibt von den angeführten Reactionen nur zu betrachten die Substitution durch Halogene, deren Reduction und deren gegenseitige Umwandlung. In allen diesen Fällen scheint der Sauerstoff seine eigenthümliche die Reactionen beschleunigende Wirkung auszuüben, d. h. die Umwandlung sowohl in der einen, als in der entgegengesetzten Richtung zu erleichtern; eine Affinitätsänderung in bestimmtem Sinne spricht sich dabei nicht deutlich aus:

1. Auf dieser Wirkung beruht es, dass beim Vorhandensein eines doppelt gebundenen Sauerstoffs (hier also einer Gruppe CO) Chlor- und Bromeintritt meistens in der Nähe davon stattfinden:

a. Chlor tritt beim **Aldehyd** zwar hauptsächlich in die CH_3-Gruppe, jedoch auch theilweise in $C\genfrac{}{}{0pt}{}{O}{H}$ (J. B. 1870, 605; 1871, 506; 1872, 439; 1875, 465); Brom selbst scheint ersteres, in Form von Bromphosphor letzteres zu thun (J. B. 1870, 601; 1874, 503). Beim Benzaldehyd tritt in beiden Fällen das Halogen in die $C\genfrac{}{}{0pt}{}{O}{H}$-Gruppe, beim Amylaldehyd in dessen unmittelbarer Nähe ein unter Bildung von $\genfrac{}{}{0pt}{}{H_3C}{H_3C}CH . CHCl . C\genfrac{}{}{0pt}{}{O}{H}$ (J. B. 1871, 514; 1876, 541);

b. Bezüglich der **Säurechloride** wurde das Eintreten von Chlor (Chlorjod) und Brom in der unmittelbaren Nähe der $C\genfrac{}{}{0pt}{}{O}{Cl}$-Gruppe bei $CH_3CH_2CH_2C\genfrac{}{}{0pt}{}{O}{Cl}$ beobachtet (J. B. 1870, 658);

c. Bei den **Ketonen** ist derselbe Einfluss vielleicht bemerkbar in der Bildung von $C_6H_5 . CO . CH_2Br$ aus $C_6H_5 . CO . CH_3$, von $C_6H_4\genfrac{}{}{0pt}{}{CO . CBr_3}{CO_2H}$ aus $C_6H_4\genfrac{}{}{0pt}{}{CO . CH_3}{CO_2H}$, und von $C_6H_4\genfrac{}{}{0pt}{}{CO}{CO}CBr . CO_2H$ aus $C_6H_4\genfrac{}{}{0pt}{}{CO}{CO}CH . CO_2H$ in der Kälte (J. B. 1877, 628; 1877, 661; 1877, 661); jedoch tritt auch bei $C_6H_5 . CH_2 . CH_3$ z. B. das Brom in die Seitenkette (S. 32). Schärfer prägt sich dasselbe Verhalten darin aus, dass $CH_3 . CO . CH_3$ durch $OCCl_2$ chlorirbar ist, während $CH_3 . CH_2 . CH_3$ unter diesen Umständen ungeändert bleibt (J. B. 1868, 492 [1]).

---

[1] Es darf hier nicht unerwähnt bleiben, welche Bedeutung diese Reaction hat. Das eigenthümliche Steigen der Kohlenstoffaffinität für Sauerstoff bei theilweiser Oxydation veranlasste zwei Reactionsgruppen (S. 79 u. 109), bei denen sich Sauerstoff in einem Molekül anhäufte; da Chloreintritt umgekehrt durch

2. Auf dieser Wirkung des Sauerstoffs beruht es ferner, dass beim Vorhandensein einer Carboxylgruppe, und zwar deutlicher bemerkbar, Halogen - Eintreten oder Umwandlung erleichtert und hinsichtlich der Stelle bestimmt wird:

a. Das Brom wirkt leichter auf $\dfrac{H_3C}{H_3C}$ CH . $(CO_2H)_2$, als auf CO_2H . CH_2 . CH_2 . CO_2H (J. B. 1868, 534); Jod kann bei Anwesenheit von Jodsäure die Essigsäure jodiren, während es Aethan unangegriffen lässt (J. B. 1868, 558); derselbe Unterschied besteht zwischen Benzoësäure und Toluol (J. B. 1873, 621) u. s. w.;

b. Das Brom ersetzt sofort in der Malonsäure beide Wasserstoffatome (J. B. 1874, 578);

c. Das genannte Halogen tritt bei H_3C . CH_2 . CH_2 . CO_2H (J. B. 1869, 544; 1873, 576), H_3C . CH_2 . CH_2 . CH_2 . CH_2 . CO_2H (J. B. 1876, 541) und H_3C . CH_2 . CH_2 . CH_2 . CH_2 . CH_2 . CO_2H (J. B. 1876, 565) hauptsächlich in die am Carboxyl gebundene CH_2 - Gruppe. Dass in H_3C . CH_2 . CO_2H das erste Bromatom in CH_2 eintritt, ist weniger beweisend, da auch (den Analogien nach, S. 31 u. 32) CH_3 . CH_2 . CH_3 mit Brom CH_3 . $CHBr$. CH_3 geben wird; dass jedoch das zweite Bromatom an denselben Kohlenstoff sich bindet, kann (da CH_3 . $CHBr$. CH_3 mit Brom CH_2Br . $CHBr$. CH_3 giebt, S. 33) der Anwesenheit von CO_2H zugeschrieben werden (J. B. 1869, 534; 1873, 549); dass $\dfrac{H_3C}{H_3C}$ CH . CO_2 H und H_3C . $CH(CO_2H)_2$ in $\dfrac{H_3C}{H_3C}$ CBr . CO_2H, und H_3C . CBr $(CO_2H)_2$ übergehen, ist ohne Beweiskraft, da $\dfrac{H_3C}{H_3C}$ CH . CH_3 unbedingt $\dfrac{H_3C}{H_3C}$ CBr . CH_3 liefert, S. 9 (J. B. 1867, 459; 1870, 657; 1868, 534); ebenfalls die Bildung von H_3C . CBr . CO_2H . $CHBr$. CO_2H aus der Pyroweinsäure (J. B. 1877, 713)

Chloranwesenheit (S. 8) erschwert wird, so lässt sich etwas Aehnliches in umgekehrtem Sinne erwarten (etwa CCl_4 + CH_2Cl_2 $=$ 2 $CHCl_3$); die Anwesenheit des Sauerstoffs, allgemein Reactionen erleichternd, macht im obigen Falle die Verwirklichung dieses Voraussehens möglich ($COCl_2$ + C_3H_6O $=$ COClH + C_3H_5ClO $=$ CO + ClH + C_3H_5ClO).

und $\begin{smallmatrix} H_3C \\ H_3C \end{smallmatrix}$ CH . CHBr . CO$_2$H aus der Baldriansäure (J. B. 1872, 556; 1874, 548); dass C$_6$H$_5$. CH$_2$. CO$_2$H mit Chlor und Brom die Substitution im Kern erfährt (J. B. 1869, 570), ist auffällig im Vergleich mit der bekannten entgegengesetzten Thatsache beim Bromeintreten in C$_6$H$_5$. CH$_2$. CH$_3$ (S. 32).

d. Auch die Reduction scheint durch Anwesenheit der Carboxylgruppe erleichtert zu werden: H$_3$C . CCl$_2$. CO$_2$H wird durch nascirenden Wasserstoff in H$_3$C . CH$_2$. CO$_2$H verwandelt, während H$_3$C . CCl$_2$. CH$_3$ unangegriffen bleibt (J. B. 1876, 523, S. 19).

e. Die gegenseitige Umwandlung der Halogene scheint dasselbe zu erfahren: H$_3$C . CBr$_2$. CO$_2$H ist mit JK des doppelten Umtausches fähig (J. B. 1868, 292), während H$_3$C . CBr$_2$. CH$_3$ dazu ungeeignet ist (S. 50).

3. Der obigen indirecten Wirkung des Sauerstoffs ist es endlich zuzuschreiben, dass die Anwesenheit einer Hydroxylgruppe einige der in Betracht gezogenen Reactionen in ihrer Richtung bestimmt; falls Kohlenstoff, welcher Hydroxyl trägt, noch an Wasserstoff gebunden ist, tritt allgemein das Halogen zunächst in die Stelle des letzteren, wovon jedoch eine zweite Umwandlung die nothwendige Folge ist:

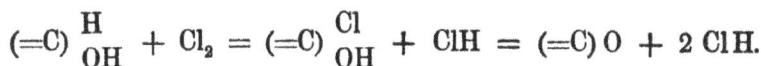

$$(=C) \begin{smallmatrix} H \\ OH \end{smallmatrix} + Cl_2 = (=C) \begin{smallmatrix} Cl \\ OH \end{smallmatrix} + ClH = (=C) O + 2 ClH.$$

Diese beiden Umwandlungen können auch zusammen als eine der Substitution nicht vergleichbare Einwirkung betrachtet werden; deshalb wird hier nur von denjenigen Reactionen die Rede sein, bei denen diese Complication nicht eintritt, und welche dann stattfinden, wenn der hydroxylirte Kohlenstoff nicht selbst, sondern mittelbar, Wasserstoff trägt:

a. Der Wasserstoff des Benzolkerns wird leichter durch Chlor, Brom und Jod ersetzt, wenn der Kern hydroxylirt ist; dieselben Mittel dazu greifen leichter Phenol als Benzol, leichter Oxybenzoësäure als Benzoësäure an (J. B. 1872, 544) u. s. w.; einige greifen sogar nur an bei Anwesenheit der Hydroxylgruppe, so $SOCl_2$ nur Phenol (J. B. 1867, 613), SO_2Cl_2 nur Resorcin (J. B. 1877, 562), so Jod und Quecksilberoxyd nur Phenole, Oxysäuren u. s. w. (J. B. 1867, 615; 1869, 429; 1872, 414, 547; 1874, 306, 642). Dasselbe gilt für die Jodeinführung durch Jod und Bleioxyd (J. B. 1874, 469, 483) und durch Chlorjod (J. B. 1868, 550; 1874, 483; 1876, 540); durch Jod selbst wird nur Oxybenzaldehyd jodirt (J. B. 1877, 613).

b. Obige Substitution am Benzolkern schreitet bei Anwesenheit von Hydroxylgruppen viel leichter fort, als bei deren Abwesenheit, so geben Phenol und Resorcin mit Brom sofort Tribromphenol und Tribromresorcin (J. B. 1874, 469); Orcin und Resorcin mit Chlorjod ebenfalls Trisubstituten (J. B. 1874, 483; 1876, 450); Phenanthrenchinon mit Brom behandelt, verhält sich in gleicher Weise (J. B. 1874, 544).

c. Enthält schliesslich das Molekül zwei Benzolkerne, deren einer nur Hydroxyl enthält, so wird hauptsächlich darin das Halogen aufgenommen: $C_6H_4 \genfrac{}{}{0pt}{}{CO}{CO} C_6H_2\,(OH)_2$ giebt $C_6H_4 \genfrac{}{}{0pt}{}{CO}{CO}$ $C_6HBr\,(OH)_2$ (J. B. 1874, 485), $C_6H_4\,(CO\,.\,C_6H_4\,.\,OH)_2$ giebt $C_6H_4\,(CO\,.\,C_6H_2Br_2\,.\,OH)_2$ (J. B. 1876, 432) u. s. w.

So weit die indirecte Wirkung des Sauerstoffs. Direct äussert sie sich in zwei Richtungen: einmal in dadurch veranlassten Umwandlungen im Molekül selbst, sodann in der Fähigkeit, mit anderen Molekülen in Wechselwirkung zu treten. Zwei Punkte seien hierbei in erster Hinsicht berührt:

1. Die Einwirkung von neben einander vorhandenem Hydroxyl und Halogen:

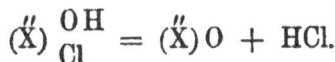

$$(\overset{''}{X}) \genfrac{}{}{0pt}{}{OH}{Cl} = (\overset{''}{X})O + HCl.$$

2. Die Einwirkung von neben einander vorhandenen Hydroxylgruppen:

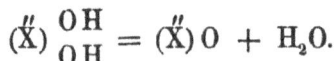

$$(\overset{''}{X}) \genfrac{}{}{0pt}{}{OH}{OH} = (\overset{''}{X})O + H_2O.$$

1. **Halogene und Hydroxyl führen, wenn sie an dasselbe Kohlenstoffatom gebunden sind, fast ausnahmslos eine Umwandlung herbei**, welche durch die erste der obigen Gleichungen ausgedrückt ist. Mit Rücksicht auf die Wichtigkeit eines derartigen Zusammenfallens soll hierauf specieller eingegangen werden.

a. Vergebens hat man bislang versucht, in Hydroxyl enthaltenden Verbindungen an den die genannte Gruppe tragenden Kohlenstoff Halogene zu binden. Im einfachsten Falle, beim Methylalkohol (Theil I, S. 108, 111), lässt die Einwirkung von Chlor und Brom sich auf zwei nach einander vor sich gehende Reactionen zurückführen:

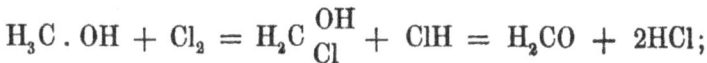

$$H_3C . OH + Cl_2 = H_2C \begin{smallmatrix} OH \\ Cl \end{smallmatrix} + ClH = H_2CO + 2HCl;$$

dasselbe findet mit der Ameisensäure statt (B. B. XI, 245):

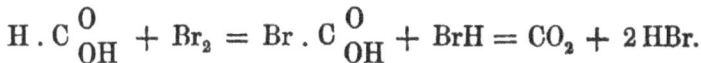

$$H . C \begin{smallmatrix} O \\ OH \end{smallmatrix} + Br_2 = Br . C \begin{smallmatrix} O \\ OH \end{smallmatrix} + BrH = CO_2 + 2 HBr.$$

In weniger einfachen Hydroxylderivaten (S. 113), deren an genannte Gruppe gebundener Kohlenstoff noch Wasserstoff trägt, ersetzt das einwirkende Halogen mit Vorliebe diesen Wasserstoff, führt dann jedoch sofort zu einer Umwandlung im obigen Sinne; so giebt Aethylalkohol Aldehyd u. s. w., Isopropylalkohol Tetrabromaceton ($CBr_3 CO CH_2 Br$, J. B. 1874, 582), Dichlorhydrin Bromchloraceton ($C Br_2 Cl . CO . CH_2 Cl$, J. B. 1869, 379; 1870, 483; 1873, 324; B. B. XII, 2148), Glycolsäure Glyoxalsäure (J. B. 1868, 525; 1877, 695), Aethylidenmilchsäure Brompyrotraubensäure ($CBr_3 . CO . CO_2 H$, J. B. 1874, 582) u. s. w.

b. Vergebens hat man ferner bisher versucht, in Halogen enthaltenden Verbindungen an den genanntes Element tragenden Kohlenstoff Hydroxyl zu binden; die Oxydation lässt sich beim Chlormethyl unbedingt auf zwei nach einander vor sich gehende Reactionen zurückführen:

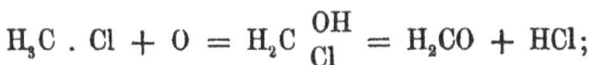

$$H_3C . Cl + O = H_2C \begin{smallmatrix} OH \\ Cl \end{smallmatrix} = H_2CO + HCl;$$

dasselbe findet mit Chlormethylen und Chloroform statt (Theil I, S. 159).

In weniger einfachen Halogenderivaten scheint Oxydation auch am halogentragenden Kohlenstoff anzugreifen, und die Art des Endproducts ist ebenfalls auf zwei nach einander vor sich gehende Wirkungen zurückführbar (wiewohl auch in anderer Weise erklärlich, S. 62).

c. Ebenso vergebens wurde noch ein dritter Weg eingeschlagen zur Bindung des Hydroxyls an den halogentragenden Kohlenstoff, und zwar durch Versuche, von zwei an einunddenselben Kohlenstoff gebundenen Halogenatomen eins in Hydroxyl zu verwandeln; im einfachsten Falle, beim Chlormethylen, lässt sich die Einwirkung eines Hydroxyl- statt Halogen-einführenden Mittels auf zwei nach einander vor sich gehende Reactionen zurückführen:

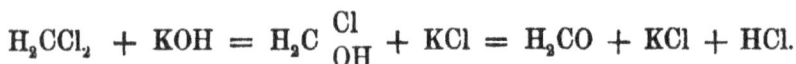

$$H_2CCl_2 + KOH = H_2C\frac{Cl}{OH} + KCl = H_2CO + KCl + HCl.$$

Gleiches gilt für Kohlenoxychlorid; specielle Versuche in dieser Richtung wurden mit ähnlichem Erfolge gemacht beim Aethylidenchlorid (J. B. 1871, 393), und bei der Bibromessigsäure (J. B. 1877, 695).

d. Eine letzte Versuchsreihe wählte den doppeltgebundenen Sauerstoff zum Ausgang, und bezweckte das Addiren von Salzsäure an Verbindungen, welche denselben enthalten; vergeblich waren diese Versuche beim Aethylaldehyd (J. B. 1875, 470) und Benzaldehyd (J. B. 1870, 700); auch beim Methylaldehyd, Aceton u. s. w., bei denen öfters die Gelegenheit geboten schien, ein derartiges Additionsproduct zu erhalten, blieb dasselbe aus.

Demnach führt das gleichzeitige Auftreten von Hydroxyl und Halogenen an demselben Kohlenstoffatom wenigstens zu grosser Zersetzungsfähigkeit; man würde sogar an Nichtexistenz denken, wenn nicht hier und da Andeutungen des Gegentheils vorlägen: so wurde bei Einwirkung von Brom auf Aethylidenmilchsäure ein Körper von der Formel $C_3H_4Br_2O_3$ erhalten, welcher sich vielleicht als $CH_2Br . C{Br \atop OH} . CO_2H$ betrachten lässt und damit im Einklang allmählich in HBr und $CH_2Br . CO . CO_2H$ zerfällt (J. B. 1868, 530); so gaben auch Ameisensäure und Essigsäure mit Brom und Bromwasserstoff Additionsproducte, die, ebenfalls leicht zersetzbar, vielleicht dieselbe Vereinigung von Halogen und Hydroxyl enthalten (B. B. XI, 245).

Wichtig ist es, hier zu bemerken, dass zahllose Körper existiren, bei denen Hydroxyl und Halogene zwar nebeneinander im Molekül, jedoch nicht an einunddemselben Kohlenstoffatom sich vorfinden (Chlorhydrin, Chloressigsäure u. s. w.) und dass dann die Halogenwasserstoffabspaltung erst durch Alkalien bewirkbar ist.

2. Zwei Hydroxylgruppen führen, wenn sie an dasselbe Kohlenstoffatom gebunden sind, sehr oft eine Umwandlung herbei, welche in der zweiten der obigen Gleichungen (S. 114) ausgedrückt ist. Die Anwendung der verschiedenen Methoden zur Hydroxyleinführung ergiebt in diesen Fällen regelmässige Abweichungen, welche am einfachsten in einem nachherigen Zusammenfallen der Hydroxylgruppen ihre Erklärung finden. Tritt diese Wasserabspaltung nicht sofort ein, so findet sie beim Erwärmen statt; bis jetzt ist kein Körper, welcher zwei an denselben Kohlenstoff gebundene Hydroxylgruppen enthält, in Dampfform existenzfähig. In diesem Falle ist der durch Wasserabspaltung entstandene Körper bei gewöhnlicher Temperatur fähig, das Wasser wieder aufzunehmen, und diese Fähigkeit bildet sogar die schärfste Prüfung auf die Möglichkeit des Zusammenauftretens zweier Hydroxylgruppen an demselben Kohlenstoff; es sei daher nur angegeben, was auf letzterem Wege gefunden wurde:

a. Bei den Aldehyden zeigt sich die Fähigkeit zur Verbindung mit Wasser, wenn dieselben gechlort oder gebromt sind, so bei $CH_2Cl . COH$ (J. B. 1870, 601), $CHCl_2 . COH$ (J. B. 1868, 480), $CCl_3 . COH$ und $CBr_3 . COH$; so beim Butylchloral ($CH_3 . CHCl . CCl_2 . COH$, J. B. 1870, 601) und einem daraus entstandenen Bromderivat (J. B. 1875, 446); jedoch zeigt auch die Wärmeentwicklung beim Zusammenbringen von Aldehyd und Wasser etwas Aehnliches (J. B. 1871, 87).

b. Bei den K e t o n e n zeigt sich das gleiche Verhalten, so bei $CCl_3 . CO . CH_3$, $CCl_3 . CO . CH_2Cl$ (J. B. 1875, 487) und $CBr_2Cl . CO . CH_2Cl$ (J. B. 1869, 379; 1870, 483; 1873, 324; B. B. XII, 2148).

c. Bei den S ä u r e n äussert sich diese Fähigkeit vielleicht in der Bildung von Hydraten, wie bei der Ameisensäure (Theil I, S. 130—133), Essigsäure, Oxalsäure u. s. w.; bei einigen Aldehyd- (Glyoxalsäure) und Ketonsäuren (Mesoxalsäure) findet sich dieselbe Fähigkeit wieder. Wichtig ist es ferner, hier zu bemerken, dass zahllose Körper existiren, in denen mehrere Hydroxylgruppen neben einander im Molekül, jedoch nicht an einunddemselben Kohlenstoffatom sich vorfinden, denen eine sehr grosse Stabilität, auch in Dampfform, zukommt.

Die z w e i t e R i c h t u n g, i n w e l c h e r d e r S a u e r s t o f f s e i n e d i r e c t e W i r k u n g ä u s s e r t, tritt hervor in einer Reihe von Umwandlungen, zu denen er das Molekül, anderen gegenüber, befähigt, indem er seine chemischen Eigenschaften in die Verbindung mit hinein bringt, so dass Bindungsänderungen an ihm vorgehen können unter denselben Erscheinungen (Wärmeentwicklung, Geschwindigkeit), wie in seinen einfachsten Verbindungen. Zum Studium dieses Verhaltens lohnt sich die Sauerstoff-Kohlenstoffbindung weniger, weil sie (wie in den einfachsten Verbindungen, Kohlenoxyd u. s. w.) einen zu stabilen Charakter hat; ein Hauptinteresse gewährt vielmehr die Bindung von Sauerstoff an andere Elemente, als deren Ausgangspunkt die Hydroxylgruppe gewählt werden soll.

In thermischer Hinsicht ergiebt sich dann, dass d i e V e r d r ä n g u n g d e s H y d r o x y l w a s s e r s t o f f s d u r c h Me- t a l l e (M):

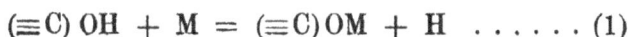

$$(\equiv C) OH + M = (\equiv C) OM + H \ \ldots\ldots (1)$$

derselben Reihe folgt, wie die Verdrängung des an Sauerstoff gebundenen Wasserstoffs im Wasser:

$$\tfrac{1}{2}\,H_2O + M = \tfrac{1}{2}\,M_2O + H.$$

Es erhellt dies sofort, wenn an die Stelle des durch die Gleichung (1) ausgedrückten Vorgangs zwei andere gesetzt werden, die zusammen Gleiches bewirken:

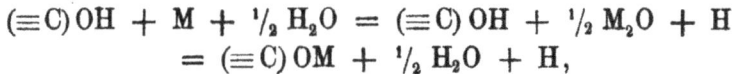

$$(\equiv C)\,OH + M + \tfrac{1}{2}\,H_2O = (\equiv C)\,OH + \tfrac{1}{2}\,M_2O + H$$
$$= (\equiv C)\,OM + \tfrac{1}{2}\,H_2O + H,$$

wodurch sich die in Rede stehende Wärmeentwicklung als die Summe zweier anderen herausstellt, deren eine die Wasserzersetzung durch das Metall, deren zweite die Wirkung des so erhaltenen Oxyds auf die Hydroxylverbindung begleitet:

$$\{(\equiv C)\,OH + M\} = \{\tfrac{1}{2}\,H_2O + M\} + \{\tfrac{1}{2}\,M_2O + (\equiv C)\,OH\}.$$

Da Abnahme der ersteren Wärmemenge immer von Abnahme oder Gleichheit der letzteren (Neutralisationswärme der Ameisensäure, Essigsäure, Oxalsäure, Kohlensäure; Wärmeentwicklung bei Zusammenbringen von Alkalien und Alkoholen) begleitet wird, so ist obiger Satz erwiesen.

Eine wichtige Folge davon ist, dass auch die gegenseitige Verdrängung der Metalle am Sauerstoff der Hydroxylgruppe:

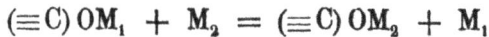

$$(\equiv C)\,OM_1 + M_2 = (\equiv C)\,OM_2 + M_1$$

thermisch dasselbe Zeichen und thatsächlich denselben Verlauf hat, wie die am Sauerstoff selbst:

$$\tfrac{1}{2}\,O\,(M_1)_2 + M_2 = \tfrac{1}{2}\,O\,(M_2)_2 + M_1.$$

Auch in der gegenseitigen Verdrängung der Halogene am Sauerstoff der Hydroxylgruppe zeigt sich, wiewohl die thermischen Angaben fehlen, dasselbe Verhalten: Jod verdrängt z. B. das Chlor aus essigsaurem Chlor, wie aus den einfachen Verbindungen, worin Chlor an Sauerstoff gebunden ist.

Eine dritte Reihe von Vorgängen, bei welcher die directe Wirkung des Sauerstoffs sich äussert, ist eine Vereinigung der oben angeführten, und besteht wie jene im Zusammenfallen einer Hydroxylgruppe entweder mit einem Halogen unter Halogenwasserstoffabspaltung, oder mit einer anderen Hydroxylgruppe unter Wasserabspaltung; sie ist aber der letzteren von obigen Wirkungen insoweit gleichzustellen, als es sich hier um eine gegenseitige Einwirkung mehrerer Moleküle handelt, welche sich ausdrücken lässt durch die Gleichungen:

$$(\equiv C)\,Cl + HO\,(C\equiv) = HCl + (\equiv C)\,O\,(C\equiv)$$

und $\quad (\equiv C)OH + HO\,(C\equiv) = H_2O + (\equiv C)\,O\,(C\equiv).$

Es gilt hier also Bildung (und Umwandlung) von Aethern, Estern und Säureanhydriden aus Chloriden, Alkoholen und Säuren; es seien die thermischen Angaben diesbezüglich vorangestellt:

A.

$$
\begin{aligned}
&C_2H_3OCl && + HOC_2H_5 && = HCl && + C_2H_3O.OC_2H_5 && + 1{,}2 \\
&C_2H_3OBr && + HOC_2H_5 && = HBr && + C_2H_3O.OC_2H_5 && - 1{,}4 \\
&C_2H_3OJ && + HOC_2H_5 && = HJ && + C_2H_3O.OC_2H_5 && - 2{,}5 \\[4pt]
&C_2H_3OCl && + HOC_2H_3O && = HCl && + (C_2H_3O)_2O && - 7{,}5 \\
&C_2H_3OBr && + HOC_2H_3O && = HBr && + (C_2H_3O)_2O && -10{,}1 \\
&C_2H_3OJ && + HOC_2H_3O && = HJ && + (C_2H_3O)_2O && -11{,}2
\end{aligned}
$$

B.

$$
\begin{aligned}
&2\,C_2H_5OH && = H_2O + (C_2H_5)_2O && - 0{,}3 \\
&2CH_3.OH + C_2O_4H_2 && = 2H_2O + C_2O_4(CH_3)_2 && + 2 \times 0{,}8 \\
&C_2H_5.OH + C_2H_3O.OH && = H_2O + C_2H_3O.OC_2H_5 && - 2 \\
&C_2H_5.OH + C_2O_4H_2 && = H_2O + C_2O_4H(C_2H_5) && - 3{,}6 \\
&2C_2H_5.OH + C_2O_4H_2 && = 2H_2O + C_2O_4(C_2H_5)_2 && - 2 \times 1{,}9 \\
&2\,C_2H_3O.OH && = H_2O + (C_2H_3O)_2O && -13{,}1.
\end{aligned}
$$

In den Reactionen, welche von dem Auftreten einer Halogenwasserstoffsäure begleitet sind (A), spielt in thermischer Hinsicht diese Säure eine bedeutende Rolle, indem ihre Aufnahme durch die einwirkenden und gebildeten Körper eine auf Nebenreactionen hinweisende Wärmeentwicklung bedingt, deren Grösse die Umkehrung der obigen Zeichen, wo dieselben negativ sind, bewirken kann:

So giebt Salzsäure in Alkohol für HCl bis 17,35, in Essigsäure bis 7,1 und in essigsaurem Aethyl bis 11,84 Calorien (S. C. XXXI, 350).

Die betrachteten Umwandlungen sind demgemäss ausführbare Reactionen, jedoch öfters begrenzt durch die gleichzeitige Möglichkeit der entgegengesetzten Umwandlung: Essigsäureanhydrid giebt z. B. mit Salzsäure theilweise Chloracetyl und Essigsäure, während beim Ausgehen von letzteren Körpern theilweise Bildungen von ersteren erfolgen. Wie obige Tabelle voraussehen lässt, wird diese Rückwirkung da, wo Jodwasserstoff auftritt, am kräftigsten, und demgemäss die entgegengesetzte Reaction durch diese Säure am leichtesten bewirkbar sein.

Ueber die Leichtigkeit, mit welcher diese Umwandlungen bei verschiedenen Körpern vor sich gehen, werden nachher einige Betrachtungen folgen, hier nur ein Wort über die Art der entstandenen Producte bei Aether-, Ester- und Anhydridzersetzung durch Halogenwasserstoffsäuren.

Entspricht die zersetzte Verbindung der allgemeinen Formel $(X)_2O$, wie Aethyloxyd, Essigsäureanhydrid, so ist nur eine Umwandlungsart möglich; ist dieselbe jedoch aus zwei ungleichen an Sauerstoff gebundenen Stücken zusammengesetzt, so liegen zwei Möglichkeiten vor:

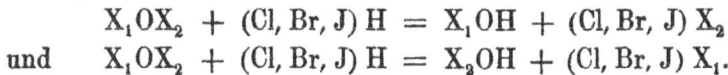

$$X_1OX_2 + (Cl, Br, J) H = X_1OH + (Cl, Br, J) X_2$$
$$\text{und} \quad X_1OX_2 + (Cl, Br, J) H = X_2OH + (Cl, Br, J) X_1.$$

Ist der Körper ein Ester, also das eine der genannten Stücke (X) sauerstoffhaltig, das andere sauerstofffrei, so ist entsprechend der an mehreren Stellen betonten Zunahme (S. 87) der Fähigkeit zur Bindung an Sauerstoff durch Oxydation zu erwarten, dass letzterer bei der Spaltung am sauerstoffhaltigen Stück zurückbleibt; wirklich giebt auch essigsaures Aethyl bei Zersetzung durch Salzsäure Chloräthyl und Essigsäure, nicht Chloracetyl und Alkohol u. s. w.

Ist der Körper ein gemischter Aether, so lassen sich Vorhersagungen über die Art der Zersetzung nur machen auf Grund einer Kenntniss der Geschwindigkeit, womit die bezüglichen Alkohole von Halogenwasserstoffsäuren angegriffen werden. Findet z. B. die Einwirkung:

$$H_3COH + JH = H_3CJ + H_2O$$

unter ähnlichen Umständen mit grösserer Geschwindigkeit statt, als die entsprechende beim Aethylalkohol, so ist die Spaltung von Methyläthyloxyd folgenderweise zu erwarten:

$$H_3COC_2H_5 + JH = H_3CJ + HOC_2H_5.$$

Die Tabelle S. 90 und daraus gezogene Schlüsse machen es wahrscheinlich, dass die Einwirkung von Jodwasserstoff auf Alkohole mit kleinstem Molekül am schnellsten vor sich geht, und demnach die Spaltung der gemischten Aether zwischen Sauerstoff und kleinstem Radical stattfindet, wie beim Methylpropyl- und beim Aethylamyläther (J. B. 1875, 250).

Bezüglich gemischter Säureanhydride lässt sich, bei der Einwirkung von Chlorwasserstoff wenigstens, auf Grund folgender thermischer Angaben:

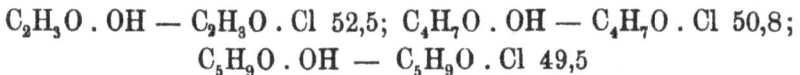

$$C_2H_3O . OH - C_2H_3O . Cl \ 52,5; \ C_4H_7O . OH - C_4H_7O . Cl \ 50,8;$$
$$C_5H_9O . OH - C_5H_9O . Cl \ 49,5$$

erwarten, dass hierbei das kleinste Radical an Hydroxyl gebunden hervortreten wird.

Schliesslich sei über diese Reactionen, falls sie Bildung von Aethern, Estern und Säureanhydriden bezwecken, im Allgemeinen bemerkt, dass, wenn statt der Hydroxylverbindung ein entsprechendes Metallderivat genommen wird, die Wärmebildung steigt, und zwar um die Differenz der Neutralisationswärmen vom Oxyd des betreffenden Metalls mit Salzsäure (Brom- oder Jodwasserstoff) und mit der Hydroxylverbindung. Dadurch werden sämmtliche Zeichen obiger Wärmeentwicklungen positiv, sämmtliche Reactionen ausführbar und unbegrenzt, weil Salzsäure c. s. jetzt keine Rolle spielt.

In den Reactionen, welche von dem Auftreten des Wassers begleitet sind (B), spielen auch Nebenreactionen eine Rolle, deren thermischer Werth das in den meisten Fällen negative Zeichen der obigen Zahlen umzukehren vermag:

So giebt Aethylalkohol bei Aufnahme in Wasser für C_2H_6O bis 2,6, Essigäther für $C_4H_8O_2$ 3,1 Calorien (S. C. XXXI, 351).

Diese Umwandlungen sind demgemäss zum Theil ausführbare Reactionen, jedoch ebenfalls begrenzt durch gleichzeitige Möglichkeit der entgegengesetzten Umwandlung. Da in dieser Hinsicht Zahlen vorliegen, und zwar für die Einwirkung von Alkohol auf Säure und von Wasser auf Ester, so sei eine derartige Grenzreaction hier näher erörtert.

Guldberg und Waage haben die Versuchsresultate verglichen mit Rechnungsergebnissen, welche sich auf Anwendung der Theil I, S. 10 angeführten Einwirkungsformel gründen:

$$\frac{d \cdot C}{d \cdot t} = c \, \frac{PQ}{V}.$$

Darin $\frac{d \cdot C}{d \cdot t}$ die Geschwindigkeit der Einwirkung, P und Q die Zahl der im Volum V anwesenden einwirkenden Moleküle.

Beim Ausgehen von einer in Molekülen ausgedrückten Alkohol- und Säure- (p und q), Wasser- und Estermenge (r und s) sei nach einer gewissen Zeit eine gewisse Molekülzahl (x) der beiden ersteren durch Umwandlung in gleiche Mengen der beiden letzteren verschwunden; ist zu dieser Zeit das Gesammtvolum V, so findet einerseits Esterbildung statt mit einer Geschwindigkeit:

$$\frac{d \cdot x_1}{d \cdot t} = c_1 \, (p - x)(q - x) \, \frac{1}{V},$$

andererseits Esterumwandlung mit einer Geschwindigkeit:

$$\frac{d \cdot x_2}{d \cdot t} = c_2 \, (r + x)(s + x) \, \frac{1}{V};$$

somit ist die Bildung im Ganzen:

$$\frac{d \cdot x}{d \cdot t} = \frac{d \cdot x_1}{d \cdot t} - \frac{d \cdot x_2}{d \cdot t} = c_1 \, (p-x)(q-x) \, \frac{1}{V} - c_2 \, (r+x)(s+x) \, \frac{1}{V} \quad (1)$$

Daraus ergiebt sich:

1. Als Grenzgrösse (G) der Esterbildung der Werth für x, falls $\dfrac{d \cdot x}{d \cdot t} = 0$:

$$c_1 \, (p - G) \, (q - G) = c_2 \, (r + G) \, (s + G),$$

woraus:

$$G = \frac{c_1 \, (p + q) + c_2 \, (r + s)}{2 \, (c_1 - c_2)}$$

$$\mp \sqrt{\left(\frac{c_1 \, (p + q) + c_2 \, (r + s)}{2 \, (c_1 - c_2)}\right)^2 - \frac{c_1 \, p \, q - c_2 \, r \, s}{c_1 - c_2}} \quad \ldots \ (2)$$

2. Als Reactionsverlauf, falls angenommen wird, dass während der Einwirkung das Volum gleich bleibt (was bei der ziemlichen Gleichheit der Summen von den Alkohol- und Säure- mit den Ester- und Wassermolekularvolumen ungefähr richtig ist):

$$\frac{1}{\sqrt{a^2 - 4\,b}} \, 1 \cdot \frac{(2\,x + a - \sqrt{a^2 - 4\,b})}{(2\,x + a + \sqrt{a^2 - 4\,b})} = (c_1 - c_2)\frac{t}{V} + K,$$

und (da für $t = 0$ auch $x = 0$) $K = \dfrac{1}{\sqrt{a^2 - 4\,b}} \, 1 \cdot \dfrac{a - \sqrt{a^2 - 4\,b}}{a + \sqrt{a^2 - 4\,b}}$

also:

$$\frac{1}{\sqrt{a^2 - 4\,b}} \, 1 \cdot \frac{(2\,x + a - \sqrt{a^2 - 4\,b}) \, (a + \sqrt{a^2 - 4\,b})}{(2\,x + a + \sqrt{a^2 - 4\,b}) \, (a - \sqrt{a^2 - 4\,b})}$$

$$= (c_1 - c_2)\frac{t}{V} \quad \ldots \ldots \ldots \ldots \ (3)$$

$\left(\text{darin ist } a = -\dfrac{c_1 \, (p + q) + c_2 \, (r + s)}{c_1 - c_2} \text{ und } b = \dfrac{c_1 \, p \, q - c_2 \, r \, s}{c_1 - c_2}\right).$

3. Eine einfache Gestalt nimmt die Gleichung für den Reactionsverlauf an, wenn darin der Grenzwerth G eingeführt wird:

$$\frac{1}{a + 2\,G} \, 1 \cdot \frac{(G + x + a)\,G}{(G - x)(G + a)} = (c_2 - c_1)\frac{1}{V} \quad \ldots \ (4)$$

Es sei über diese Gleichungen zuerst eine Bemerkung allgemeiner Art vorausgeschickt.

Der Grenzwerth (G) ändert sich nicht, wenn p und q oder r und s unter sich verwechselt werden, was darauf hinweist, dass nach obiger Grenzgleichung (2) Alkohol und Säure, Wasser und Ester pro Molekül unter sich gleich auf die Esterbildung wirken.

Sodann werde bezüglich des Zusammenhangs von Versuchs- und Rechnungsresultat (A. P. (3) LXV, 385; LXVI, 5; LXVIII, 225; B. B. X, 669) Folgendes angeführt:

Für Aethylalkohol und Essigsäure ist (ziemlich von Temperatur und Volum unabhängig) die Grenze, wenn von beiden gleiche Molekülmengen (1) ohne Wasser und Ester zusammengebracht werden, $2/3$; daraus ergiebt sich:

$$c_1 = 4\, c_2,$$

und somit für (2) die einfachere Gestalt:

$$G = \tfrac{1}{6}(4(p+q)+r+s - \sqrt{\{4(p+q)+r+s\}^2 - 12(4pq+rs)}).$$

Die hieraus berechneten Grössen von G, falls p und q, r und s andere Werthe haben, zeigen mit dem Versuchsergebnisse grosse Uebereinstimmung; jedoch sind die Abweichungen so regelmässig, dass sie auf bestimmte Störungen hinweisen, worauf hier eingegangen sei.

Scharf sprechen sie sich im Reactionsverlauf aus. Falls gleiche Molekülzahlen Aethylalkohol und Essigsäure zum Ausgang gewählt werden, ohne Zusatz von Wasser oder Ester, so wird die Gleichung (4), indem $a = -\dfrac{8}{3}$: $1 \cdot \dfrac{2-x}{2-3x} = \dfrac{4c_2}{V}t.$

Zur Prüfung sei $\dfrac{4c_2}{V} = \dfrac{1}{t}\, 1 \cdot \dfrac{2-x}{2-3x}$, welcher Werth constant sein muss, berechnet:

t	x	$\dfrac{4c_2}{V} = \dfrac{1}{t}\, 1 \cdot \dfrac{2-x}{2-3x}$	x für $\dfrac{4c_2}{V} = 0,00275$	x für $\dfrac{4c_2}{V} = 0,0025$
10	0,087	0,00412	0,060	(0,054)
19	0,121	0,00314	0,107	(0,098)
41	0,2	0,00265	0,201	0,190

t	x	$\dfrac{4c_2}{V} = \dfrac{1}{t} \cdot \dfrac{2-x}{2-3x}$	x für $\dfrac{4c_2}{V} = 0{,}00275$	x für $\dfrac{4c_2}{V} = 0{,}0025$
64	0,25	0,00237	0,286	0,267
103	0,345	0,00223	0,386	0,365
137	0,421	0,00241	0,449	0,429
167	0,474	0,00252	0,492	0,472
190	0,496	0,00246	0,518	0,499

Deutlich zeigt sich das regelmässige Abnehmen von $\dfrac{4\,c_2}{V}$; wird aus dessen Mittelwerth (0,00275) x berechnet, so findet sich dieselbe Abweichung wieder im regelmässigen Abnehmen der Unterschiede mit den gefundenen Zahlen, und zwar in dem Sinne, dass die Esterbildung anfangs zu schnell stattfindet, und erst nachher dem durch die Gleichung ausgedrückten Verlaufe nahe kommt. Werden dann auch die zwei ersten Werthe von x vernachlässigt, und der Mittelwerth von $\dfrac{4\,c_2}{V}$ dem entsprechend zu 0,0025 angenommen, so ist die Uebereinstimmung ziemlich scharf. Wahrscheinlich ist diese Beschleunigung im Anfang der wasserentziehenden Wirkung des Alkohols zuzuschreiben, und demgemäss beim Amylalkohol weniger hervortretend (wenn derselbe auf Essigsäure im Molekularverhältniss einwirkt):

t	x	$\dfrac{1}{t} \cdot \dfrac{1{,}88-x}{1{,}88-2{,}75x}$	(aus Gleichung 4, indem G = 0,682 und a = 2,559).
22	0,126	0,00266	
72	0,372	0,00342	
128	0,45	0,00272	
154	0,476	0,00255	
277	0,555	0,00208	

Hierneben stellt sich jedoch die nothwendig auf die Geschwindigkeit der Reaction ändernd wirkende Zusammensetzungsverschiedenheit der Flüssigkeit, und demgemäss entspricht bei Anwendung überschüssiger Essigsäure (doppelter

Menge), wodurch die Flüssigkeit während der Reaction eine kleinere Zusammensetzungsänderung erfährt, dem Vorgange die Gleichung besser:

t	x	$\frac{1}{t} l \cdot \frac{2,99-x}{2,99-3,48x}$	(aus Gleichung 4, indem $G = 0,858$ und $a = -3,847$).
10	0,078	0,00299	
19	0,134	0,00283	
41	0,246	0,00267	
64	0,314	0,00234	
103	0,45	0,00244	
137	0,537	0,00249	
167	0,618	0,00271	
190	0,64	0,00258	

Aehnliche Störungen findet man in den Grenzwerthen wieder, und sie sind nur zu umgehen bei Berücksichtigung der Bedingungen, wofür die Grundgleichung (Theil I, S. 10) aufgestellt wurde. Es seien dieselben hier näher erörtert:

Die Grundgleichung stützt sich wesentlich auf zwei Voraussetzungen:

1. Die Zahl des Zusammentreffens findet ihren Ausdruck in $c \frac{P\,Q}{V}$.

2. Die Häufigkeit der Einwirkungen ist daran proportional.

Temperaturgleichheit vorausgesetzt, ist erteres nur für den ideellen Gaszustand vollkommen richtig, wobei weder Molekülvolum, noch Molekulattraction in Betracht kommen; in Gemischen, von denen oben die Rede war, muss das Molekularvolum eine bedeutende Rolle spielen, welche nur dann in den Gleichungen vernachlässigt werden darf, wenn in sehr verdünnten Lösungen eines unwirksamen Körpers gearbeitet wird, und demzufolge das Volum des wirksamen Theils dem Gesammtvolum gegenüber verschwindend klein ist. Die Molekularattraction äussert sich theilweise in der Aenderung, welche die fortschreitende Bewegung eines Flüssigkeitsmoleküls in verschiedenen Flüssigkeitsumgebungen erfährt, und welche sich

128 Die Bindung von Kohlenstoff an Sauerstoff u. Schwefel.

u. A. in einer Aenderung der Diffusionsgeschwindigkeit kund-
giebt; dies muss unbedingt auf die Häufigkeit des Zusammentreffens wirken, welche in Gasen mit der Bewegungsgeschwin-
digkeit steigt. Aus diesem Grunde wird nur dann ein
zusammengehöriges System von Grenzwerthen erreichbar sein,
wenn in sehr verdünnten Lösungen eines und desselben
unwirksamen Körpers operirt wird. Nur dann kann auch der
Reactionsgang der Gleichung entsprechen.

Proportionalität von Zahl des Zusammentreffens und Häufigkeit der Einwirkungen ist nur da zu erwarten, wo die Umstände des Zusammentreffens dieselben sind, was sich darin
äussert, dass die Wärmetönung der Umwandlung sich gleich
bleibt; auch diese Voraussetzung ist nur bei Anwendung eines
Lösungsmittels zu verwirklichen.

Nebenreactionen, die einzig störende Wirkung (hauptsächlich nur zwischen Wasser und Alkohol zu berücksichtigen),
werden dann als durch Dissociation begrenzte Vorgänge im
grösseren Volum wohl ganz in den Hintergrund zurücktreten.
Gänzliches Zusammenfallen von Beobachtung und Berechnung
ist somit in verdünnten Lösungen, von Aceton z. B. zu
erwarten.

Soweit die Esterbildung im Allgemeinen; zum Vergleich
der verschiedenen Alkohole und Säuren seien aus Menschutkin's
Arbeit (A. C. 195, p. 334; 197, p. 193; B. B. XII, 2169) die
Zahlen entnommen für die gebildete Estermenge beim Zusammenbringen im Molekularverhältniss, nach einer Stunde (der s. g.
absoluten Anfangsgeschwindigkeit) und im Maximum (Grenze)
bei 153—154°:

A. Vergleichung der Alkohole (die Säure ist
Essigsäure):

	Nach einer Stunde.	Im Ganzen.
I. Methylalkohol	55,59 %	69,59 %
IIa. Aethylalkohol	46,95 „	66,57 „
IIb. Propylalkohol	46,92 „	66,85 „
Butylalkohol	46,85 „	67,30 „

		Nach einer Stunde.	Im Ganzen (100°).
	Octylalkohol	46,59 %	72,34 %
	Cetyl- „	—	80,39 „
II. c.	Isobutyl- „	44,36 „	67,38 „
	Allyl- „	35,72 „	59,41 „
II. d.	Benzyl- „	38,64 „	60,75 „
III. a.	Dimethylcarbinol	26,53 „	60,52 „
III. b.	Methyläthylalkohol	22,36 „	59,28 „
	Methylhexyl- „	21,19 „	62,03 „
III. c.	Methylisopropylalkohol	18,95 „	59,31 „
	Diäthyl- „	16,93 „	58,66 „
	Diallyl- „	10,31 „	50,12 „
III. d.	Aethylvinyl- „	14,85 „	52,25 „
IV. a.	Trimethyl- „	1,43 „	—
IV. b.	Dimethyläthyl- „	0,81 „	—
	Dimethylpropyl- „	2,15 „	—
	Dimethylallyl- „	3,08 „	7,26 „
IV. c.	Methyldiäthyl- „	1,04 „	—
	Dimethylisopropylalkohol	0,86 „	—
	Methyldiallyl- „	0 „	5,36 „
IV. d.	Diäthylallyl- „	0 „	4,72 „
	Dipropylallyl- „	0 „	0,46 „
	Propyldiallyl- „	0 „	3,10 „
IV. e.	Phenol	1,45 „	8,64 „
	Parakresol	1,4 „	9,56 „
	Thymol	0,52 „	9,46 „
	α-Naphtol	0 „	6,16 „

B. Vergleichung der Säuren (der Alkohol ist Isobutylalkohol):

	Nach einer Stunde.	Im Ganzen (100°).
I. Ameisensäure	61,69 %	64,23 %
II. Essigsäure	44,36 „	67,38 „
III. Propionsäure	41,18 „	68,70 „
Buttersäure	33,25 „	69,52 „
Capronsäure (norm.)	33,08 „	69,81 „

	Nach einer Stunde.	Im Ganzen (100°).
Octylsäure (norm.)	30,86 %	70,87 %
IV. Isobuttersäure	29,03 „	69,51 „
Methyläthylessigsäure	21,50 „	73,73 „
V. Trimethylessigsäure	8,28 „	72,65 „
Dimethyläthylessigsäure	3,45 „	74,15 „

B. Vergleichung der Säuren (der Alkohol ist
    Aethylalkohol):

	Nach einer Stunde.	Im Ganzen (100°).
II. Essigsäure	46,95 %	66,57 %
III. Buttersäure	36 „	68,77 „
Capronsäure (norm.)	34,62 „	69,80 „
V. Dimethyläthylessigsäure	5,43 „	73,88 „

Wirkung von Wasserstoff auf die Hydroxylgruppe. Einige Bemerkungen über diese Zahlen und über
den Charakter der Hydroxylgruppe im Allgemeinen seien hier
angeführt:

Wie bei Chlor- und Bromverbindungen (S. 27—29, 42) die
Anwesenheit der genannten Elemente einen bestimmten Einfluss
ausübte, messbar in der Aenderung der Siedepunktszunahme
beim Eintreten eines Halogens an die Stelle von Wasserstoff,
so übt in Hydroxylderivaten Wasserstoff einen Einfluss aus,
messbar in der Geschwindigkeit der Esterbildung.

Sind an den hydroxyltragenden Kohlenstoff drei Wasserstoffatome gebunden (A. I. Methylalkohol), so sind nach einer Stunde
55,59 % der Verbindung in Essigester verwandelt, welche Zahl
bei Bindung an zwei Wasserstoffatome (A. II. Primäre Alkohole)
auf im Mittel 43,72 %, an ein Wasserstoffatom (A. III. Secundäre
Alkohole) auf im Mittel 18,76 %, und ohne Bindung an Wasserstoff (A. IV. Tertiäre Alkohole) auf im Mittel 0,98 % zurückläuft.

Ist an den hydroxyltragenden Kohlenstoff nebst doppelt
gebundenem Sauerstoff ein Wasserstoffatom gebunden (B. I.
Ameisensäure), so sind nach einer Stunde 61,69 % in Isobutyl-
ester verwandelt, welche Zahl ohne Bindung an Wasserstoff
(andere Säuren) auf im Mittel 27,22 % sinkt.

Wie der oben angeführte Einfluss des Chlors und Broms sich auch noch in einiger Entfernung, jedoch abgeschwächt, dort geltend machte, so auch derjenige des Wasserstoffs hier; und diese Uebereinstimmung tritt klar hervor in einer Tabelle, ganz derjenigen auf S. 27 entsprechend, worin die Zahlen das Mittel der s. g. Esterbildungsgeschwindigkeit angeben:

Gruppe, welche OH trägt.	Zahl der durch die direct gebundenen Kohlenstoffe getragenen Wasserstoffatome:									
	9	8	7	6	5	4	3	2	1	0
A. I. CH_3	—	—	—	—	—	—	—	—	—	55,6
II. CH_2	—	—	—	—	—	—	a 47	b 46,8	c 40	d 38,6
III. CH	—	—	—	a 26,5	b 21,9	c 15,4	d 14,9	—	—	—
IV. C	a 1,4	b 2	c 0,6	d 0	—	—	—	e 1,1	—	—
B. I. $C {O \atop H}$	—	—	—	—	—	—	—	–	—	61,69
CO	—	—	—	—	—	—	II { 44,4 / 47	III 34,6 / 35,3	IV 25,3 / —	V 5,9 / 5,4

Der Einfluss des direct gebundenen Wasserstoffs zeigt sich hier im Abnehmen der Zahlen nach unten, also beim Uebergang von I nach II, III und IV und von B. I zu II—V; der Einfluss des indirect gebundenen Wasserstoffs im Abnehmen der Zahlen nach rechts, also beim Uebergang von a auf b, c, d und e im oberen Theile, von II nach III, IV und V im unteren Theile der Tabelle [1]).

---

1) Es sei bemerkt, dass die grössere Esterbildungsgeschwindigkeit beim Methylalkohol sich an die Spaltungsweise der gemischten Aether durch Jodwasserstoff (S. 122) vollkommen anschliesst.

Eine umfassendere Bedeutung gewinnt diese Betrachtung, wenn aus der Grenzgleichung:

$$c_1\ (p - G)\ (q - G) = c_2\ (r + G)\ (s + G),$$

also für diese Fälle:

$$c_1\ (100 - G)^2 = c_2\ G^2,$$

die Beziehung

$$\frac{c_2}{c_1} = \left(\frac{100}{G} - 1\right)^2$$

berechnet wird; und aus der Gleichung für den Reactionsverlauf die Grösse:

$$c_2 - c_1 = \frac{V}{(a + 2\,G)\,t}\ 1\ \cdot\ \frac{(G + x + a)\,G}{(G - x)(G + a)}.$$

Die dadurch erhaltenen Werthe von c_1 und c_2, d. h. die Einwirkungscoefficienten der Esterbildung und -Umwandlung, zeigen dann eine Zunahme unter Einfluss des Wasserstoffs, wie oben die s. g. Anfangsgeschwindigkeiten; die eigentlichen Geschwindigkeiten, womit diese einander gegenüberstehenden Reactionen stattfinden, werden durch Wasserstoffanwesenheit erhöht, und zwar bedeutend, wenn letzteres Element in der unmittelbaren Nähe des Angriffspunkts sich vorfindet, weniger, wenn es davon entfernt ist. (Mit Wasserstoffanwesenheit wird hier speciell dessen Auftreten statt Kohlenstoff bezeichnet.)

Wirkung von Sauerstoff auf die Hydroxylgruppe. Auch Sauerstoff übt auf den Charakter der Hydroxylgruppe einen sehr bedeutenden Einfluss aus; einerseits äussert sich derselbe in einer Affinitätsänderung, welche sich in den thermischen Zahlen ausspricht, anderseits in einer Aenderung der Geschwindigkeit, welche einige Reactionen erfahren. In dieser Beziehung sei Folgendes bemerkt:

Die Affinitätsänderung zeigt sich am schärfsten darin, dass die Umwandlung: $(\equiv C)\,OH + M = (\equiv C)\,OM + H$ (M = Metall) bei Anwesenheit von Sauerstoff leichter stattfindet und von grösserer Wärmeentwicklung begleitet ist, was der Verbindung einen Säurecharakter mittheilt, da obiger Sauerstoffeinfluss auch die Reaction:

$$(\equiv C)\,OH \;+\; MOH \;=\; (\equiv C)\,OM \;+\; H_2O$$

erleichtern und eine grössere Wärmeentwicklung ergeben muss. Bekanntlich tritt dieses Ergebniss scharf hervor, wenn der hydroxyltragende Kohlenstoff selbst an Sauerstoff gebunden ist, beim Carboxyl also:

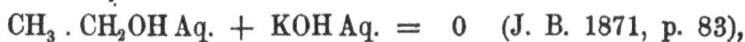

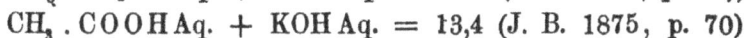

$$CH_3 . CH_2OH\,Aq. \;+\; KOH\,Aq. \;=\; 0 \quad \text{(J. B. 1871, p. 83),}$$
$$CH_3 . COOH\,Aq. \;+\; KOH\,Aq. \;=\; 13,4 \quad \text{(J. B. 1875, p. 70)}$$

u. s. w.

Wichtig ist es, dass dieselbe Wirkung des Sauerstoffs sich äussert, jedoch in geringerem Grade, wenn genanntes Element sich im Molekül in grösserer Entfernung vom hydroxyltragenden Kohlenstoff vorfindet:

1. Die mehratomigen Alkohole zeigen einen deutlicher ausgesprochenen Säurecharakter, als die entsprechenden einatomigen Derivate; solches zeigt sich in der grösseren Fähigkeit der ersteren, auf Metalloxyde oder Metalloxydhydrate einzuwirken; scharf drückt es sich ferner aus in den Wärmeerscheinungen: so bildet Glycerin ($CH_2OH . CHOH . CH_2OH$) mit Natron, beide in Lösung, bis zu 0,6 Calorien (J. B. 1871, p. 83), während der entsprechende Propylalkohol ($CH_2OH . CH_2 . CH_3$) sich wohl wie oben Aethylalkohol verhalten wird; dasselbe erhellt aus Vergleich von Mannit ($CH_2OH\,(CHOH)_4\,CH_2OH$), welches mit Natron, Kali und Kalk bis 1,2 Calorien entwickelt, (l. c.) und Hexylalkohol ($CH_2OH\,(CH_2)_4\,CH_3$).

Vergleichung von Pyrogallol, Resorcin und Phenol ergiebt dasselbe u. s. w.

2. Die Oxysäuren und die mehrbasischen Säuren sind einerseits stärkere Säuren als die entsprechenden einbasischen Säuren. Die Avidität von Oxalsäure ($CO_2H . CO_2H$) ist 0,26, von Essigsäure ($CH_3 . CO_2H$) 0,03, d. h. entsprechende Mengen derselben theilen eine Base, welche jenen in der zur Neutralisation einer der Säuren nöthigen Quantität zugesetzt wird, im Verhältniss von 0,26 : 0,03 (J. B. 1870, 126).

Die Neutralisationswärmen, auf festen Zustand bezogen, sind am grössten bei den Oxysäuren: (C. r. 89, 579):

	NaOH	KOH
Essigsäure ($CH_3 . CO_2H$)	18,3	21,9
Oxalsäure $^1/_2$ ($CO_2H . CO_2H$)	26,5	29,4
Bernsteinsäure $^1/_2$ ($CO_2H . CH_2 . CH_2 . CO_2H$)	20,01	23,19
Weinsäure $^1/_2$ ($CO_2H . CHOH . CHOH . CO_2H$)	22,9	27,1

Die Citronensäure $COH . CO_2H$ ($CH_2 . CO_2H)_2$ verdrängt die Essigsäure (J. B. 1875, 68) aus ihren Salzen, wird demgemäss dasselbe thun mit der Diäthylessigsäure $CH . CO_2H$ ($CH_2 . CH_3)_2$ u. s. w.

Anderseits zeigen die Oxysäuren, nachdem die zur Carboxylsättigung nöthige Basenmenge zugesetzt ist, eine Wärmeentwicklung bei weiterem Basenzusatz, welche diejenige Wärme übersteigt, die bei Einwirkung derselben Base auf den der Säure entsprechenden Alkohol entwickelt wird: so zeigt milchsaures Natron ($CH_3 . CHOH . CO_2Na$) mit Natron grössere Wärmebildung, als bei Isopropylalkohol ($CH_3 . CHOH . CH_3$) zu erwarten ist, weinsaures Natron ($CO_2Na . CHOH . CHOH . CO_2Na$) mehr, als bei Butylenglycol ($CH_3 . CHOH . CHOH . CH_3$) zu erwarten ist (J. B. 1871, 77 u. 88), citronensaures Natron ($CO_2Na . CH_2)_2$ $COH . CO_2Na$ mehr, als beim Hexylalkohol ($C_2H_5)_2$ $COH . CH_3$ zu erwarten ist (J. B. 1875, 68) u. s. w.

3. Die Phenochinone sind stärkere Säuren, als die entsprechenden Phenole.

Mit dieser Zuneigung zu Metallen unter Einfluss des Sauerstoffs paart sich eine Abwendung von Säureradikalen, welche sich in der grossen Wärmebildung, womit die Umwandlung von Säureanhydriden durch Wasser begleitet ist, offenbart:

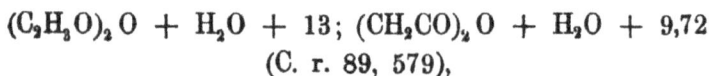
$$(C_2H_3O)_2 O + H_2O + 13; (CH_3CO)_2 O + H_2O + 9,72$$
$$(C. r. 89, 579),$$

während:

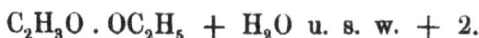
$$C_2H_3O . OC_2H_5 + H_2O \text{ u. s. w. } + 2.$$

Es darf hier nicht unerwähnt bleiben, dass auch dann diese Wirkung des Sauerstoffs sich offenbart, wenn genanntes Element sich im Molekül, jedoch entfernt von Hydroxyl, vorfindet. Die Aetherificationsgrenze von mehratomigen Alkoholen wird dadurch herabgedrückt; Essigsäure wird mit Glycol ($CH_2OH . CH_2OH$) im Molekularverhältnisse gemischt zu 68,8 % in Ester verwandelt, mit der entsprechenden Aethylalkoholmenge (2 $C_2H_5 . OH$) zu etwa 83 %; mit Glycerin ($CH_2OH . CH . OH . CH_2OH$) im Molekularverhältnisse zu 69,3 %, mit dem entsprechenden Propyl, Isopropylalkoholgemisch (2 $CH_3 . CH_2 . CH_2OH + CH_3 . CHOH . CH_3$) zu etwa 86 %; mit Erythrit ($CH_2OH . CHOH . CHOH . CH_2OH$) zu 69,5 %, mit dem entsprechenden Butylalkoholgemisch (2 $CH_3 . CH_2 . CH_2 . CH_2OH + 2 CH_3 . CH_2 . CHOH . CH_3$) zu etwa 86 %. Noch stärker würde dies bei den Säurealkoholen (Oxysäuren) hervortreten; es fehlen jedoch Angaben darüber. Bei den Säuren selbst ist die Aetherifications- (Anhydridbildungs-) Grenze auf 0 reducirt.

Soweit die Affinitätsänderung durch Sauerstoff. Die indirecte Wirkung dieses Elements zeigt sich auch hier ausserdem noch durch eine Beschleunigung, welche die Reactionen erfahren, die in seiner Nähe stattfinden: typisch äussert dieselbe sich in dem Unterschiede zwischen Ester- und Aetherbildung einerseits, Ester- und Aetherzersetzung anderseits. Es sei dies beim essigsauren Aethyl und Aethyläther näher betrachtet. Bei der Bildung beider Körper kommen nur geringe Wärmewirkungen ins Spiel:

$$C_2H_3OH + HOC_2H_5 - 2 \qquad 2 (C_2H_5OH) - 0,3,$$

welche durch die früher angeführten Nebenreactionen, von Alkohol auf Wasser hauptsächlich, zwar etwas abgeändert werden können, jedenfalls aber unbedeutend bleiben; auch die entgegengesetzten Reactionen, Zersetzung von essigsaurem Aethyl und von Aethyläther durch Wasser, stellen sich in thermischer Hinsicht neben einander. Derart äussert sich jedoch der beschleunigende Einfluss des Sauerstoffs, dass beide Reactionen beim sauerstoffreicheren Körper in beiden Richtungen bei gewöhnlicher Temperatur ausführbar sind, während sie beim Aethyläther äusserst schwierig oder gar nicht verwirklicht werden können.

Dass Sauerstoff auch in entfernter Stellung Aehnliches bewirkt, scheint hervorzugehen aus dem Vergleiche von Glycerin und Aethylalkohol. Werden beide mit Essigsäuremengen zusammengebracht, die im Maximum eine gleich grosse Esterbildung bewirken, so schreitet doch beim Glycerin die Einwirkung bedeutend schneller fort (fast mit doppelter Geschwindigkeit); noch grösser wird, früheren Bemerkungen entsprechend, der Geschwindigkeitsunterschied, wenn Glycerin mit einem Gemische von 2 Propyl- und 1 Isopropylalkohol verglichen wird.

Wirkung von Chlor auf die Hydroxylgruppe. Auch Chlor übt auf den Charakter der Hydroxylgruppe einen Einfluss aus, welcher hinsichtlich der bewirkten Affinitätsänderung insoweit dem Einflusse des Sauerstoffs ähnlich ist, als der Säurecharakter durch die Anwesenheit von Chlor entschieden zunimmt.

Folgende Neutralisationswärmen mögen dies zeigen (J. B. 1873, 106):

		KOH . Aq.	NaOH . Aq.
Essigsäure	$(CH_3 . CO_2H)$	13,499	13,468
Trichloressigsäure	$(CCl_3 . CO_2H)$	14,235	′14,166.

Wasserstoffersatz durch Chlor in Phenol u. s. w. übt denselben Einfluss aus, während die Vereinigung von Chlor- und Sauerstoffeinfluss die gechlorten Phenochinone zu Säuren macht.

---

b. Es sind nun noch die Aenderungen der physikalischen Eigenschaften zu erörtern, welche das Auftreten von Sauerstoff in einer Verbindung bedingt:

Für den Zweck dieser Arbeit werden diejenigen physikalischen Eigenschaften in den Vordergrund gestellt werden, welche zur Ermittelung des Einflusses dienen können, durch das Auftreten eines Elementes bedingt; es gilt dann, nachzuweisen, dass die in der Constitutionsformel ausgedrückte

grössere oder kleinere Entfernung auch diesen Einfluss vermindert oder vermehrt. Beim Chlor äusserte sich dieser Einfluss in dem Herabdrücken der Siedepunktszunahme durch
eine Substitution, und es wurde dort ausführlich nachgewiesen,
dass derselbe in der unmittelbaren Nähe (an demselben Kohlenstoffatom) grösser ist, als in einiger Entfernung (am nächst-
liegenden Kohlenstoffatom), und hier grösser, als in bedeutender
Entfernung (anderweitig im Molekül).

Die Wirkung des Sauerstoffs auf die physikalischen Eigenschaften einer Verbindung lässt sich in gewissem Grade messen
nach dem durch ihn bewirkten Herabdrücken derjenigen
Siedepunktserhöhung, welche die Substitution von Wasserstoff
durch Chlor bewirkt. Nicht nur der doppelt gebundene Sauerstoff, sondern auch die Hydroxylgruppe zeigt dieses Verhalten;
da jedoch letztere sich nicht an demselben Kohlenstoff mit Chlor
vorfinden kann, so können auch die Hydroxylverbindungen nicht
dienen zur Beurtheilung der Einflusszunahme in unmittelbarer
Nähe. Deshalb sei nur auf die Betrachtung der Körper mit
doppelt gebundenem Sauerstoff in dieser Hinsicht eingegangen:

a. Siedepunktserhöhung beim Eintreten des Chlors in die
Gruppe $C\begin{smallmatrix}O\\H\end{smallmatrix}$:

				Diff.
1. $H_3C.COH$	21°	$H_3C.COCl$	55°	34°
2. $H_3C.CH_2.COH$	49°	$H_3C.CH_2.COCl$	80°	31°
3. $H_3C.CH_2.CH_2.COH$	75°	$H_3C.CH_2.CH_2.COCl$	101°	26°
4. $\begin{smallmatrix}H_3C\\H_6C\end{smallmatrix}CH.COH$	61°	$\begin{smallmatrix}H_3C\\H_3C\end{smallmatrix}CH.COCl$	92°	31°
5. $\begin{smallmatrix}H_3C\\H_3C\end{smallmatrix}CH.CH_2.COH$	92½°	$\begin{smallmatrix}H_3C\\H_3C\end{smallmatrix}CH.CH_2.COCl$	115°	22½°
6. $C_6H_5.COH$	180°	$C_6H_5.COCl$	199°	19°

Mittel von 6: 27°

Für Eintritt von Chlor in die Gruppe CH_3 wurde auf
Seite 20 eine Siedepunktserhöhung von 66° gefunden. Das
Herabdrücken dieser Differenz bei Ersatz des Wasserstoffs

durch Sauerstoff hier zu 39^0 gefunden, ist wahrscheinlich noch bedeutender, wie der folgende mehr directe Vergleich ergiebt:

Siedepunktserhöhung beim Eintreten des Chlors in die Gruppe:

Diff.

COH bei $CH_3.CH_2.CH_2.COH$ 26^0; CH_3 bei $CH_3.CH_2$

$.CH_2.CH_3$ $76\frac{1}{2}^0$ $50\frac{1}{2}^0$

„ $\begin{matrix} H_3C \\ H_3C \end{matrix} CH . COH$ 31^0; „ $\begin{matrix} H_3C \\ H_3C \end{matrix} CH$

$.CH_3$ 86^0 55^0

„ $\begin{matrix} H_3C \\ H_3C \end{matrix} CH.CH_2.COH$ $22\frac{1}{2}^0$; „ $\begin{matrix} H_3C \\ H_3C \end{matrix} CH$

$.CH_2.CH_3$ 69^0 $46\frac{1}{2}^0$

„ $C_6H_5 . COH$ $19\frac{1}{2}^0$; „ $C_6H_5.CH_3$ 65^0 $45\frac{1}{2}^0$

„ $CCl_3 . COH$ $23\frac{1}{2}^0$; „ $CCl_3.CH_3$ 70^0 $46\frac{1}{2}^0$

Das Mittel dieser Zahlen (49^0) übersteigt das soeben gefundene (39^0). Ebenso wird der Siedepunkt herabgedrückt, wenn Sauerstoff sich in grösserer Entfernung vorfindet, dann jedoch in geringerem Grade. Zur Beurtheilung dessen sind nachfolgend die Siedepunktserhöhungen, durch Chloreintritt in der nicht unmittelbaren Nähe von Sauerstoff verursacht, entweder neben diejenigen gestellt, welche Chloreintritt in den entsprechenden sauerstofffreien Verbindungen bewirkt, oder, wenn letztere Daten unbekannt sind, neben die früher gefundenen Mittelwerthe:

b. Siedepunktserhöhung beim Eintreten des Chlors in der Nähe von CO:

Diff.

1. $H_3C . COCl$ 55^0; $H_2CCl . COCl$ 106^0 51^0 $\left.\begin{matrix}\\\end{matrix}\right\} 9^0$

$H_3C . CH_2Cl$ 12^0; $H_2CCl . CH_2Cl$ 72^0 60^0

2. $HCCl_2 . COH$ 88^0; $CCl_3 . COH$ 96^0 8^0 $\left.\begin{matrix}\\\end{matrix}\right\} 8^0$

$HCCl_2 . CH_3$ 58^0; $CCl_3 . CH_3$ 74^0 16^0

3. $H_3C . CO . CH_3$ 58^0; $H_2CCl . CO . CH_3$ 119^0 61^0 $\left.\begin{matrix}\\\end{matrix}\right\} 5^0$

Mittelwerth S. 20 66^0

4. $H_3C.CO.CH_2Cl$ 119°; $H_2CCl.CO.CH_2Cl$ 170½° 51½° $\Big\}$ 19°
   $H_3C.CH_2.CH_2Cl$ 46½°; $H_2CCl.CH_2.CH_2Cl$ 117° 70½°

5. $H_3C.CH_2.CH_2.COCl$ 101°; $H_3C . CH_2 . CHCl$
       . COCl   130½° 29½° $\Big\}$ 20½°
     Mittelwerth S. 24   50°

        Mittel von 5: 12°

Dies genüge, um auch in dem Einflusse des Sauerstoffs auf die physikalischen Eigenschaften eine Wirkung zu erkennen, die mit der Entfernung abnimmt.

B. Die Bindung von Kohlenstoff an Schwefel.

Wie die vorigen Abschnitte zerfällt auch dieser in natürliche Theile:

1. Das gegenseitige Verhalten von Schwefel und Wasserstoff am Kohlenstoff.
2. Das gegenseitige Verhalten von Schwefel und Halogenen am Kohlenstoff.
3. Das gegenseitige Verhalten von Schwefel und Sauerstoff am Kohlenstoff.
4. Einfluss des Schwefels auf die chemische und physikalische Beschaffenheit von Kohlenstoffverbindungen.

---

1. Das gegenseitige Verhalten von Schwefel und Wasserstoff am Kohlenstoff.

Als thermische Grundlage für die Betrachtung dieses gegenseitigen Verhaltens, sowie desjenigen, von welchem in den beiden nächstfolgenden Abtheilungen die Rede sein wird, können nur folgende Bildungswärmen angeführt werden:

Schwefelkohlenstoff $C . S_2$ —   9,3 (flüssig) — 15,9 (gasf.),
Kohlenoxysulfid $O . C . S$ + 23,2.

Die einzigen in thermischer Hinsicht vergleichbaren Schwefel- und Wasserstoffverbindungen sind also:

Methan $\qquad\qquad$ C . H$_4$ + 22

und Schwefelkohlenstoff C . S$_2$ — 9,3 (flüssig) — 15,9 (gasf.);

in diesem Falle ist die Einführung von Schwefel statt Wasserstoff von einer bedeutenden Wärmeabsorption begleitet; wirklich ist die S c h w e f e l e i n f ü h r u n g s t a t t W a s s e r s t o f f im Allgemeinen wie diejenige von Jod eine schwierigere Aufgabe. Nach der Gleichung:

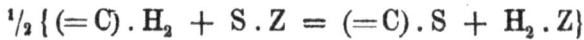

$$\tfrac{1}{2}\{(=C) . H_2 + S . Z = (=C) . S + H_2 . Z\}$$

stattfindend, ist der thermische Werth von $\tfrac{1}{2}(H_2 . Z - S . Z)$ nur in einem Falle bestimmbar, und zwar für die Einwirkung von Schwefel selbst, wobei Z = S obigen Ausdruck in $\tfrac{1}{2}(H_2 . S - S_2) = 2,3$ verwandelt; die Einwirkung:

$$\tfrac{1}{4}\{CH_4 + 2S_2 = CS_2 + 2H_2S\}$$

ist demnach von einer Wärmeentwicklung $2,3 - \dfrac{31,3}{4} = -5,5$ begleitet.

Wie bei der Einwirkung von Jod, steigt dieselbe mit der Temperatur auf $3,6 - \dfrac{32,7}{4} = -4,6$, wenn der Schwefel in Gasform verwendet wird. Dem entsprechend ist die directe Einwirkung des genannten Elementes auf Kohlenwasserstoffe im Allgemeinen nicht ausführbar; nur in vereinzelten Fällen, beim Erhitzen von Paraffin und von Benzol mit Schwefel (J. B. 1871, 445) tritt Schwefelwasserstoff auf, jedoch bei Temperaturen, bei welchen die genannten Verbindungen vielleicht selbst schon zersetzt werden; jedenfalls ist die Bildung von Substitutionsproducten in diesen Reactionen unbewiesen.

Von den anderen Mitteln, welche möglicherweise Schwefelsubstitution bewirken können, sei noch der Chlorschwefel (der Einfachheit wegen S Cl$_2$) berührt; speciell gewährt derselbe Interesse, weil dessen Anwendung im Voraus sowohl Chlor- als Schwefeleinführung ermöglicht, nach den Gleichungen:

$$\tfrac{1}{2} \{ (=C).H_2 + SCl_2 = (=C).Cl_2 + SH_2 \}$$

und $\quad \tfrac{1}{2} \{ (=C).H_2 + SCl_2 = (=C).S + 2ClH \}$

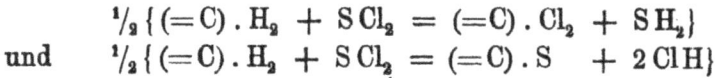

Obwohl die Bildungswärme des Chlorschwefels nicht bekannt ist, so lassen sich doch beide Einwirkungen in thermischer Hinsicht vergleichen, da es hierbei nur auf die Differenz, also:

$$\tfrac{1}{2} \{ (=C).Cl_2 + SH_2 - (=C).H_2 \}$$
$$- \tfrac{1}{2} \{ (=C).S + 2ClH - (=C).H_2 \}$$

ankommt.

Darin ist:

$\tfrac{1}{2} \{ (=C).Cl_2 - (=C).H_2 \} = \quad 17,5$ (f. Chloracetyl),

$\tfrac{1}{2} \{ (=C).S \quad - (=C).H_2 \} = - 7,8$ (f. Schwefelkohlenstoff),

somit die Differenz selbst: $19,8 - 14 = + 5,8$, welches positive Zeichen auf grössere Wärmeentwicklung bei der erstangeführten Reaction hindeutet; wirklich giebt auch Benzol und Chlorschwefel nicht Phenylsulfid und Salzsäure, sondern Chlorbenzol und Schwefelwasserstoff; letzterer wird jedoch weiter in Schwefel verwandelt (J. B. 1877, 372).

Ein eigenthümliches Festhalten am Kohlenstoff zeigt sich bei den Versuchen, den Schwefel, sei es als solchen (wie im Schwefelkohlenstoff), sei es als Sulfhydrylgruppe (wie im Mercaptan) durch Wasserstoff zu ersetzen; scharf tritt dasselbe hervor beim Vergleiche dieser Umwandlung mit derjenigen des Jods in Wasserstoff in thermischer Hinsicht: Ersatz von Schwefel- durch Wasserstoffbindung ist sogar (beim Schwefelkohlenstoff) von 7,8, Ersatz von Jod- durch Wasserstoffbindung (beim Jodacetyl) nur von 7 Calorien begleitet; dennoch unterliegt Schwefelkohlenstoff (Theil I, 187) schwieriger der Reduction als Jodkohlenstoff (Theil I, 149), Thiacetsäure schwieriger als Jodacetyl, Mercaptan (Theil I, 61) schwieriger als Jodmethyl (Theil I, 31); kurz, wo die einfachsten Reductionsmittel die berührte Umwandlung des Jods bewirken, sind für diejenige des Schwefels die kräftigsten Agentien erforderlich.

2. Das gegenseitige Verhalten von Schwefel und Halogenen am Kohlenstoff.

Während die Verwandlung von Kohlenstoff-Wasserstoff- in Kohlenstoff-Schwefelbindung von — 7,8 Calorien (beim Schwefelkohlenstoff) begleitet ist, und diejenige in Kohlenstoff-Jod-, Brom- und Chlorbindung (bei der Acetylgruppe) von beziehungsweise — 7, + 7, 6 und + 17,5, geben die Zahlen 1, 15 und 25 bis jetzt den schärfsten Ausdruck für das Uebergewicht von beziehungsweise Jod, Brom und Chlor über den Schwefel, wenn es die Bindung an Kohlenstoff gilt [1].

Die hier berücksichtigten gegenseitigen Umwandlungen lassen sich durch die Gleichung:

$$\tfrac{1}{2}\{ (=C)(Cl, Br, J)_2 + S \cdot Z = (=C) \cdot S + (Cl, Br, J)_2 Z \},$$

sowie durch das Umgekehrte derselben ausdrücken, und die Ausführbarkeit der darin niedergelegten Reaction lässt sich nach dem thermischen Werthe von $\tfrac{1}{2}\{(Cl, Br, J)_2 Z — S \cdot Z\}$ in Vergleich mit den Zahlen 1, 15 und 25 beurtheilen. Deshalb seien diese Werthe in der folgenden Tabelle zusammengestellt:

$\tfrac{1}{2}Z$	Reactionsgleichung.	$\tfrac{1}{2}\{(Cl,Br,J)_2 Z — S \cdot Z\}$		
		Cl	Br	J
K	$\tfrac{1}{2}\{(=C)(Cl, Br, J)_2 + SK_2 = (=C) S + 2(Cl, Br, J) K \}$	53	43	28
Na	" SNa₂ " 2(Cl, Br, J) Na	53	42	25
Ca½	" SCa " (Cl, Br, J)₂ Ca	39	26	8
Pb½	" SPb " (Cl, Br, J)₂ Pb	34	26	12
Mn½	" SMn " (Cl, Br, J)₂ Mn	33	—	—
Cd½	" SCd " (Cl, Br, J)₂ Cd	30	21	6
Fe½	" SFe " (Cl, Br, J)₂ Fe	29	—	—

[1] Die angegebenen Zahlen entsprechen besser dem allgemeinen gegenseitigen Verhalten von Schwefel und Halogenen, als diejenige Zahl, welche aus der Bildungswärme von Kohlenoxysulfid und -chlorid hergeleitet wird:

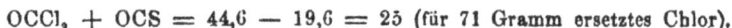

$$OCCl_2 + OCS = 44,6 — 19,6 = 25 \text{ (für 71 Gramm ersetztes Chlor).}$$

Auch hier überwiegt die Affinität zu Chlor, jedoch unter Einfluss von Sauerstoff in geringerem Grade.

$\frac{1}{2}$ Z	Reactionsgleichung.	$\frac{1}{2}\{(Cl,Br,J)_2\,Z - S.Z\}$		
		Cl	Br	J
Ni$\frac{1}{2}$	$\frac{1}{2}\{$ (=C)(Cl, Br, J)$_2$ + SNi = (= C) S + (Cl, Br, J)$_2$ Ni	28	—	—
Ag	" SAg$_2$ " 2(Cl, Br, J) Ag	28	22	13
Zn$\frac{1}{2}$	" SZn " (Cl, Br, J)$_2$ Zn	27	18	8
Hg$\frac{1}{2}$	" SHg " (Cl, Br, J)$_2$ Hg	22	17	7
Cu$\frac{1}{2}$	" SCu " (Cl, Br, J)$_2$ Cu	21	12	—
H	" SH$_2$ " 2(Cl, Br, J) H	20	7	−9
O	" S " (Cl, Br, J)$_2$	0	0	0

Hierzu sei bemerkt, dass bei Anwesenheit von Wasser die Reihenfolge sich etwas ändert, indem Pb$\frac{1}{2}$ eine niedere und H eine höhere Stellung bekommen.

Entsprechend diesen Zahlen eignen sich zur Einführung von Schwefel statt Chlor, Brom und Jod am besten die Schwefelverbindungen von Kalium und Natrium (auch Ammonium), weniger die folgenden Schwefelmetalle, und beim Quecksilber würde sogar das Umgekehrte beobachtet: Das Chlorid dieses Metalls entwickelte beim Erhitzen seiner Doppelverbindung mit Schwefeläthyl Chloräthyl (J. B. 1853, 499).

Entsprechend diesen Zahlen ferner ist von den Haloidsäuren: Jod-, Brom- und Chlorwasserstoff, der erstere am besten geeignet, sein Halogen mit an Kohlenstoff gebundenem Schwefel umzutauschen; er thut dasselbe z. B. mit Schwefelmethyl (Theil I, 61), während vielleicht umgekehrt durch Schwefelwasserstoff aus Chlorkohlenstoff Schwefelkohlenstoff gebildet wird (Theil I, 186).

Entsprechend diesen Zahlen schliesslich ist die Wirkung der drei Halogene selbst ganz verschieden, während Jod im Jodmethyl durch Schwefel selbst ersetzbar ist (B. B. X, 1880), verdrängen Chlor und Brom im Gegentheil aus Schwefelkohlenstoff den Schwefel (Theil I, 187, 188). Dasselbe Festhalten des Schwefels am Kohlenstoff, wovon schon einmal die Rede war, verräth sich hierbei darin, dass bei gleichzeitiger Anwesenheit von Wasserstoff in der Schwefelverbindung, wie beim Schwefelmethyl (Theil I, 152), genannte Halogene zuerst den Wasserstoff ersetzen, während im Jodmethyl die Verdrängung beim Jod anfängt (Theil I, 31).

3. Das gegenseitige Verhalten von Schwefel und Sauerstoff am Kohlenstoff.

Beim Vergleich der Bildungswärmen von Schwefelkohlenstoff ($-9,3$), Kohlenoxysulfid ($+19,6$) und Kohlendioxyd ($+94$) ergiebt sich für die Einführung von Sauerstoff statt Schwefel:

$$OCS - CS_2 = 28,9 \text{ und } CO_2 - OCS = 74,4.$$

In erster Linie spricht sich in diesen Zahlen das Uebergewicht des Sauerstoffs über den Schwefel, wenn es Bindung an Kohlenstoff gilt, scharf aus, so dass die Einführung des letztgenannten Elementes statt des ersteren nur möglich ist mittelst Schwefelverbindungen von Elementen oder Gruppen, welche für Sauerstoff eine grosse Vorliebe haben; beim thermischen Vergleich einiger Bildungswärmen stellen dieselben sich sofort heraus:

Z	Reactionsgleichung.	O . Z — S . Z.
H_2	$(=C)O + H_2S \quad = (=C)S + H_2O$	$69 - 4,6 = 64,4$
Mn	$,, \quad + MnS \quad ,, \quad + MnO$	$94,8 - 45,2 = 49,6$
NaH	$,, \quad + NaSH \quad ,, \quad + NaOH$	$102 - 55,7 = 46,3$
Fe	$,, \quad + FeS \quad ,, \quad + FeO$	$69 - 23,8 = 45,2$
Zn	$,, \quad + ZnS \quad ,, \quad + ZnO$	$86,4 - 43 = 43,4$
Co	$,, \quad + CoS \quad ,, \quad + CoO$	$64 - 21,8 = 42,2$
Ni	$,, \quad + NiS \quad ,, \quad + NiO$	$61,4 - 19,4 = 42$
KH	$,, \quad + KSH \quad ,, \quad + KOH$	$104 - 64 = 40$
Pb	$,, \quad + PbS \quad ,, \quad + PbO$	$51 - 17,8 = 33,2$
Cd	$,, \quad + CdS \quad ,, \quad + CdO$	$66,4 - 34 = 32,4$
Cu	$,, \quad + CuS \quad ,, \quad + CuO$	$38,4 - 10,2 = 28,2$
Hg	$,, \quad + HgS \quad ,, \quad + HgO$	$31 - 19,8 = 11,2$
Ag_2	$,, \quad + Ag_2S \quad ,, \quad + Ag_2O$	$7 - 3 = 4$
O	$,, \quad + S \quad ,, \quad + O$	$= 0$

Hierzu sei bemerkt, dass bei Anwesenheit von Wasser die Reihenfolge sich darin ändert, dass NaH und KH steigen und unmittelbar auf H_2 folgen.

Das geeignetste der hier angegebenen s c h w e f e l e i n - f ü h r e n d e n Mittel, wenn es Ersatz von Sauerstoff gilt, ist demnach Schwefelwasserstoff; in vielen Fällen ist der letztere auch dazu fähig, wie beim Methylaldehyd (Theil I, 115), beim Aethylaldehyd (J. B. 1871, 506; 1876, 472), bei der Glyoxal- und der Brenztraubensäure (B. B. XI, 243) u. s. w.; die Schwe- feleinführung wird selbstverständlich von wasserentziehenden Mitteln unterstützt (Theil I, 115). Grösser noch als beim Wasser- stoff ist beim Phosphor die Vorliebe für Sauerstoff: Schwefel- phosphor verwandelt Wasser in Schwefelwasserstoff; es ist demnach noch besser als letzteres zur Schwefeleinführung statt Sauerstoff geeignet, Schwefelphosphor bewirkt auch Schwefel- einführung bei Phenol, Essigsäure (J. B. 1867, 628), Aceton (J. B. 1869, 515) u. s. w.

Der entgegengesetzte Vorgang, E i n f ü h r u n g v o n S a u e r - s t o f f s t a t t S c h w e f e l, wird am besten durch die Sauer- stoffverbindungen der im unteren Theil der Tabelle befind- lichen Elemente bewirkt; Sauerstoff und oxydirende Mittel, a priori ebenfalls dazu fähig (Schwefelkohlenstoff und Kohlen- oxysulfid werden dadurch in Kohlendioxyd verwandelt), wirken beim erwähnten Festhalten des Schwefels am Kohlenstoff haupt- sächlich in anderer Richtung, wobei die Bindung der letzt- genannten Elemente ungeändert bleibt.

In zweiter Linie spricht sich in den Zahlen für die Wärme- tönung, von welcher der Ersatz von Schwefel durch Sauerstoff begleitet ist, ein bedeutender U n t e r s c h i e d aus, j e n a c h - d e m d e r K o h l e n s t o f f, an welchem die Umwandlung statt- findet, s c h o n a n S a u e r s t o f f g e b u n d e n i s t, o d e r n i c h t; und zwar ist im ersten Falle die Einführung von neuem Sauerstoff statt Schwefel erleichtert. Diese Thatsache steht für Sauerstoff nicht vereinzelt da; schon beim gegen- seitigen Verhalten von Wasserstoff (S. 55), sowie von Chlor und genanntem Element am Kohlenstoff (S. 82), wurde darauf hingewiesen, dass Ersatz von Wasserstoff sowie von Chlor durch Sauerstoff bedeutend erleichtert wird, falls der Kohlenstoff schon oxydirt ist. Eigenthümliche gleichzeitige Oxydations- und Reductionsvorgänge waren bei Wasserstoffsauerstoffverbindungen hiervon die Folge (S. 79), analoge Umtauschungen von Chlor und Sauerstoff im anderen Falle (S. 109). Vollkommen dasselbe lässt sich hier erwarten:

Das Kohlenoxysulfid (wie Oxymethylen und Phosgen), äusserst geschickt, seinen Schwefel (Wasserstoff, Chlor) gegen Sauerstoff auszuwechseln (wobei eine fast dreimal so grosse Wärmebildung wie bei Anwendung von Schwefelkohlenstoff stattfindet), verwandelt Wasser in Schwefelwasserstoff, während, wie erwähnt, andere Sauerstoffverbindungen das Umgekehrte thun; es muss sich demgemäss zur Einführung von Schwefel statt Sauerstoff ganz besonders eignen. Unbedingt stellt sich hierneben in zweiter Linie die Thatsache, dass Schwefelkohlenstoff und Kali nicht die normale Verbindung CS_2OK_2 geben, sondern ein Gemenge von CO_3K_2 und CS_3K_2, in Folge der Anhäufung von Sauerstoff einerseits und Schwefel anderseits, ähnlich wie die Ameisensäure (oder vielmehr deren Salze) beim Erhitzen übergeht theils in Kohlendioxyd, worin der Sauerstoff, theils in Methylaldehyd, Methylalkohol und Methan, worin der Wasserstoff angehäuft ist.

4. Einfluss des Schwefels auf die Eigenschaften.

Speciell die chemischen Eigenschaften, welche von der Anwesenheit des Schwefels herrühren, werden hier einen Platz finden, und von denselben diejenigen, welche früher als directe bezeichnet wurden, d. h. welche dem genannten Elemente selbst zuzuschreiben sind, nicht etwa dessen Einflusse auf die Affinität anderer Elemente. In den Schlussbetrachtungen des ersten Theils (S. 277) wurde schon darauf hingewiesen, dass die hier mit direct bezeichneten Folgen der Anwesenheit eines Elements Ausdruck sind eines Beibehaltens von chemischen Eigenschaften, demzufolge im complicirten

Moleküle öfters dieselbe Fähigkeit zu bestimmten Umwandlungen wiedergefunden wird, welche ein darin auftretendes Element an und für sich und in einfachen Verbindungen zeigt. Theilweise sind diese Eigenschaften so hervorragend, dass der von anderem an betreffendes ·Element Gebundenem darauf ausgeübte Einfluss unberücksichtigt bleiben kann; theilweise weniger hervorragend treten die erwähnten beibehaltenen Eigenschaften doch in denjenigen Reactionen auf, bei denen jener störende Einfluss im Gleichgewicht gehalten wird und welche durch folgende Gleichung ausgedrückt werden können:

$$(yP)a + (yQ)b = (yP)b + (yQ)a$$

(P und Q polyvalente Elemente, y daran gebundene gleiche Gruppen oder Elemente, a und b daran gebundene ungleiche sich umtauschende Gruppen oder Elemente); hier wird dem von y ausgeübten Einflusse das Gleichgewicht gehalten, da y vor wie nach der Reaction in gleicher Weise auf a und b wirkt; darin äussert sich jetzt die Beibehaltung von ursprünglichen Eigenschaften, dass unabhängig von y, bei Gleichheit von P, Q, a und b, derselbe Umtausch stattfindet.

Vor weiterer Ausführung des durch Auftreten von Schwefel in diesen Richtungen Bedingten sei Obiges durch ein Beispiel erläutert:

$$\text{für } P = S, Q = O, a = H, b = K$$

erhält obige Gleichung folgende Gestalt:

$$ySH + yOK = ySK + yOH.$$

Diese Umwandlung geht vor sich, falls $y = H$:

$$HSH + HOK = HSK + HOH.$$

Das Beibehalten der chemischen Eigenschaften durch Schwefel und Sauerstoff drückt sich jetzt darin aus, dass bei Aenderung von y derselbe Vorgang möglich ist, falls z. B. $y = K$:

$$KSH + KOK = KSK + KOH.$$

Dieselbe Fähigkeit (d. h. directe Wirkung von Schwefel auf die chemischen Eigenschaften) haben die **Mercaptane Alkoholaten gegenüber** ($y = C_2 H_5$):

$$C_2H_5SH + C_2H_5OK = C_2H_5SK + C_2H_5OH.$$

Als zweite Wirkung von Schwefel in complicirteren Verbindungen sei eine eigenthümliche Fähigkeit zu doppelten Umtauschen zwischen daran und an Sauerstoff gebundenen Metallen angeführt, welche sich in dem einfacheren Falle:

$$HSM_1 + HOM_2 = HSM_2 + HOM_1$$

wiederfindet; diese Reaction findet statt, falls M_1 ein Leichtmetall (Kalium oder Natrium u. s. w.), M_2 ein Schwermetall (Quecksilber, Kupfer u. s. w.) ist; ähnlich verhalten sich die **Mercaptiden und Alkoholaten** (y war $= H$; y wird $= C_2 H_5$):

$$C_2H_5SM_1 + C_2H_5OM_2 = C_2H_5SM_2 + C_2H_5OM_1.$$

Eine wichtige Folge dieses Verhaltens in ziemlich einfachen Verbindungen, welches aus Vorgängen bei noch weniger complicirten herzuleiten war, ist das Wiederhervortreten desselben Verhaltens in schon ziemlich verwickelten Fällen, beim halbgeschwefelten Glycol: $CH_2OH . CH_2SH$; dessen Monometallderivate haben die Zusammensetzung $CH_2OH . CH_2SM$ statt $CH_2OM . CH_2SH$; die Bimetallderivate müssen, falls sich an deren Bildung ein Leichtmetall (M_1) und ein Schwermetall (M_2) betheiligt, die Zusammensetzung $CH_2OM_1 . CH_2SM_2$ statt $CH_2OM_2 . CH_2SM_1$ haben.

Wiewohl unvollkommener drückt die Anwesenheit eines Elements in einer Verbindung sich noch öfters in Reactionen aus, wobei dem ändernden Einfluss gebundener Gruppen oder Elementen nicht das Gleichgewicht gehalten wird; so wird Kaliumsulfhydrat von Kohlensäure und Salzsäure zersetzt:

$$HSK + HCl (^{1}/_{2} CO_3H_2) = HSH + KCl (^{1}/_{2} CO_3K_2).$$

In gleicher Weise wirken M e r c a p t i d e n u n d S ä u r e n, das Kaliummercaptid z. B.:

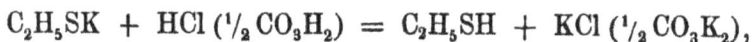

$$C_2H_5SK + HCl\,(^1/_2\,CO_3H_2) = C_2H_5SH + KCl\,(^1/_2\,CO_3K_2),$$

so sind ferner in wässriger Lösung die genannten Säuren unfähig, das Schwefelquecksilber zu zersetzen; ebenso wird Quecksilbermercaptid davon nicht angegriffen u. s. w.

Speciell aber die Fähigkeit zur Aufnahme von Jodalkyl unter Bildung von s. g. S u l f i n d e r i v a t e n, diejenige zur Aufnahme von Schwefel unter Bildung von P o l y s u l f ü r e n und diejenige zur Aufnahme von Sauerstoff unter Bildung von S u l f o n e n, S u l f o s ä u r e n u. s. w. ist es, welche die Anwesenheit von Schwefel in den meisten Verbindungen erkennen lässt; näheres Eingehen darauf liegt jedoch ausserhalb des Zweckes dieser Arbeit, welche eine nähere Kenntniss der Kohlenstoffbindung erzielt. Ein eigenthümliches Interesse bietet dafür das Studium der Schwefelderivate in anderer Richtung:

S p a l t u n g e i n i g e r s c h w e f e l - u n d s a u e r s t o f f h a l t i g e n K o h l e n s t o f f v e r b i n d u n g e n.

Mehrfach schon wurde die eigenthümliche Schwierigkeit erwähnt, welche das L o s r e i s s e n v o n K o h l e n s t o f f - S c h w e f e l b i n d u n g darbietet, einmal (S. 141) das Festhalten von Schwefel bei der Reduction, zweitens (S. 143) dieselbe Erscheinung bei der Verdrängung durch Chlor, in dritter Linie schliesslich (S. 145) dasselbe Verhalten bei der Oxydation; zur Feststellung des angeführten Satzes sei noch auf Folgendes hingewiesen:

1. Körper, welche die Gruppe C-S-C enthalten, geben bei der Oxydation die Sulfone, in welchen statt der angeführten eine Gruppe $\begin{smallmatrix} O\text{-}O \\ \diagdown\diagup \\ C\text{-}S\text{-}C \end{smallmatrix}$ enthalten ist; schwieriger schreitet die Oxydation weiter, während bei Gehalt von C-S-H die Bildung des weiteren Oxydationsproducts, der Sulfonsäure, welche $\begin{smallmatrix} O\text{-}O \\ \diagdown\diagup \\ C\text{-}S\text{-}OH \end{smallmatrix}$ enthält, fast nicht zu umgehen ist; dieselbe Erschei-

nung zeigt sich bei Gehalt von C-S-S-C. Offenbar ist hier das Losreissen der Schwefel-Kohlenstoffbindung Ursache der Grenze.

2. Körper, welche die Gruppe C-S-C enthalten, sind unfähig, Schwefel aufzunehmen; diejenigen mit Gehalt von C-S-S-C thun solches leicht. Falls man ein Zwischenschieben des Schwefels anzunehmen berechtigt ist, drückt dieser Unterschied wieder die Schwierigkeit aus, welche die Loslösung der Bindung von Kohlenstoff und Schwefel darbietet.

3. Beim Anlegen von Kohlendioxyd an Kalium- oder Natriummercaptid, bei welchem folgende Vorgänge stattfinden können:

$$OCO + KSC_2H_5 = OC\genfrac{}{}{0pt}{}{OK}{SC_2H_5} \text{ oder } OC\genfrac{}{}{0pt}{}{OC_2H_5}{SK}$$

und wobei Aethyl (Kohlenstoff) entweder an Schwefel gebunden bleibt, oder vom Schwefel losgerissen wird, findet Ersteres statt.

Merkwürdiger Weise ist es wieder die indirecte Wirkung des Sauerstoffs, dessen die Reactionen beschleunigende Fähigkeit schon öfter erwähnt wurde, welche dieses Festhalten von Schwefel an Kohlenstoff zu lockern vermag. Einerseits drückt sich diese Wirkung aus beim Vergleich sauerstoffarmer und -reicher Verbindungen, anderseits im Verhalten eines und desselben Körpers, dessen Molekül aus einem sauerstoffarmen und einem sauerstoffreichen Theile zusammengesetzt ist.

Ersteres zeigt sich bei der Oxydation von Schwefeläthyl und von Schwefelacetyl; Schwefeläthyl geht schliesslich in Aethylsulfonsäure über, wobei der Schwefel also theilweise an Kohlenstoff gebunden bleibt; Schwefelacetyl zerfällt ganz in Essigsäure und Schwefelsäure (J. B. 1868, 578).

Die zweite Erscheinung zeigt sich auf bemerkenswerthe Art in der Spaltungsweise der Thionester durch Oxydation und durch Alkalien; drückt man erstere Körper durch die allgemeine Formel Z.S.A aus, worin Z das Säure-, A das Alkoholradikal, so ist die Spaltung in zwei Richtungen denkbar:

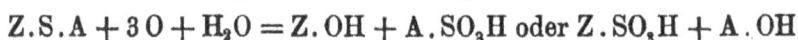

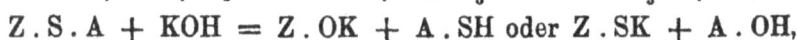

$$Z.S.A + 3O + H_2O = Z.OH + A.SO_3H \text{ oder } Z.SO_3H + A.OH$$
$$Z.S.A + KOH = Z.OK + A.SH \text{ oder } Z.SK + A.OH,$$

im ersten Falle bleibt der Schwefel am sauerstoffarmen Alkoholradikale, im zweiten am sauerstoffreichen Säureradikale haften; ersteres findet statt:

1. bei der Oxydation von thiobenzoësaurem Aethylester (J. B. 1868, 578):

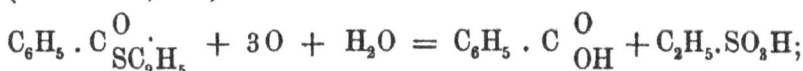

$$C_6H_5 \cdot C\underset{SC_2H_5}{\overset{O}{}} + 3O + H_2O = C_6H_5 \cdot C\underset{OH}{\overset{O}{}} + C_2H_5.SO_3H;$$

2. a. beim thioessigsauren Phenylester (J. B. 1874, 548):

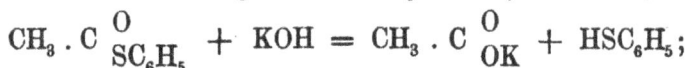

$$CH_3 \cdot C\underset{SC_6H_5}{\overset{O}{}} + KOH = CH_3 \cdot C\underset{OK}{\overset{O}{}} + HSC_6H_5;$$

b. beim thioessigsauren Aethylester (J. B. 1875, 504);

c. beim thiobenzoësauren Aethylester (J. B. 1868, 578);

d. beim thiobenzoësauren Amylester (J. B. 1868, 578);

e. beim thiobenzoësauren Phenylester (J. B. 1876, 588);

f. beim thiozimmtsauren Aethylester (J. B. 1868, 581).

g. Sämmtliche von Salomon eingehend untersuchte Thioester der Kohlensäure, wie sich auch die Spaltungen dabei zuweilen compliciren, werden doch immer derart zerlegt, dass der am Alkoholradikal gebundene Schwefel daran gebunden bleibt (J. B. 1872, 488, 491; 1873, 527, 530); dasselbe wurde nachgewiesen von Estern der allgemeinen Formeln: $OC\underset{OA}{\overset{SA}{}},$ $OC\underset{SA}{\overset{SA}{}},$ $SC\underset{OA}{\overset{SA}{}},$ $SC\underset{SA}{\overset{SA}{}},$ worin A die Methyl-, die Aethyl-, die Butylgruppe war, einmal die Aethylengruppe $\left(C\underset{OC_2H_5}{\overset{O}{}} SCH_2 \right.$ $. CH_2SC\underset{OC_2H_5}{\overset{O}{}}$ J. B. 1876, 672$\left.\vphantom{C\underset{OC_2H_5}{\overset{O}{}}}\right).$

Es sei bemerkt, dass bei der Spaltung gewöhnlicher Ester durch Kaliumsulfhydrat derselbe Einfluss des Sauerstoffs darin bemerkbar wird, dass auch hier das Zerlegen an der Seite des sauerstoffreicheren Säureradikals stattfindet, und dass von den beiden allgemeinen Gleichungen:

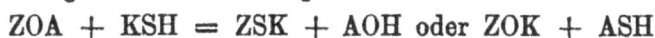

$$ZOA + KSH = ZSK + AOH \text{ oder } ZOK + ASH$$

erstere dem Vorgange entspricht; dasselbe wurde nachgewiesen:

a. beim essigsauren Phenylester (J. B. 1867, 392);

b. beim benzoësauren Phenylester (J. B. 1875, 651).

III.

Die Bindung von Kohlenstoff an Metalle.

Die Neigung des Kohlenstoffs, sich an Metalle zu binden, ist in thermischer Hinsicht nur so weit studirt, dass eine Vermehrung der Wärmebildung nachgewiesen wurde für das Eisen, wenn dasselbe an Kohlenstoff gebunden in Reaction tritt: 1 Gramm des genannten Metalls in Form von weissem oder grauem Gusseisen entwickelt bei Einwirkung auf Quecksilberchlorid resp. 0,069 und 0,052 Calorien mehr, als in reinem Zustande (A. P. (5) IX, 58). Möglicherweise deutet diese Erscheinung auf eine Wärmeabsorption hin, welche die Bildung von Kohlenstoffeisen begleitet; Kohlenstoffmangan bildet sich dann unter einer Wärmeentwicklung von 8 Cal. pro Gramm Mangan. Ein Gesammtblick über die Thatsachen, welche die Fähigkeit des Kohlenstoffs, sich an Metalle zu binden, berühren, ergiebt, dass diese Fähigkeit derjenigen des erstgenannten Elementes, sich Jod oder Schwefel anzulegen, an die Seite zu stellen ist:

Eine directe Verdrängung anderer an Kohlenstoff gebundener Elemente durch Metalle findet allgemein nur dann statt, .wenn (falls dieselbe Chlor, Brom oder Jod gilt) gleichzeitige Verbindung des Metalls mit dem verdrängten Element dieselbe nach sich zieht.

Aeusserst wichtig für die Kenntniss der Aenderungen, welche die Eigenschaften des Kohlenstoffs erfahren durch Bindung an verschiedene Elemente, ist das Ab- und Zunehmen der Fähigkeit, Metalle aufzunehmen; der Einfluss, welchen Wasserstoff, Sauerstoff und Metalle selbst hierauf haben, lässt sich sogar scharf umschreiben:

1. Einfluss des Wasserstoffs auf die Fähigkeit des Kohlenstoffs, sich an Metalle zu binden.

Anwesenheit von Wasserstoff beeinträchtigt die Fähigkeit des Kohlenstoffs für Bindung an

Metalle; in den einfachsten Fällen zeigt sich diese Wirkung in der ziemlichen Beständigkeit von Metallkohlenstoffverbindungen gegenüber Wasser; soweit dieselben studirt sind, scheinen diejenigen mit Eisen, Nickel, Mangan, Kupfer, Niob, Titan und Tantalium vom Wasser nicht angegriffen zu werden; nur diejenigen mit Kalium und Calcium werden unter Bildung von Kohlenwasserstoffen und Metallhydroxyden davon zersetzt; anders die Verbindungen von wasserstofftragendem Kohlenstoff (Methyl z. B.) mit Metallen, welche zum grössten Theile von Wasser heftig angegriffen werden. In ihrem Verhalten zu freiem Sauerstoff äussert sich derselbe Unterschied, indem erstgenannte Metallverbindungen unangegriffen bleiben, letztgenannte öfters sogar entzündet werden. In complicirteren Verbindungen zeigt sich derselbe Einfluss darin, dass die wasserstoffarme Gruppe $HC \equiv C-$ sehr leicht, sogar bei Einwirkung von Oxyden, an Stelle ihres Wasserstoffs Metalle aufnimmt.

2. Einfluss des Sauerstoffs auf die Fähigkeit des Kohlenstoffs, sich an Metalle zu binden.

Anwesenheit von Sauerstoff erhöht die Fähigkeit des Kohlenstoffs für Bindung an Metalle; in den einfachsten Fällen zeigt sich diese Wirkung einerseits darin, dass Kohlenoxyd die Fähigkeit besitzt, sich Metallen anzulegen und mit Kupfer- und Platinchlorür zu verbinden (Theil I, S. 157; C. r. LXXXIX, 97), anderseits in der Wärmeentwicklung, welche die Einwirkung von Natron auf Aldehyd begleitet:

$$C_2H_4O_2 \text{ Aq.} + NaOH \text{ Aq.} \qquad 0,036 \text{ Cal.;}$$

diese Wärmeentwicklung übersteigt nicht nur diejenige, welche bei der Einwirkung auf Alkohol stattfindet, sondern wird auch durch Verdünnung mit Wasser weniger beeinträchtigt als diese (C. r. LXXIII, 663). Möglicherweise spielt hier die Bildung von Natriumacetyl $\left(H_3C \cdot C \begin{smallmatrix} O \\ Na \end{smallmatrix} \right)$ eine Rolle. In complicirten Verbindungen drückt sich derselbe Einfluss des Sauerstoffs noch schärfer aus in einiger Entfernung von dem genannten Elemente:

a. Der Malonsäureäthylester ($C_2H_5O . CO . CH_2 . CO . OC_2H_5$) nimmt leicht (durch Einwirkung von Natrium oder Natriumäthylat) ein Metallatom statt Wasserstoff auf; es ist hierbei der Wasserstoff der Gruppe CH_2, welche beiderseits an sauerstofftragenden Kohlenstoff gebunden ist (B. B. XII, 749; VII. 1383).

b. Der Acetessigester ($CH_3 . CO . CH_2 . CO . OC_2H_5$) und seine Monosubstitutionsderivate ($CH_3 . CO . CHx . CO . OC_2H_5$) thun dasselbe in den Gruppen CH_2 und CHx, welche ebenfalls beiderseits an oxydirten Kohlenstoff gebunden sind; hieran schliesst sich dieselbe Fähigkeit des Propionylpropionsäureesters (B. B. 1877, 699).

c. Der Succinylbernsteinsäureester $\left(\begin{array}{l} H_2C.CO.CH.CO.OC_2H_5 \\ H_2C.CO.CH.CO.OC_2H_5 \end{array} \right)$ thut dasselbe in zwei Gruppen CH, welche unter obigen Umständen verkehren (B. B. 1875, 1039).

d. Im Camphor $\left(\begin{array}{c} C_3H_7 \\ | \\ CH \end{array} \right)$ lässt sich ein Wasserstoffatom

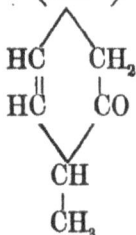

durch Natrium ersetzen, wie die Bildung von Camphocarbonsäure durch Kohlendioxyd aus dem Producte beweist; wahrscheinlich wird erstgenanntes Element dasjenige der an CO gebundenen CH-Gruppe sein.

e. Andeutung einer gleichen Ersetzbarkeit durch Metalle, wiewohl keinen bestimmten Nachweis davon, liefert einerseits die Bildung der Oxybenzoësäuren aus Phenolkalium und -Natrium durch Kohlendioxyd:

$$2\,C_6H_5 . ONa + CO_2 = C_6H_4 . ONa . CO_2Na + C_6H_5 . OH,$$

anderseits diejenige der aromatischen Oxysäuren im Allgemeinen durch gleichzeitige Einwirkung von Natrium und Kohlendioxyd auf das entsprechende Phenol. Möglicherweise ist das Gelingen dieser Reaction nur bei Phenolen dem Umstande zu verdanken, dass nur hier durch Sauerstoffanwesenheit das Metall vorübergehend Wasserstoff, der an Kohlenstoff gebunden ist, verdrängen kann.

3. **Einfluss von Metallen auf die Fähigkeit des Kohlenstoffs, sich an Metalle zu binden.**

Anwesenheit von Metallen beeinträchtigt noch stärker als diejenige von Wasserstoff die Fähigkeit des Kohlenstoffs für Bindung an Metalle; diese Wirkung spricht sich darin aus, dass, falls ein Kohlenstoffatom, unter Einfluss von Sauerstoff der Bindung an Metalle fähig, zwei Wasserstoffatome trägt, die Aufnahme von Metall nur bis zum Ersatze des einen Wasserstoffatoms schreitet, wie im Malonsäure- und Acetessigester; überdies kehrt bei Acetessigester nach Ersatz dieses eingetretenen Metallatoms durch eine Gruppe x (etwa Methyl) sofort die Fähigkeit des zweiten Wasserstoffatoms zum Ersatze durch Natrium zurück. Wichtig ist es, dass dieselbe Wirkung sich noch in einiger Entfernung geltend macht, und beim Acetylen ($HC \equiv CH$) den Ersatz des zweiten Wasserstoffatoms durch Metalle erschwert, wenn das erste davon ersetzt ist; wichtiger noch, dass diese Wirkung mit wachsender Entfernung abgeschwächt wird, so dass im Propargyl ($HC \equiv C . CH_2 . CH_2 . C \equiv CH$) eine fast gleiche Fähigkeit zum Ersatze des Wasserstoffs in der einen Gruppe CH bestehen bleibt ungeachtet vorhergegangenen Ersatzes durch Metall in der anderen.

IV.

Die Bindung von Kohlenstoff an Stickstoff.

Den vorigen Abschnitten entsprechend wird die Eintheilung hier folgendermaassen gewählt werden:

1. Das gegenseitige Verhalten von Stickstoff und anderen Elementen am Kohlenstoff.

2. Der Einfluss des Stickstoffs auf die chemische und physikalische Beschaffenheit von Kohlenstoffverbindungen.

---

1. Das gegenseitige Verhalten von Stickstoff und anderen Elementen am Kohlenstoff.

Zur Betrachtung dieses Verhaltens sind folgende thermische Angaben als Grundlage gewählt:

a. Bildungswärme des Cyanwasserstoffs:

$$N . C . H \, — \, 22{,}9 \text{ (flüssig)} \, — \, 28{,}6 \text{ (gasförmig)};$$

b. Bildungswärme des Formamids in Lösung:

$$H_3 . C . O . N . Aq. \, 55{,}6;$$

c. Bildungswärme des Cyans:

$$N_2 . C_2 \, — \, 74{,}6 \text{ (gasförmig)};$$

d. Bildungswärme des Oxamids:

$$H_4 . C_2 . O_2 . N_2 \, 134{,}6.$$

Die Umwandlung von Wasserstoff in Stickstoff am Kohlenstoff ist dann von folgenden Wärmetönungen begleitet:

Bei Uebergang von Methan in Cyanwasserstoff:

$$— \, 22{,}9 \text{ (C . N . H fl.)} \, — \, 22 \text{ (C . H}_4) = \, — \, 44{,}9$$

$$— \, 28{,}6 \text{ („ g.)} \, — \, 22 \text{ („)} = \, — \, 50{,}6,$$

also pro Wasserstoffatom:

$$— \, \frac{44{,}9}{3} = \, — \, 15 \text{ und } — \, \frac{50{,}6}{3} = \, — \, 16{,}9.$$

Bei Uebergang von Aethan in Cyan:

$$- 74,6 \; (C_2 . N_2 \; \text{fl.}) - 28 \; (C_2 . H_6) = - 102,6,$$

also pro Wasserstoffatom $- \dfrac{102,6}{6} = - 17,1$.

Wie immer ist diese einfache Bindungsänderung, wobei ein Element das andere verdrängt, nicht von denselben Affinitätserscheinungen in verschiedenen Fällen begleitet; diese Erscheinungen ändern sich vielmehr mit demjenigen, was am Element, woran die Umwandlung stattfindet, gebunden ist, und dasselbe übt auch bei den sich gegenseitig verdrängenden Elementen seinen Einfluss aus; bis dahin wurde nur ersteres berücksichtigt, weil es sich um die gegenseitige Verdrängung von höchstens bivalenten Elementen handelte; beim trivalenten Stickstoff, welcher nach einfacher Bindung an Kohlenstoff noch zwei Werthigkeiten zur Bindung anderer Elemente offen hat, lässt sich erwarten, auch diesen zweiten Einfluss mehr in den Vordergrund treten zu sehen. Solches ist der Fall, und wo Ersatz von Wasserstoff durch Stickstoff selbst von einer bedeutenden Wärmeabsorption begleitet ist, findet derselbe beim Eintreten von sauerstofftragendem Stickstoff (wie beim Eintreten von Sauerstoff selbst) unter Wärmeentwicklung statt; die Differenz der Bildungswärmen: $(C . NO_2)$ — $(C . H)$ ergiebt sich im Mittel zu $+ 9,8$.

Zur Berechnung derselben sind die Bildungswärmen der Nitroverbindungen aus Salpetersäure und Wasserstoffverbindungen benutzt:

C_6H_6	$+ NO_3H =$	$C_6H_5NO_2$	$+ H_2O$	$+ 36,6$
$C_6H_5NO_2$	$+$ „ $=$	$C_6H_4 (NO_2)_2$	$+$ „	$+ 35,8$
C_6H_5Cl	$+$ „ $=$	$C_6H_4Cl (NO_2)$	$+$ „	$+ 36,4$
$C_6H_5CO_2H$	$+$ „ $=$	$C_6H_4(CO_2H)(NO_2)$	$+$ „	$+ 36,6$
$C_6H_5CH_3$	$+$ „ $=$	$C_6H_4 (CH_3)(NO_2)$	$+$ „	$+ 38$
$C_6H_4 (CH_3)(NO_2)$	$+$ „ $=$	$C_6H_3 (CH_3)(NO_2)_2$	$+$ „	$+ 38$
$C_{10}H_8$	$+$ „ $=$	$C_{10}H_7 (NO_2)$	$+$ „	$+ 36,5$
$C_{10}H_7 (NO_2)$	$+$ „ $=$	$C_{10}H_6 (NO_2)_2$	$+$ „	$+ 36,5$

Im Mittel $+ 36,65$

Die Bildungswärme des Wassers und der Salpetersäure zu 68,36 bezw. 41,51 angenommen, muss diese Mittelzahl um 68,36 — 41,51 = 26,85 vermindert werden, um obige Umwandlungswärme 36,65 — 26,85 = 9,8 zu erhalten.

Die **Umwandlung von Sauerstoff in Stickstoff** am Kohlenstoff findet selbstverständlich unter bedeutender Wärmeabsorption statt:

Beim Uebergange von Ameisensäure zu Cyanwasserstoff:

$$- 22,9 \ (C.N.H \ \text{fl.}) - 93 \quad (C.H_2.O_2 \ \text{fl.}) = - 115,9$$

$$- 28,6 \ (\quad „ \quad \text{g.}) - 87,4 \ (\quad „ \quad \text{g.}) = - 116$$

also pro einfache Bindung resp.:

$$- \frac{115,9}{3} \quad \text{und} \quad - \frac{116}{3} \quad \text{d. i.} \ - 38,7.$$

Beim Uebergange von Oxalsäure zu Cyan:

$$- 74,6 \ (C_2.N_2 \ \text{g.}) - 197 \ (C_2.O_4.H_2 \ \text{f.}) = - 271,6$$

also pro einfache Bindung $- \dfrac{271,6}{6} = - 45,3$, und diese Zahl würde der obigen sehr nahe kommen, falls die Bildungswärmen der beiden Körper auf denselben Zustand bezogen wären.

Beim Uebergange von Ameisensäure zu Formamid:

$$55,6 \ (C.O.N.H_3 \ \text{i. Lös.}) - 93 \ (C.O_2.H_2 \ \text{i. Lös.}) = - 37,4.$$

Beim Uebergange von Oxalsäure zu Oxamid:

$$134,6 \ (C_2.O_2.N_2.H_4 \ \text{f.}) - 197 \ (C_2.O_4.H_2 \ \text{f.}) = - 62,4,$$

also pro einfache Bindung $- \dfrac{62,4}{2} = - 31,2.$

Beim Uebergange von Phenol zu Nitrobenzol: — 29,25 [1]).

Während bisher die Umwandlungswärmen einerseits benutzt wurden zur Voraussagung der möglichen gegenseitigen Verdrängungen der Elemente am Kohlenstoff, und es sich dann

---

[1]) Für die Umwandlung $C_6H_5.NO_2 - C_6H_6$ wurde oben 9,75 erhalten; die Differenz der Bildungswärmen $C_6H_6 - C_6H_5OH$ ist $- 5 - 34 = - 39$; also $C_6H_5.NO_2 - C_6H_5.OH = 9,75 - 39 = - 29,25.$

nur um den einfachen Vergleich zweier Bildungswärmen
handelte; während die Umwandlungswärmen anderseits Verwendung fanden zur Voraussagung der Möglichkeit doppelter
Umtausche, und dann die Grösse der Umwandlungswärme einer
Nebenreaction mit in's Spiel kam, sei hier ein dritter Punkt
berührt, die Voraussagung nämlich: „welcher von zwei möglichen
doppelten Umtauschen stattfinden wird". Schon einmal wurde
diese Frage da berührt, wo es die Einwirkung von Chlorschwefel auf Kohlenwasserstoffe galt (S. 140), und das Eintreten
von Chlor und von Schwefel in die organische Verbindung
möglich war. Hier sei dieselbe weiter entwickelt. Sie trifft
überall da zu, wo die Bindung zweier verschiedener Elemente
(A-B) gesprengt wird durch das Anlegen zweier vorher gebundener, ebenfalls verschiedener Elemente (C-D); die Umwandlung
kann im Voraus eine der beiden Richtungen wählen:

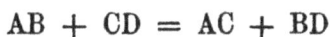

$$AB + CD = AC + BD$$

$$\text{oder } AB + CD = AB + BC.$$

Da es sich um eine Umwandlung am Kohlenstoff handelt,
so sei CD Ausdruck einer Bindung des genannten Elements
an ein anderes; folgende Möglichkeiten liegen dann vor, wenn
von den gebundenen Elementen nur Wasserstoff, Chlor, Sauerstoff und Stickstoff betrachtet werden:

1. Umwandlung einer Kohlenwasserstoff- durch eine Chlor-
sauerstoffbindung, z. B. Umwandlung von Methan durch Chloroxyd; Chlor oder Sauerstoff kann sich dem Kohlenstoff anlegen:

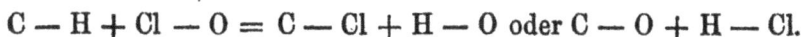

$$C - H + Cl - O = C - Cl + H - O \text{ oder } C - O + H - Cl.$$

Zur Beantwortung dieser Frage gilt es Vergleich der Umwandlungswärme von Chlor in Sauerstoff am Kohlenstoff und
derjenigen von Sauerstoff in Chlor am Wasserstoff; erstere
ändert sich nach S. 82 von $+ 11,5$ bis $+ 24,7$, letztere ist
$- 34,5 + 22 = - 12,5$; beides ist also möglich, chlorirende
und oxydirende Wirkung, wie die Thatsachen solches beweisen.

2. Umwandlung einer Kohlenwasserstoff- durch eine Stick-
stoffsauerstoffbindung, z. B. Umwandlung von Kohlenwasser-

stoffen durch Salpetersäure: Stickstoff oder Sauerstoff kann sich dem Kohlenstoff anlegen:

$$C - H + N - O = C - N + H - O \text{ oder } C - O + H - N.$$

Die Umwandlungswärme von Stickstoff in Sauerstoff am Kohlenstoff ändert sich nach S. 158 von 29,25 bis 45,3, diejenige von Sauerstoff in Stickstoff am Wasserstoff ist — 34,5 + 4,1 = — 30,4; beides ist also möglich, nitrirende und oxydirende Wirkung, wie es die Thatsachen beweisen.

3. Umwandlung einer Kohlenstoffchlor- durch eine Wasserstoffsauerstoffbindung, z. B. Umwandlung von Chlormethyl durch Wasser: Wasserstoff oder Sauerstoff kann sich dem Kohlenstoff anlegen:

$$C - Cl + H - O = C - H + Cl - O \text{ oder } C - O + Cl - H.$$

Die Umwandlungswärme von Wasserstoff in Sauerstoff an Kohlenstoff ändert sich nach S. 57 u. f. ziemlich stark, bleibt aber immer positiv, diejenige von Sauerstoff in Wasserstoff am Chlor ist ebenfalls positiv; hier wird also nur der letztere Vorgang stattfinden, wie es die Thatsachen beweisen.

4. Umwandlung einer Kohlenstoffchlor- durch eine Wasserstoffstickstoffbindung, z. B. Umwandlung von Chlormethyl durch Ammoniak: Wasserstoff oder Stickstoff kann sich dem Kohlenstoff anlegen:

$$C - Cl + H - N = C - H + Cl - N \text{ oder } C - N + Cl - H.$$

Die Umwandlungswärme von Wasserstoff in Stickstoff am Kohlenstoff ändert sich nach S. 156 von — 17,1 bis + 9,8, diejenige von Stickstoff in Wasserstoff am Chlor ist > 22; hier wird also nur der letztere Vorgang stattfinden, wie es die Thatsachen beweisen.

5. Umwandlung einer Kohlenstoffsauerstoff- durch eine Wasserstoffchlorbindung, z. B. Umwandlung von Methylalkohol durch Salzsäure: Wasserstoff oder Chlor kann sich dem Kohlenstoff anlegen:

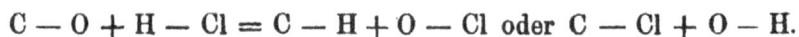

$$C - O + H - Cl = C - H + O - Cl \text{ oder } C - Cl + O - H.$$

Die Umwandlungswärme des Wasserstoffs in Chlor am Kohlenstoff ändert sich nach S. 3 von − 7,4 bis + 17,5; diejenige von Chlor in Wasserstoff am Sauerstoff ist > 34,5; nur der letzte Vorgang wird also stattfinden, wie es die Thatsachen beweisen.

6. Umwandlung einer Kohlenstoffsauerstoff- durch eine Wasserstoffstickstoffbindung, z. B. Umwandlung von Kohlensäure durch Ammoniak: Wasserstoff oder Stickstoff kann sich dem Kohlenstoff anlegen:

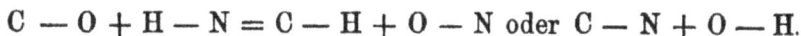

$$C - O + H - N = C - H + O - N \text{ oder } C - N + O - H.$$

Die Umwandlungswärme des Wasserstoffs in Stickstoff am Kohlenstoff ändert sich nach S. 156 von − 17,1 bis + 9,8; diejenige von Stickstoff in Wasserstoff am Sauerstoff ist > 34,5; daher wird nur der letztere Vorgang stattfinden, wie es die Thatsachen beweisen.

7. Umwandlung einer Kohlenstoffstickstoff- durch eine Wasserstoffsauerstoffbindung, z. B. Umwandlung von Formamid durch Wasser: Wasserstoff oder Sauerstoff kann sich dem Kohlenstoff anlegen:

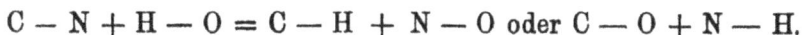

$$C - N + H - O = C - H + N - O \text{ oder } C - O + N - H.$$

Die Umwandlungswärme des Wasserstoffs in Sauerstoff am Kohlenstoff ändert sich nach S. 57 u. w. ziemlich stark, bleibt aber immer positiv; diejenige von Sauerstoff in Wasserstoff am Stickstoff ist ebenfalls positiv; nur der letztere Vorgang wird also stattfinden, wie es die Thatsachen beweisen.

Hieraus erklärt sich die Art und Weise, einerseits wie Amide von Nitrilen gespalten werden, anderseits wie sich Wasser den Nitrilen anlegt, wobei Sauerstoff, nicht Wasserstoff sich am Kohlenstoff bindet.

Dem Hauptzwecke dieser Arbeit, das Allgemeine zu suchen, liegt es wohl fern, die Geschichte der organischen Stickstoffverbindungen in Einzelheiten zu berühren; es sei dieselbe nur benutzt zur weiteren Entwicklung der Gesetzmässigkeiten, von denen schon früher die Rede war:

Die beschleunigende Wirkung des Sauerstoffs in der Bildung und Umwandlung von
organischen Stickstoffverbindungen sei in erste
Linie gestellt; dieselbe drückt sich, allgemein wie sie schon
früher gefunden wurde (bei der Oxydation S. 63—70, bei der
Umwandlung von Chlor in Hydroxyl S. 87—88, bei der Umwandlung von Hydroxyl in Chlor S. 95, bei der Chlorirung
S. 111—114, bei der Esterbildung S. 135), in den am meisten
verschiedenen Richtungen aus, und sei hier deshalb in nachstehenden Unterarten verfolgt:

a. Beschleunigende Wirkung des Sauerstoffs bei
der Umwandlung von organischen Halogenverbindungen durch Ammon.

Die Bemerkung auf S. 287 Theil I, dass $OCCl_2$ und
$OC{<}^{Cl}_{OCH_3}$ von NH_3 weit leichter umgewandelt werden, als H_3CCl,
findet hier ihren allgemeinen Ausdruck in dem Satze, dass
Chlorverbindungen (auch Brom- und Jodverbindungen) von
Säureradikalen, welche also das Chlor (bezw. Brom und Jod)
in der Form $C{<}^O_{Cl}$ $\left(\text{resp. } C{<}^O_{Br}, C{<}^O_J\right)$ enthalten, weit leichter
von Ammoniak in Amide umgewandelt werden, als Chlorver-
bindungen von Alkoholradikalen, welche also das Chlor an
sauerstofffreien Kohlenstoff gebunden enthalten, in Amine.
In schönster Weise dehnt sich so eine in den einfachen Kohlenstoffverbindungen gefundene Eigenschaft über die ganze organische Chemie aus, aber noch mehr: nicht nur unmittelbar am
Kohlenstoff, welcher den Sauerstoff trägt, ist deren Einfluss
bemerkbar; auch weiter im Molekül, jedoch abgeschwächt,
schreitet sie fort; denn wiewohl Zahlen fehlen, so muss doch
zugegeben werden, dass Chloressigsäure durch Ammoniak leichter
(d. i. schneller unter denselben Umständen von Temperatur und
Concentration) in Glycocoll umgewandelt wird, als Chlormethyl
in Aethylamin; und noch schlagender zeigt sich dasselbe in
der fast gänzlichen Unfähigkeit des Chlorbenzols, sich mit

Ammoniak umzuwandeln in Anilin, während die sauerstoffreiche Nitrogruppe schon im Nitrobenzol die entsprechende Umwandlung, wiewohl schwierig, ermöglicht, die letztere im Dinitrobenzol zu einer bei 100° ziemlich leicht vor sich gehenden Reaction macht, und Trinitrobenzol in dieser Hinsicht fast den oben erwähnten Säurechloriden nahe kommt.

b. Beschleunigende Wirkung des Sauerstoffs bei der Umwandlung des Hydroxyls und ähnlicher Verbindungen in die Gruppe NH_2.

Auch diesbezüglich wurde schon im I. Theil, S. 288, bemerkt, dass $OC \frac{OH}{H}$ durch Ammoniak in Formamid verwandelt wird, $H_2C \frac{OH}{H}$ aber dessen Einwirkung widersteht; dasselbe findet sich wieder in dem allgemeinen Satze, dass eine an oxydirten Kohlenstoff gebundene Hydroxylgruppe (in Säuren also) durch Ammoniak angreifbar ist (unter Amidbildung), während die an sauerstofffreien Kohlenstoff gebundene (in Alkoholen also) ungeändert bleibt. Hier bleibt es jedoch bei dieser Verallgemeinerung auch nicht; die Weise des Angriffs complicirterer Körper durch Ammoniak, oder das Unangegriffenbleiben derselben ist hiermit ebenfalls vorausgesagt. Wenn doch die Bindung von Sauerstoff an oxydirtem Kohlenstoff durch Ammoniak, wie oben gezeigt, loslösbar ist, während diejenige zwischen Sauerstoff und nicht oxydirtem Kohlenstoff widersteht, so können folgende durch Thatsachen gestützte Sätze nicht befremden:

Die Aether werden von Ammoniak nicht gespalten; denn in diesen findet sich ja nur Bindung von Sauerstoff an nicht oxydirten Kohlenstoff vor.

Die Säureanhydride werden von Ammoniak gespalten zu Säure und Amid; in denselben findet sich ja Sauerstoff vor, beiderseits an oxydirten Kohlenstoff gebunden.

Die Ester werden von Ammoniak gespalten, jedoch nicht in Amin und Säure, sondern in Amid und Alkohol; der

Sauerstoff befindet sich hier ja zwischen einem nicht oxydirten und einem oxydirten Kohlenstoffatom; und die letztere Bindung wird durch Sauerstoff gelockert, oder vielmehr Sauerstoff beschleunigt die Reactionen in seiner Umgebung.

c. Beschleunigende Wirkung des Sauerstoffs bei der Loslösung der Amidgruppe und ähnlicher Gruppen durch Wasser.

Auch hiervon war schon im I. Theil die Rede, indem dort (S. 288) die Spaltbarkeit des Formamids gegenüber der Stabilität des Methylamins durch Wasser hervorgehoben wurde; jetzt sei die Folge davon entwickelt. Die Amide, in welchen sich also die Gruppe NH_2 an oxydirtem Kohlenstoff gebunden vorfindet, werden durch Wasser in Säure und Ammoniak gespalten; die Amine, worin das an NH_2 gebundene Kohlenstoffatom sauerstofffrei ist, sind dieser Umwandlung nicht fähig. Dasselbe findet sich wieder in den Diamiden (folglich auch bei Cyansäure und Harnstoff) und Triamiden, alle werden von Wasser zwischen Stickstoff und dem hier oxydirten Kohlenstoff gespalten; dasselbe findet sich wieder in den Diaminen und Triaminen, alle bleiben mit Wasser in Berührung unangegriffen, weil sie nur Stickstoff an nicht oxydirten Kohlenstoff gebunden enthalten; dasselbe schliesslich findet sich in den Körpern wieder, welche zwischen Amid und Amin stehen, wie früher die Ester zwischen Anhydrid' und Aether; die Spaltung durch Wasser findet statt, greift aber gerade diejenige Bindung des Stickstoffs an, welche am oxydirten Kohlenstoff haftet, und lässt die andere unberührt. Wichtig ist es, hinzuzufügen, dass diese beschleunigende Wirkung des Sauerstoffs auch in Entfernung des genannten Elements sich im Molekül fühlbar macht. Anilin wird von Wasser (Natron) fast nicht in Phenol und Ammoniak gespalten; die sauerstoffreiche Nitrogruppe, sei sie auch entfernt vom Kohlenstoff, woran die Umwandlung bewirkt wird, ändert dieses Verhalten und macht Nitranilin u. s. w. der in Rede stehenden Spaltung fähig.

d. Beschleunigende Wirkung des Sauerstoffs bei der Addition an Nitrile.

Die einfache Umwandlung von Cyanwasserstoff in Formamid durch Aufnahme von Wasser, wozu sämmtliche Nitrile unter Bildung der entsprechenden Amide fähig sind, findet in analoger Weise statt, wenn im Wasser eins oder beide Wasserstoffatome durch andere Gruppen ersetzt sind:

$$R.C \equiv N + HOX = R.CO.NHX$$

$$\text{und } R.C \equiv N + YOX = R.CO.NYX.$$

Dabei muss der Sauerstoff von anhaftenden Gruppen (X u. Y) losgerissen werden, und falls diese durch ein darin enthaltenes Kohlenstoffatom an Sauerstoff gebunden sind, ist die Umwandlung nur möglich, wenn genanntes Atom oxydirt ist; so ist Essigsäure z. B. obiger Addition an Acetonitril fähig:

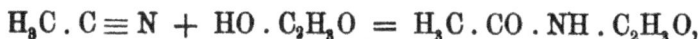

$$H_3C.C \equiv N + HO.C_2H_3O = H_3C.CO.NH.C_2H_3O,$$

Aethylalkohol dazu jedoch ungeschickt; so ist Essigsäureanhydrid dazu fähig:

$$H_3C.C \equiv N + C_2H_3O.O.C_2H_3O = H_3C.CO.NH(C_2H_3O)_2,$$

während essigsaures Aethyl und Aethyläther dasselbe nicht vermögen.

Die Trägheit der Kohlenstoffbindung bei Umwandlung und Bildung von organischen Stickstoffverbindungen sei in zweiter Linie behandelt; allgemein wie der vorige Satz, bis dahin aber bei den Umwandlungen stickstofffreier organischer Verbindungen nicht berücksichtigt, sei hier auch auf dessen Gültigkeit für diese Fälle hingewiesen:

1. Es handelt sich dann darum, im Allgemeinen nachzuweisen, dass, wo zwei Reactionen a priori vor sich gehen können, voraussichtlich von gleichen oder fast gleichen Wärmeentwicklungen begleitet, und wenn in dem einen Falle eine Kohlenstoffbindung losgelöst werden muss, in dem anderen nicht, immer die letztere Reaction stattfindet (der Einfachheit

wegen wird eine allgemeine Reaction im Nachstehenden immer durch den einfachsten Fall ausgedrückt werden):

a. Die Einwirkung von Säurechloriden auf Alkohole

kann voraussichtlich zur Bildung von Säuren und Chloralkyl, oder zu derjenigen von Ester und Salzsäure führen:

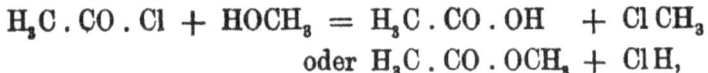

$$H_3C . CO . Cl + HOCH_3 = H_3C . CO . OH \quad + Cl CH_3$$
$$\text{oder } H_3C . CO . OCH_3 + Cl H,$$

letzteres findet statt, die Kohlenstoffbindung im Alkohol bleibt dabei unverletzt.

b. Die Einwirkung von Säure- und Alkoholchloriden auf primäre und secundäre Amine

kann voraussichtlich zur Bildung zweier Productengruppen führen, welche folgende Gleichungen erläutern:

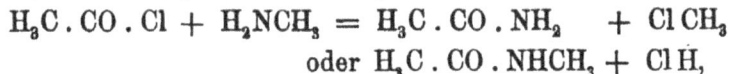

$$H_3C . CO . Cl + H_2NCH_3 = H_3C . CO . NH_2 \quad + Cl CH_3$$
$$\text{oder } H_3C . CO . NHCH_3 + Cl H,$$

letzteres findet statt, die Kohlenstoffbindungen im Amin bleiben dabei unverletzt.

c. Die Einwirkung von Säuren auf primäre und secundäre Amine

kann voraussichtlich unter Alkohol- und unter Wasserbildung vor sich gehen:

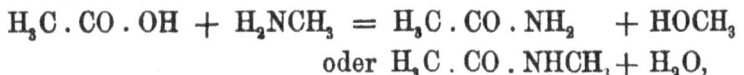

$$H_3C . CO . OH + H_2NCH_3 = H_3C . CO . NH_2 \quad + HOCH_3$$
$$\text{oder } H_3C . CO . NHCH_3 + H_2O,$$

letzteres findet statt, die Kohlenstoffbindungen im Amin bleiben dabei unverletzt.

d. Die Einwirkung von Estern auf primäre und secundäre Amine

kann unter Aether- und unter Alkoholbildung stattfinden:

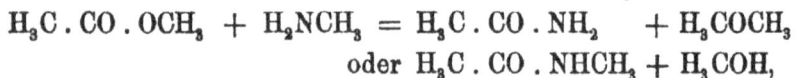

$$H_3C . CO . OCH_3 + H_2NCH_3 = H_3C . CO . NH_2 \quad + H_3COCH_3$$
$$\text{oder } H_3C . CO . NHCH_3 + H_3COH,$$

letzteres geht vor sich, die Kohlenstoffbindung im Amin bleibt dabei unverletzt.

e. Addition von Mercaptiden, primären und secundären Aminen an die Gruppe C = O

findet statt nach der Gleichung:

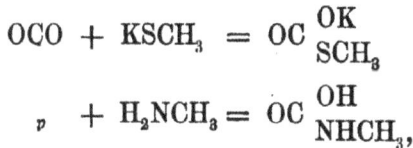

$$OCO + KSCH_3 = OC\begin{matrix} OK \\ SCH_3 \end{matrix}$$

$$_{"} + H_2NCH_3 = OC\begin{matrix} OH \\ NHCH_3 \end{matrix},$$

während im Voraus Folgendes möglich war:

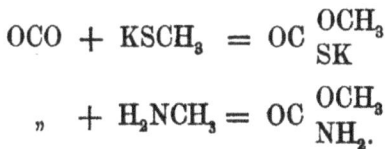

$$OCO + KSCH_3 = OC\begin{matrix} OCH_3 \\ SK \end{matrix}$$

$$_{"} + H_2NCH_3 = OC\begin{matrix} OCH_3 \\ NH_2 \end{matrix}.$$

f. Gleiches geht vor sich bei der Addition von Alkoholaten, primären und secundären Aminen an die Gruppe C = S.

g. Schliesslich findet sich dasselbe wieder beim Anlegen von Alkoholen, Mercaptanen, primären und secundären Aminen an doppelte oder dreifache Kohlenstickstoffbindung.

2. Nicht nur in diesem Vorzug einer bestimmten Reactionsrichtung, sondern auch in der Unmöglichkeit oder Schwierigkeit der Umwandlung, wenn sie (zwar der vorigen entsprechend, oder andern, die leicht stattfinden) nur mit Verletzung einer Kohlenstoffbindung vor sich gehen kann; so entspricht der Reactionsgleichung a die bekanntlich nicht ausführbare Einwirkung:

$$H_3C.CO.Cl + H_3COCH_3 = H_3C.CO.OCH_3 + ClCH_3,$$

und es ist leicht, neben b — g Reactionsgleichungen aufzustellen, deren Unausführbarkeit nur durch den Satz von der Trägheit der Kohlenstoffbindung erklärlich ist.

3. Auch hiermit sind die Folgen des oben erwähnten Satzes nicht erschöpft; die Trägheit der Kohlenstoffbindung

drückt sich öfter in der Spaltungsweise aus, und dabei wird, wenn zwei Möglichkeiten vorliegen und die Wärmebildung beider voraussichtlich gleich ist, falls die eine die Kohlenstoffbindung unberührt lässt, die andere aber dieselbe loslöst, immer die erstere Möglichkeit verwirklicht werden; so spaltet sich die Chlorverbindung eines substituirten Ammoniums in der Hitze in Salzsäure und in Amin, nicht in Chloralkyl und in Amin oder Ammoniak:

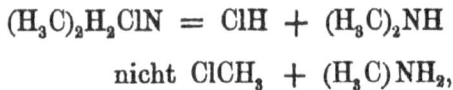

$$(H_3C)_2H_2ClN = ClH + (H_3C)_2NH$$

$$\text{nicht } ClCH_3 + (H_3C)NH_2,$$

im letzten Falle doch würde Kohlenstoffbindung losgelöst werden.

Unschwer liessen sich diese Beispiele vermehren, hier sei diese Folge aber nur andeutungsweise behandelt und als Uebergang benutzt zu einer vierten Anwendung des Satzes zur Erklärung der Existenzfähigkeit einiger Kohlenstoffverbindungen.

4. Wenn eine Spaltung, völlig analog einer leicht stattfindenden Umwandlung, nur mit Verletzung einer Kohlenstoffbindung vor sich gehen kann, so findet sie schwierig oder nicht statt, und so stehen neben leicht zersetzbaren Körpern andere zwar von ähnlichem Typus, jedoch sehr stabil.

Wo Halogene und Hydroxyl, an dasselbe Kohlenstoffatom gebunden, fast ausnahmslos eine Umwandlung herbeiführen (S. 115):

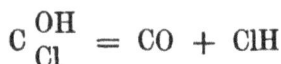

$$C{{OH}\atop{Cl}} = CO + ClH$$

sind die Körper, welche statt H eine Gruppe enthalten, wovon ein Kohlenstoffatom an Sauerstoff des obigen Hydroxyls gebunden ist, sehr stabil, weil die entsprechende Zersetzung hier eine Loslösung von Kohlenstoffbindung fordern würde.

Wo zwei Hydroxylgruppen, an dasselbe Kohlenstoffatom gebunden, sehr oft eine Umwandlung herbeiführen (S. 117):

$$C \begin{smallmatrix} OH \\ OH \end{smallmatrix} = CO + H_2O$$

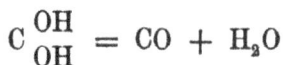

sind die Körper, welche statt der H-Atome des Hydroxyls Gruppen enthalten, wovon ein Kohlenstoffatom an Sauerstoff gebunden ist, sehr stabil. Kurz sei hinzugefügt, dass eine ähnliche Stabilitätserhöhung sich zeigt in Körpern, welche an denselben Kohlenstoff Cl und NH_2, oder OH und NH_2, oder $2\,NH_2$ gebunden haben, falls die Wasserstoffatome dieser Gruppen eine der obigen ähnliche Ersetzung erfahren.

Hiermit ist die Anwendung nicht erschöpft; es giebt Körperreihen, deren Repräsentanten nur in der organischen Chemie aufzuweisen sind, und deren Auftreten daselbst nur bei Berücksichtigung des Satzes von der Trägheit der Kohlenstoffbindung erklärlich ist; so kennt man die eigenthümlichen Methylmetallverbindungen u. s. w., während die entsprechenden Wasserstoffmetallverbindungen fehlen, oder oft allmälig zerfallen; voraussichtlich wird dennoch die Affinität der so wasserstoffähnlichen Methylgruppe die des Wasserstoffs zu Metallen nicht übersteigen; nur durch die Trägheit der Kohlenstoffbindung wird die Thatsache erklärt, dass ein allmäliges Zerfallen des Zinkmethyls in Zink und Methyl nicht eintritt. Daneben steht die Existenz und die Stabilität der Sulfonsäuren: es muss befremden, dass die Spaltung von z. B. Methylsulfonsäure in Methylalkohol und Schwefeldioxyd:

$$H_3C \cdot SO_2 \cdot OH = H_3COH + SO_2$$

analog derjenigen von schwefliger Säure in Wasser und Schwefeldioxyd:

$$H \cdot SO_2 \cdot OH = H_2O + SO_2$$

so äusserst schwierig stattfindet, wenn hierbei nicht die Trägheit der Kohlenstoffbindung berücksichtigt wird. Daneben steht die Existenz der Ammoniumderivate: es muss auch hier befremden, dass Tetramethylammoniumhydroxyd nicht in Methylalkohol und Trimethylamin zerfällt, wie Tri-, Di-, Monomethyl- und Ammoniumhydroxyd selbst in Wasser und ein Amin:

$$(H_3C)_4 NOH = H_3COH + (H_3C)_3 N$$
$$\text{und} \qquad H_4NOH = H_2O + H_3N;$$

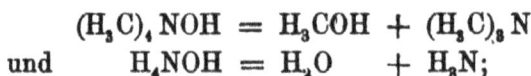

nur das erwähnte Princip erklärt dieses Auftreten derartiger Körper in der organischen Chemie; und daran schliessen sich selbstverständlich die Phosphoniumderivate u. s. w.; die Sulfinderivate u. s. w.; die Azoverbindungen u. s. w.

---

2. Einfluss des Stickstoffs auf die chemische und physikalische Beschaffenheit von Kohlenstoffverbindungen.

Es seien hier diejenigen Eigenschaftsänderungen vorangestellt, welche, früher als directe bezeichnet, von der Anwesenheit des Stickstoffs herrühren und sich äussern in Umwandlungen, die unmittelbar am genannten Elemente selbst vor sich gehen. Zuerst die alkalischen Eigenschaften der Stickstoffverbindungen, sämmtlich durch die Wirkung einer vierten und fünften Valenz vom Stickstoff bedingt; als deren Maass seien die Neutralisationswärmen benutzt:

a. Die Neutralisationswärme des Ammoniaks findet sich fast ungeändert da wieder vor, wo Wasserstoff des genannten Körpers durch die wasserstoffähnliche Methyl- (Theil I. 103) resp. Aethylgruppe ersetzt ist:

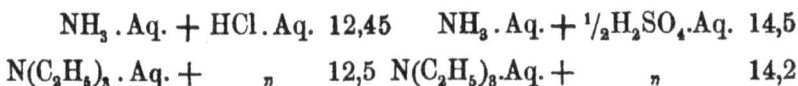

$NH_3.Aq. + HCl.Aq.$ 12,45 $\qquad NH_3.Aq. + \frac{1}{2}H_2SO_4.Aq.$ 14,5

$N(C_2H_5)_3.Aq. +$ „ 12,5 $N(C_2H_5)_3.Aq. +$ „ 14,2

b. Diese Neutralisationswärme vermindert sich aber da, wo Wasserstoff des Ammoniaks durch eine wasserstoffärmere Gruppe als die oben bezeichnete, z. B. Phenyl oder Toluyl, ersetzt ist:

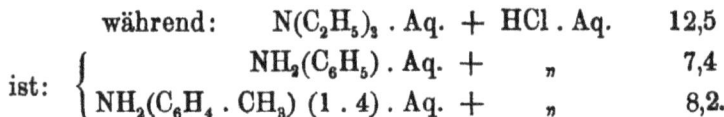

während: $\quad N(C_2H_5)_3 . Aq. + HCl . Aq.$ 12,5

ist: $\begin{cases} NH_2(C_6H_5) . Aq. + & \text{„} & 7,4 \\ NH_2(C_6H_4 . CH_3) (1.4) . Aq. + & \text{„} & 8,2. \end{cases}$

c. Diese Neutralisationswärme vermindert sich ferner, wenn Wasserstoff in obiger Gruppe durch Chlor ersetzt wird:

während: $\qquad NH_2(C_6H_5) . Aq. + HCl . Aq.$ 7,4

ist: $\begin{cases} NH_2(C_6H_4Cl)\ (1.2) & n & + & n & 6,3 \\ n \quad\quad (1.3) & n & + & n & 6,6 \\ n \quad\quad (1.4) & n & + & n & 7,2 \end{cases}$

d. Diese Neutralisationswärme vermindert sich endlich, wenn Wasserstoff in obiger Gruppe durch Sauerstoff ersetzt wird:

$$OC(NH_2)_2 . Aq. + HClAq. \qquad 0,1.$$

In Anschluss hieran sei bemerkt, dass auch Sauerstoff, als Nitrogruppe in obige Körper eingeführt, dasselbe bewirkt:

während: $\quad NH_2(C_6H_5) . Aq. + HCl . Aq.$ 7,4
ist: $\quad NH_2(C_6H_4 . NO_2) . Aq. +$ $\quad n$ 1,8.

e. Die Neutralisationswärmen der Amidosäuren schliesslich dürfen nicht ohne Weiteres mit den vorigen verglichen werden:

Glycocoll Aq. $\quad + HClAq. + 1,1$
Alanin $\quad n \quad + \quad n \quad + 0,9$
Amidobenzoësäure $+ \quad n \quad + 2,8.$

Die bedeutende Abnahme der s. g. Neutralisationswärme in diesen Fällen weist auf eine Selbstsättigung dieser Säurebasen hin, so dass obige Zahlen nur als Verdrängungswärmen, d. i. als eine Differenz von zwei verschiedenen Neutralisationswärmen, zu betrachten sind.

Diese thermischen Angaben, welche darauf hinweisen, dass die wasserstoffreiche Methylgruppe sich wie Wasserstoff verhält, und die Abwesenheit dieses Elements, sowie das Auftreten von Chlor und von Sauerstoff die basischen Eigenschaften der organischen Stickstoffverbindungen beeinträchtigt, seien zuerst erklärt, dann weiter entwickelt:

Zur Erklärung sei bezüglich der Gleichheit von Methylgruppe und Wasserstoff auf Theil I. verwiesen (S. 103); bezüglich des Einflusses der angeführten Elemente auf die Beschaffenheit der Stickstoffverbindungen sei bemerkt, dass derselbe sich in den einfachsten Körpern zeigt und demgemäss Ausdruck von so allbekannten Thatsachen ist, dass nur diese Beziehung deren Erwähnung rechtfertigt: Die Beeinträchtigung des basischen Charakters durch Wasserstoffabwesenheit zeigt sich beim Vergleiche von Ammoniak mit Stickstoff selbst, nur ersteres verbindet sich mit Säuren; dieselbe Wirkung, vom auftretenden Chlor und Sauerstoff bedingt, zeigt sich im Chlorstickstoff und in den Stickstoffsauerstoffverbindungen: die Neutralisationswärme des Hydroxylamins (NH_3O) ist nur 9,2, während in der untersalpetrigen, salpetrigen- und Salpetersäure der basische Charakter verschwunden ist.

In dieser Weise auf einfachere Erscheinungen zurückgeführt, also gewissermassen erklärt, sei jetzt die Wirkung der beschriebenen Einflüsse in complicirteren Fällen entwickelt. Gleichheit von Methyl und Wasserstoff äussert sich in der Vergleichbarkeit von Methyl-, Dimethyl- und Trimethylamin mit Ammoniak, jedoch ebenfalls in der Aehnlichkeit von Aethyl und Methyl u. s. w., kurz sämmtliche Amine der Fettreihe kommen demnach in basischen Eigenschaften dem Ammoniak nahe, wie es die Thatsachen auch beweisen.

Die Abnahme der Alkalinität mit derjenigen des Wasserstoffgehalts zeigt sich zuerst in leichterer Zersetzbarkeit der Salze durch Wasser oder in gänzlicher Unfähigkeit, sich mit Säuren zu verbinden; ersteres findet sich vor beim Cyanwasserstoff, bei den Nitrilen und bei den Carbylaminen, welche alle vier Wasserstoffatome weniger enthalten, als die entsprechenden Amine der Fettreihe, beim Cardiimid u. s. w.; letzteres beim Azobenzol ($C_6H_5 . N = N . C_6H_5$), beim Diazobenzolimid

$$\left(C_6H_5 \cdot N {\Large\diagdown} {\overset{N}{\underset{N}{\parallel}}} \right),$$ u. s. w. Wichtig ist es, hierbei zu bemerken, dass die Wirkung der Wasserstoffabwesenheit am kräftigsten ist, wenn sie in der unmittelbaren Nähe von beeinflusstem Stickstoff sich zeigt. So ist beim Anilin, welches acht Wasserstoffatome weniger enthält, als Hexylamin, die Neutralisationswärme auf 7,4 von höchstens 12,4 (Neutralisationswärme des Ammoniaks), also höchstens um 5 heruntergekommen; dieser Wasserstoff wurde aber nicht (auch nicht theilweise) dem Stickstoff selbst entnommen; dann eben ist die Wirkung kräftiger: zwei Wasserstoffatome, hier entzogen, bewirken ein Herunterkommen von mindestens 7,4, da Azobenzol sich mit Säuren nicht mehr verbindet. Dasselbe stellt sich heraus beim Vergleiche der isomeren Nitrile und Carbylamine, z. B.:

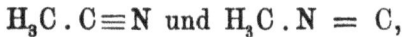

$$H_3C \cdot C \equiv N \text{ und } H_3C \cdot N = C,$$

beide sind gleich arm an Wasserstoff; in letztgenannten Körpern befindet sich der Stickstoff jedoch in dessen Nähe; eben deshalb ist auch die Fähigkeit zur Verbindung mit Säuren bei den Carbylaminen bedeutend grösser.

Die oben erwähnte Abnahme der Alkalinität zeigt sich in zweiter Linie in der Aufnahme von weniger Säuremolekülen, als dem Stickstoffgehalte entspricht: während bei den Polyaminen der Aethylenreihe immer die Zahl der bindbaren Salzsäuremoleküle derjenigen der Stickstoffatome gleich ist, nimmt diese Zahl bei wasserstoffärmeren Körpern ab: so verbinden sich das Hexamethylenamin $(H_2C)_6N_4$, die Cyanamide $(N \equiv C \cdot NHX)$, die Amidine $\left(H \cdot C {\Large\diagup}{\overset{NH}{\underset{NH_2}{\diagdown}}} , \text{ u. s. w.} \right)$, die Guanidine $\left(HNC {\overset{NH_2}{\underset{NH_2}{}}} \right)$ u. s. w. $\Big)$, die Hydrazine $(H_2N \cdot NH_2$ u. s. w.$)$ u. s. w. nur mit einem Moleküle Salzsäure.

Die Wirkung des Chlors dehnt sich in gleicher Weise durch die organischen Stickstoffverbindungen aus; dem Chlorcyan geht die Fähigkeit der Blausäure zur Bindung von Chlorwasserstoff ab; die gechlorten Amine ($CH_3 . NCl_2$ u. s. w.), die Amidchloride und die Imidchloride $\left(X . C \begin{smallmatrix} Cl_2 \\ NH_2 \end{smallmatrix} \text{ und } X . C \begin{smallmatrix} Cl \\ \diagdown N H \end{smallmatrix} \right)$ werden ohne Zweifel dasselbe zeigen.

Allgemeiner jedoch, weil mehr Thatsachen vorliegen, lässt sich dasselbe beim Sauerstoff verfolgen: Tritt dieses Element in organischen Verbindungen am Stickstoff selbst auf, so ist dessen Einfluss so gross, dass sofort alle Fähigkeit zur Bindung an Säuren verschwunden ist; sie geht den Nitroverbindungen, den Nitrosoverbindungen, den Nitrolsäuren und den Azoxyverbindungen gänzlich ab; an denselben Kohlenstoff gebunden ist der Einfluss kräftig, jedoch schwächer, als im obigen Falle: die Amide $\left(X . C \begin{smallmatrix} O \\ NH_2 \end{smallmatrix} \right)$ können sich noch mit Säuren verbinden, die Cyansäure (OCNH) ebenfalls, doch öfter werden die Verbindungen von Wasser zersetzt, und vom Harnstoff $\left(OC \begin{smallmatrix} NH_2 \\ NH_2 \end{smallmatrix} \right)$ wird nur ein Salzsäuremolekül aufgenommen; weiter im Molekül gebunden übt der Sauerstoff immer noch den ähnlichen Einfluss aus, wie die thermischen Angaben bezüglich des Nitranilins und Anilins beweisen, jedoch in einem´ bedeutend geringeren Grade, so dass derartige Körper noch als starke Basen auftreten können, z. B. Oxäthylamin u. s. w.

In nächstem Zusammenhange mit der Fähigkeit, sich an Säuren zu binden, steht diejenige der stickstoffhaltigen Körper, sich Jodalkylen u. s. w. anzulegen, und die Nothwendigkeit dieses Zusammentreffens erhellt sofort, wenn man berücksichtigt, dass bei diesem Anlegen wesentlich ein am Stickstoff gebundenes Wasserstoffatom durch das Alkyl ersetzt wird und das Product sich dann mit einer Säure (Jodwasserstoff) verbindet; ersterer Ersatz bewirkt, wie erwähnt, in der Alkalinität keine Aenderung; ist also die Stickstoffverbindung eine starke Base, so wird die Verbindung mit Jodalkylen leicht stattfinden, sonst schwierig oder nicht.

Obiges lässt sich also hier in Hauptzügen wiederholen, nur geht hier Aenderung einer Bindung am Kohlenstoff vor sich, wodurch die entsprechenden Reactionen hier langsamer weiter schreiten.

Eine dritte directe Wirkung des Stickstoffs in organischen Verbindungen besteht in einer Reihe von Umwandlungen, welche am Stickstoff vor sich gehen können, in so weit genanntes Element nicht ganz an Kohlenstoff gebunden ist. Wichtig ist der Nachweis, dass sich in diesen Umwandlungen die chemische Natur des Stickstoffs verräth:

a. Die Affinität zum Wasserstoff ist beim Stickstoff bekanntlich grösser, als zum Sauerstoff, beim Kohlenstoff umgekehrt: Oxydation von organischen Verbindungen, welche beide Elemente an Wasserstoff gebunden enthalten (z. B. von Aethylamin), liefert demgemäss niemals Nitroverbindungen (also Nitroäthan), öfters findet sogar die Oxydation am Kohlenstoff statt (Bildung von Essigsäure und Ammoniak); Reduction von organischen Verbindungen, welche beide Elemente an Sauerstoff gebunden enthalten (z. B. von Nitrosomalonsäure), entnimmt demgemäss zuerst den am Stickstoff haftenden Sauerstoff (B. B. VIII, 1237).

b. Die Affinität zum Wasserstoff ist beim Stickstoff bekanntlich grösser als zum Chlor. Demzufolge giebt sich die Verbindung $C_2 H_5 Cl_2 N$, aus Aethylamin und Chlorkalk erhalten, sofort als ein Körper zu erkennen, welcher Chlor an Stickstoff gebunden enthält: er wirkt kräftig chlorsubstituirend und wandelt Essigsäure in Chloressigsäure um, unter Rückbildung von Aethylamin (B. B. IX, 143).

c. Ammoniak kann bekanntlich statt Wasserstoff Metalle aufnehmen bei Berührung mit deren Oxyden; dasselbe Verhalten zeigen diejenigen organischen Stickstoffverbindungen, in welchen an Stickstoff noch Wasserstoff gebunden ist. Unter Mitwirkung von Sauerstoff kann dies sogar der Verbindung einen bestimmten Säurecharakter mittheilen, so den Amiden, welche die Gruppe $OCNH_2$ enthalten, einigermaassen, den

Imiden, welche die Gruppe $(OC)_2 = NH$ enthalten, und der Cyansäure (OCNH) in starkem Grade.

d. Dass schliesslich die Umwandlungen, falls von gleicher Wärmebildung begleitet, wenn am Stickstoff vor sich gehend, schneller stattfinden, als am Kohlenstoff, beweist wohl die Bildung des Körpers $H_5C_2.NCl_2$ aus Aethylamin und Chlorkalk; der Eintritt von Chlor am Kohlenstoff unter Bildung von $H_3Cl_2C_2.NH_2$ wäre unbedingt von grösserer Wärmebildung begleitet, findet dennoch nicht statt, oder tritt in den Hintergrund (B. B. IX, 143).

In zweiter Linie seien diejenigen **Wirkungen des Stickstoffs** betrachtet, welche, früher als **indirecte** bezeichnet, sich äussern in Umwandlungen, die zwar nicht am Stickstoff selbst, jedoch in dessen Nähe stattfinden und durch dessen Anwesenheit einen anderen Charakter erhalten haben.

Die Umwandlung von Wasserstoff in Chlor am Kohlenstoff, in den Kohlenwasserstoffen von Wärmeentwicklung begleitet, geht am stickstofftragenden Kohlenstoff, an der Cyangruppe also, mit Wärmeabsorption gepaart (S. 3):

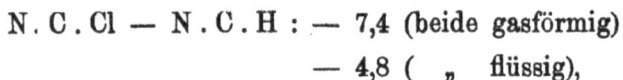

$$N . C . Cl - N . C . H : - 7,4 \text{ (beide gasförmig)}$$
$$- 4,8 (\quad " \quad \text{flüssig}),$$

während in thermischer Hinsicht die Umwandlung von Wasserstoff in Jod eine ähnliche, wiewohl geringere Aenderung erfahren hat (S. 43); hierbei sei daran erinnert, dass Stickstoff selbst an Wasserstoff statt Halogenen weit den Vorzug giebt.

Mit dieser Zeichenumkehr der Wärmebildung bei Eintritt von Chlor statt Wasserstoff kehrt auch das Zeichen der Siedepunktsänderung um (im Allgemeinen steigt der Siedepunkt mit der Bildungswärme); während allgemein die Substitution von Wasserstoff durch Chlor den Siedepunkt erhöht, ist beim Cyanwasserstoff das Umgekehrte der Fall:

NCH Sp. 26°   NCCl Sp. 13°.

Dass auch Stickstoff, wenngleich entfernt gebunden, einen ähnlichen Einfluss ausübt, lehren die Siedepunkte des Acetonitrils und der Substitutionsproducte desselben:

$$NC . CH_3 \quad 82^0 \qquad NC . CH_2Cl \quad 124\tfrac{1}{2}^0$$

$$NC . CHCl_2 \quad 113\tfrac{1}{2}^0 \qquad NC . CCl_3 \quad 83\tfrac{1}{2}^0.$$

Besonders sei hervorgehoben, dass sich der Stickstoff, im letzten Falle entfernt gebunden, zwar ähnlich, doch weniger kräftig äussert. Um davon den Nachweis zu liefern, sei die hier erwähnte Siedepunktsänderung verglichen mit derjenigen, welche stattfindet, wenn sich an der Stelle von Stickstoff andere Elemente vorfinden, z. B. die Gruppe H_2Cl:

Erster Fall: Siedepunktsänderung

ohne Stickstoff:	H_3CCl	$-$ 20^0	H_2CCl_2	40^0 + 60^0
mit „	NCH	26^0	$NCCl$	13^0 − 13^0
				Unterschied 73^0

Zweiter Fall: Siedepunktsänderung

ohne Stickstoff:	$H_2ClC.CH_3$	12^0	$H_2ClC.CH_2Cl$	72^0 + 60^0
	„ CH_2Cl	72^0	„ $CHCl_2$	114^0 + 42^0
	„ $CHCl_2$	114^0	„ CCl_3	128^0 + 14^0
				Im Mittel + 39^0
mit „	$NC.CH_3$	82^0	$NC.CH_2Cl$	124^0 + 42^0
	„ CH_2Cl	124^0	„ $CHCl_2$	113^0 − 11^0
	„ $CHCl_2$	113^0	„ CCl_3	83^0 − 30^0
				Im Mittel 0^0
				Unterschied: 39^0.

Beim direct gebundenen Stickstoff ist der Unterschied also 73^0; beim indirect gebundenen nur 39^0.

Höchst merkwürdig äussert sich in zweiter Linie die indirecte Wirkung des Stickstoffs im Säurecharakter des Cyanwasserstoffs; die Abwesenheit von Wasserstoff, welche, wie früher bemerkt, die Gruppe — C≡CH zur Umwandlung ihres Wasserstoffs mit Metallen befähigt (S. 153), wird hier durch Anwesenheit von Stickstoff gestützt; was die eigenthümliche Vorliebe des Cyanwasserstoffs für die Oxyde der Schwermetalle betrifft, so sei erwähnt, dass dieselbe auch schon bei den Körpern mit der Gruppe — $C \equiv CH$, anderseits bei der Stickstoffverbindung Ammoniak wiedergefunden wird.

Die stickstoffhaltige Nitrogruppe schliesslich zeigt in ihrer indirecten Wirkung die grösste Uebereinstimmung mit Sauerstoff, wie aus dem Folgenden hervorgeht:

a. Die Nitrogruppe befähigt die Wasserstoffatome in ihrer Umgebung zum Umtausch mit Metallen, z. B. im Nitromethan; wie schon früher bemerkt (S. 155), hemmt das zuerst eingetretene Metallatom diese Fähigkeit, und von den drei sonst gleich gebundenen Wasserstoffatomen wird nur eins ersetzt. Dass diese Wirkung der Nitrogruppe mit der Entfernung abnimmt, zeigen Nitroäthan und andere Körper, welche am nitrirten Kohlenstoff und weiter in der Verbindung Wasserstoff gebunden enthalten: nur ersterer ist durch Metalle ersetzbar. Dass diese Wirkung jedoch in einiger Entfernung nicht ganz verloren gegangen, sondern nur zu schwach ist, um jene Ersetzbarkeit zu vermitteln, zeigt einerseits Phenol (u. A.), das durch Eintritt einer Nitrogruppe, zwar entfernt vom Kohlenstoff, welcher das Hydroxyl trägt, dennoch eine höhere Fähigkeit erhält zur Salzbildung, und andererseits Anilin (u. A.), das umgekehrt Alkalinität dadurch einbüsst.

b. Die Nitrogruppe beschleunigt, wie Sauerstoff, die Umwandlungen in ihrer Umgebung; dies fand schon früher Erwähnung. Die nitrirten Benzolderivate wandeln sich in den verschiedensten Richtungen leichter um: Chlor erhält die Fähigkeit, durch Wasser in Hydroxyl, durch Ammoniak in Amid verwandelt zu werden, Methoxyl (OCH_3) wird durch Wasser und Ammoniak in gleichem Sinne verändert, die Amingruppe wird von Wasser als Ammoniak losgerissen u. s. w. (Austen, Nitroverbindungen).

V.

Die Bindung von Kohlenstoff an Kohlenstoff.

Indem nach Maassgabe des früheren Verfahrens zunächst die Bindung von Kohlenstoff an Kohlenstoff (kurzweg Kohlenstoffbindung) von chemischer Seite betrachtet wird, zerfällt diese erste Unterabtheilung in zwei Hälften:

1. Das Entstehen der Kohlenstoffbindung.
2. Das Zerfallen der Kohlenstoffbindung.

---

1. Das Entstehen der Kohlenstoffbindung.

Diese wichtigste Aufgabe der organischen Chemie bietet auch die grössten Verwicklungen, hauptsächlich deshalb, weil hier Nebeneinflüsse, früher mehr beiläufig wirksam, fast in den Vordergrund treten. Schon da, wo es die Bindung von Chlor an Kohlenstoff galt, wurde auf die Wirkung hingewiesen, welche von anderweitig an Kohlenstoff gebundenen Elementen auf die Lockerheit u. s. w. dieser Bindung ausgeübt wird (S. 8); dasselbe fand sich überall wieder, nur war es schon bei Erörterung der Bindung von Stickstoff an Kohlenstoff nothwendig, ein Zweites mit in Betracht zu ziehen, und zwar dasjenige, was an Stickstoff gebunden ist, denn auch das übt einen ähnlichen Einfluss aus (S. 157). Hier, wo es die Kohlenstoffbindung gilt, treten beide Wirkungen, herrührend von demjenigen, was an beide Kohlenstoffatome gebunden ist, in gleichem Grade auf, und zugleich in hohem Grade, weil die hohe Werthigkeit des genannten Elements das Binden einer grossen Menge von beeinflussenden Gruppen oder Atomen ermöglicht.

Das Entstehen der einfachen Kohlenstoffbindung (C — C) stellt sich in den Vordergrund, und die Behandlung dieses Gegenstandes zerfällt weiter in folgende Theile:

a. Das Entstehen der einfachen Kohlenstoffbindung durch
   Absonderung von an Kohlenstoff gebundenen Elementen
   als solchen;

b. Dasselbe durch Absonderung von an Kohlenstoff gebundenen Elementen . oder Gruppen als Verbindungen;

c. Dasselbe durch Addition von Kohlenstoffverbindungen;

d. Die Hülfsmittel, welche obige Reactionen erleichtern.

a. Die oben umschriebene einfachste Form des Entstehens
einer einfachen Kohlenstoffbindung findet ihren Gesammtausdruck in folgender Gleichung:

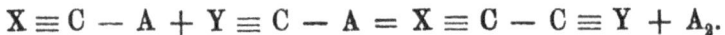

$$X \equiv C - A + Y \equiv C - A = X \equiv C - C \equiv Y + A_2.$$

Es sei zunächst das Princip festgestellt, durch welches
eine Vergleichung der Fähigkeit der verschiedenen hierher-
gehörigen Methoden ermöglicht wird: Zwischen zwei der oben
bezeichneten Reactionen, z. B.:

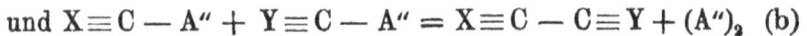

$$X \equiv C - A' + Y \equiv C - A' = X \equiv C - C \equiv Y + (A')_2 \quad (a)$$

$$\text{und } X \equiv C - A'' + Y \equiv C - A'' = X \equiv C - C \equiv Y + (A'')_2 \quad (b)$$

giebt es immer eine derartige Beziehung, dass die eine (a)
aufgefasst werden kann als die andere (b), begleitet von einer
Nebenreaction:

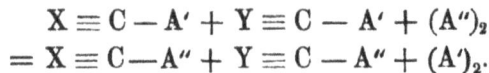

$$X \equiv C - A' + Y \equiv C - A' + (A'')_2$$
$$= X \equiv C - A'' + Y \equiv C - A'' + (A')_2.$$

Je nachdem diese Nebenreaction ausführbar (von Wärmeentwicklung begleitet) oder unausführbar (von Wärmeabsorption
begleitet) ist, wird im Allgemeinen die eine Reaction leichter
vor sich gehen, als die andere, oder umgekehrt.

Der Hauptsache nach wird also die Möglichkeit dieser
Umwandlung festgestellt durch die Affinität des Kohlenstoffs
zum Elemente, das hier mit A bezeichnet wird. Im grossen
Ganzen verhält es sich auch so, und es ist nur nöthig, die
früheren Erörterungen über genannte Affinität zu berücksichtigen, um einen im Allgemeinen richtigen Einblick in die
Möglichkeit obiger Reactionen zu gewinnen.

S a u e r s t o f f, welcher von den verschiedenen Elementen die grösste Zuneigung zum Kohlenstoff hat, ist demgemäss unfähig, mittelst des obigen Abspaltens Kohlenstoffbindung zu bewirken.

C h l o r, dessen Affinität zum Kohlenstoff derjenigen des Sauerstoffs nachsteht (S. 82 und 83), eignet sich schon zum Abspalten im obigen Sinne, jedoch sehr vereinzelt, und zwar bei der Umwandlung von Chlorkohlenstoff (CCl_4) in der Hitze:

$$2\,CCl_4 = Cl_3CCCl_3 + Cl_2,$$

wobei die grosse Anhäufung von Halogenen die Chlorkohlenstoffbindung lockert (Theil I, S. 149; Theil II, S. 8).

B r o m, wiederum dem Kohlenstoff weniger fest anhaftend als Chlor (S. 34), zeigt dasselbe Verhalten:

$$2\,CBr_4 = Br_3CCBr_3 + Br_2$$

und wie zu erwarten, findet da, wo ein Abspalten von Chlor oder von Brom möglich ist (in CCl_3Br), das letztere statt:

$$2\,Cl_3CBr = Cl_3CCCl_3 + Br_2.$$

J o d, das wieder dem Brom nachsteht (S. 46), scheint fast allgemein zu einer Umwandlung im obigen Sinne geneigt, ausdrückbar durch die allgemeine Gleichung:

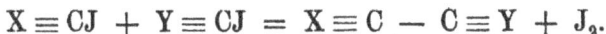

$$X \equiv CJ + Y \equiv CJ = X \equiv C - C \equiv Y + J_2.$$

W a s s e r s t o f f findet nach früheren Betrachtungen seine Stelle zwischen Brom (S. 30) und Jod (S. 43), und wirklich ist auch der Wasserstoff sehr oft zu einer Abspaltung fähig, welche einfache Kohlenstoffbindung bewirkt: so giebt das Methan beim Erhitzen Acetylen und deshalb wohl zuerst Dimethyl; ameisensaures Kalium giebt Oxalat; Cyanwasserstoff etwas Cyan, Alles unter Abspaltung von Wasserstoff. Dasselbe wiederholt sich in complicirteren Verbindungen und in dieser Beziehung sei hervorgehoben, dass die in Rede stehende Abspaltung sehr leicht am Benzolkern stattfindet. Wichtiger als das Eingehen hierauf ist das Nachweisen der Verschiedenartigkeit dieser Reactionen in den einfachsten Fällen durch Angabe der sehr verschiedenen Wärmeentwicklungen, von denen dieselben begleitet sind in verwirklichten und nicht verwirklichten Umwandlungen:

$$2\,CH_4 = H_3C \cdot CH_3 + H_2 \quad 25{,}67 - 2 \times 20{,}15 = -14{,}63$$

$$C_2H_6 + CH_4 = H_5C_2 \cdot CH_3 + H_2 \quad 30{,}82 - (25{,}67 + 20{,}15) = -15$$

$$C_2H_4 + CH_4 = H_3C_2 \cdot CH_3 + H_2 \quad 0{,}76 - (-4{,}16 + 20{,}15) = -15{,}23$$

$$H_4CO + CH_4 = H_3C \cdot CH_2OH + H_2 \quad 64{,}4 - (53{,}6 + 22) = -11{,}2 \;(\text{gasf.})$$

$$2\,H_4CO = HOH_2C \cdot CH_2OH + H_2 \quad 111{,}7 - 2 \times 62 = -12{,}3 \;(\text{flüss.})$$

$$H_2CO_2 + CH_4 = H_3C \cdot CO_2H + H_2 \quad 109{,}9 - (87{,}4 + 22) = +0{,}5 \;(\text{gasf.})$$

$$2\,H_2CO_2 = HO_2C \cdot CO_2H + H_2 \quad 197 - 2 \times 95{,}5 = +6 \;(\text{fest.})$$

$$2\,HCO_2K = KO_2C \cdot CO_2K + H_2 \quad 323{,}6 - 2 \times 154{,}8 = +14 \;\;''$$

$$2\,HCN = NC \cdot CN + H_2 \quad -74{,}6 - 2 \times\! -28{,}6 = -17{,}4 \;(\text{gasf.})$$

In der Abänderung dieser Zahlenwerthe zeigt sich die oben erwähnte fast in den Vordergrund tretende Wirkung des am Kohlenstoff Gebundenen; die Zahlen bleiben sich ziemlich gleich, wenn es sich um Kohlenwasserstoffe handelt (— 14,63 bis — 15,23) und das am Kohlenstoff Gebundene in allen Fällen hauptsächlich dasselbe, nämlich Wasserstoff ist; wird letztgenanntes Element theilweise von Sauerstoff verdrängt, in den Alkoholen, so ändern sich obige Werthe (— 11,2 bis — 12,3); nimmt die Sauerstoffmenge zu, in den Säuren, so tritt die Aenderung noch stärker hervor (+ 0,5 bis + 6) u. s. w.

Die M e t a l l e, welche in vielen Fällen (wie im Zinkmethyl) eine geringere Affinität zum Kohlenstoff haben als Wasserstoff, müssen zu obigen Abspaltungen fähig sein, die Schwermetalle besser als die Leichtmetalle:

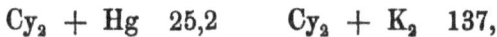

$$Cy_2 + Hg \quad 25,2 \qquad Cy_2 + K_2 \quad 137,$$

wirklich gehen derartige Metallabspaltungen unter Kohlenstoffbindung vor sich; das Cyanquecksilber zerfällt in der Hitze theilweise in Cyan und Quecksilber, während das Cyankalium dazu nicht fähig ist; das Zinkmethyl giebt unter ähnlichen Umständen Zink ab, wohl unter Bildung von Dimethyl, das Jodquecksilberäthyl ($J\,Hg\,C_2\,H_5$) giebt unter Lichteinwirkung Diäthyl, das Quecksilberphenyl in der Hitze Diphenyl u. s. w.

b. D a s E n t s t e h e n d e r e i n f a c h e n K o h l e n s t o f f b i n d u n g d u r c h A b s o n d e r u n g v o n a n K o h l e n s t o f f g e b u n d e n e n E l e m e n t e n o d e r G r u p p e n a l s V e r b i n d u n g e n. Auch diese Entstehungsweisen der Kohlenstoffbindung finden in einer allgemeinen Gleichung ihren Gesammtausdruck:

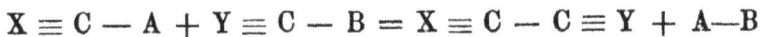

$$X \equiv C - A + Y \equiv C - B = X \equiv C - C \equiv Y + A{-}B$$

und darin spricht sich scharf Dasjenige aus, was diese Bildungsweisen als die complicirteren in zweite Linie stellte: zunächst werden hier die beiden Kohlenstoffatome nicht von demselben Elemente (resp. derselben Gruppe) losgerissen, sodann begleitet die Bildung einer Verbindung (A—B) das Entstehen der Kohlenstoffbindung.

Ueber die Leichtigkeit, womit eine derartige complicirtere Reaction stattfinden wird, lässt sich jedoch ein allgemeiner Einblick gewinnen, wenn obige in allgemeiner Form ausgedrückte Umwandlung in zwei andere gespalten wird, welche folgende Gleichungen darlegen:

(1)　$Y \equiv C - B + A_2 = Y \equiv C - A + AB$

(2)　$X \equiv C - A + Y \equiv C - A = X \equiv C - C \equiv Y + A_2$.

Offenbar drücken beide zusammen denselben Vorgang aus; dieser wird dadurch aber zerlegt in zwei andere, von denen schon die Rede war: (1) drückt die gegenseitige Verdrängung von Elementen am Kohlenstoff aus unter Bindung des Verdrängten, wie Chlorsubstitution u. s. w.; (2) ist Ausdruck der zuerst behandelten Bildungsweisen einer Kohlenstoffbindung. Von diesem Gesichtspunkte aus seien die hauptsächlichen hierher gehörigen Methoden betrachtet:

Das Entstehen der Kohlenstoffbindung durch Abspaltung von Chlor-, Brom- und Jodwasserstoff findet seinen allgemeinen Ausdruck in:

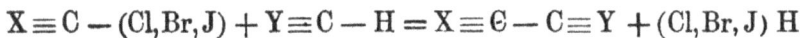

$$X \equiv C - (Cl, Br, J) + Y \equiv C - H = X \equiv C - C \equiv Y + (Cl, Br, J) H$$

wendet man hierauf die oben umschriebene Methode der Zerlegung an, so finden diese Reactionen sofort ihre Stelle zwischen den früher behandelten:

Einerseits lassen sich dieselben in Beziehung bringen zu der Methode der Kohlenstoffbindung durch Halogenabspaltung:

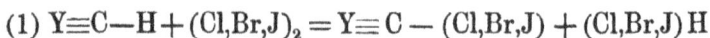

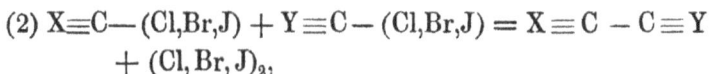

(1) $Y \equiv C - H + (Cl, Br, J)_2 = Y \equiv C - (Cl, Br, J) + (Cl, Br, J) H$

(2) $X \equiv C - (Cl, Br, J) + Y \equiv C - (Cl, Br, J) = X \equiv C - C \equiv Y$
　　　$+ (Cl, Br, J)_2$;

und da die Reaction (1) für Chlor (S. 4) und für Brom (S. 30) im Allgemeinen leicht stattfindet, für Jod (S. 43) dagegen nicht, so lässt sich erwarten, dass die Kohlenstoffbindung unter Abspaltung von Chlorwasserstoff leichter vor sich gehen wird, als diejenige unter Abspaltung von Chlor; dasselbe ist zu erwarten beim Vergleich von Brómwasserstoff- und Brom-

abspaltung; das Umgekehrte jedoch bei demjenigen von Jod-
wasserstoff- und Jodabspaltung.

Anderseits lassen sich die Reactionen in Beziehung bringen
zu der Methode der Kohlenstoffbindung durch Wasserstoffabspaltung:

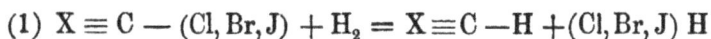

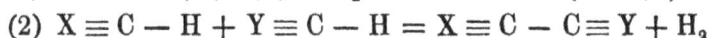

(1) $X \equiv C - (Cl, Br, J) + H_2 = X \equiv C - H + (Cl, Br, J) H$

(2) $X \equiv C - H + Y \equiv C - H = X \equiv C - C \equiv Y + H_2$

und da die Reaction (1) für Chlor (S. 15), Brom (S. 30) und
Jod (S. 43), zumal im ersten Falle zu verwirklichen, und,
soweit nachweisbar, auch im letzten Falle noch von Wärmebildung
begleitet ist, so sind sämmtliche Methoden (zumal die Salzsäureabspaltung) besser zum Binden von Kohlenstoff geeignet, als
diejenige, welche von Wasserstoffabspaltung begleitet ist, theilweise jedoch nach dem Vorhergehenden weniger fähig als
Jodabspaltung.

Da diese Reactionen der Mehrzahl nach ausgeführt wurden
unter Mitbenutzung eigenthümlicher Hülfsmittel, so wird davon
nachher die Rede sein.

Das Entstehen der Kohlenstoffbindung durch
Abspaltung von Chlor-, Brom- und Jodmetall
findet seinen allgemeinen Ausdruck in:

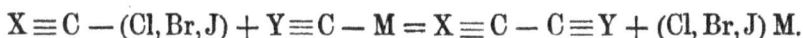

$$X \equiv C - (Cl, Br, J) + Y \equiv C - M = X \equiv C - C \equiv Y + (Cl, Br, J) M.$$

Ein allgemeines Urtheil über die Möglichkeit dieser
Reaction lässt sich dadurch gewinnen, dass dieselbe in zwei
andere, welche schon besprochen sind, gespalten wird:

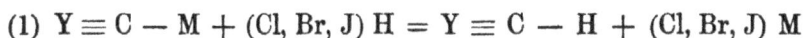

(1) $Y \equiv C - M + (Cl, Br, J) H = Y \equiv C - H + (Cl, Br, J) M$

(2) $X \equiv C - (Cl, Br, J) + Y \equiv C - H = X \equiv C - C \equiv Y + (Cl, Br, J) H$

Die Reaction (2) ist diejenige, von welcher oben die Rede
war, und (1) ist nichts anderes, als die Umwandlung einer
Kohlenstoffmetallverbindung (wie Zinkmethyl) durch resp. Chlor-,
Brom- und Jodwasserstoffsäure, welche bekanntlich im Allgemeinen leicht stattfindet. Hieraus lässt sich der Schluss ziehen,
dass diese Reaction in den drei Fällen leichter vor sich geht,

als die durch (2) ausgedrückte, und da diese mit Jodabspaltung fast vergleichbar war, sehr allgemein stattfinden muss.

Hiermit finden zwei diese Reaction berührende Fragen ebenfalls ihre einfache Lösung, namentlich die Frage nach der verschiedenen Anwendbarkeit von Verbindungen leichterer und schwererer Metalle und von denjenigen der verschiedenen Halogene. Es handelt sich zur Beantwortung nur um die Leichtigkeit, womit in diesen Fällen die Reaction (1) vor sich geht. Letztere scheint sich im Allgemeinen bei den Verbindungen schwerer Metalle schwieriger zu vollziehen, nur für die Cyanmetalle liegen thermische Angaben vor, welche die Berechnung der Wärmeentwicklung der Reaction (1) ermöglichen, also für den besonderen Fall:

$$N \equiv C - M + (Cl, Br, J) H = N \equiv C - H + (Cl, Br, J) M.$$

Diese Angaben sind im Folgenden schematisch zusammengestellt, worin Kalium als Vertreter der Leicht-, Quecksilber als derjenige der Schwermetalle auftritt:

	HCl	HBr	HJ
KCN	23	27	26
Hg ½ CN	6	13	19

Scharf zeigt sich hier der Vorzug von Verbindungen mit Leichtmetallen, und nochmals sei betont, dass wohl hierin die Bildung von Cyaniden bei Gebrauch von Cyankalium, von Carbylaminen bei demjenigen von Cyansilber ihren Grund findet (Theil I, S. 224). Auch die Rolle der verschiedenen Halogene drückt sich in obigen Zahlen aus; bei Anwendung von Verbindungen schwerer Metalle hat der Gebrauch von Jodverbindungen einen Vorzug vor demjenigen von Brom- und dieser vor demjenigen von Chlorverbindungen; bei Anwendung von Verbindungen leichter Metalle scheint dieser Vorzug thermisch nicht zu bestehen; nur sei berücksichtigt, dass Jod, auch wenn die Reaction damit keinen thermischen Vorzug hat, zu Umwandlungen besonders fähig ist (S. 51).

Das Entstehen der Kohlenstoffbindung durch
Abspaltung von Wasser findet seinen allgemeinen Ausdruck in:

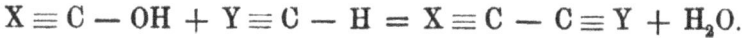

$$X \equiv C - OH + Y \equiv C - H = X \equiv C - C \equiv Y + H_2O.$$

Leicht findet auch diese Reaction ihre Stelle, indem man
dieselbe mit der vorletzten vergleicht, und zwar speciell mit
der Methode zur Bildung der Kohlenstoffbindung unter Salzsäureabspaltung; sie wird damit in Beziehung gestellt, indem
man sich dieselbe wieder in zwei Phasen vor sich gehend denkt:

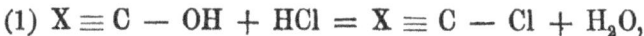

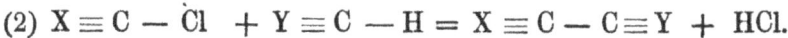

(1) $X \equiv C - OH + HCl = X \equiv C - Cl + H_2O$,

(2) $X \equiv C - Cl + Y \equiv C - H = X \equiv C - C \equiv Y + HCl$.

Der erstere dieser beiden Vorgänge wurde S. 83 behandelt
und findet im Allgemeinen (S. 85) unter unbedeutendem Energie-
aufwande statt, wodurch sich diese Methode zur Bildung einer
Kohlenstoffbindung neben diejenige stellt, welche unter Salzsäureabspaltung vor sich geht.

Auch von diesen Reactionen, der Mehrzahl nach unter
Mitbenutzung eigenthümlicher Hülfsmittel ausgeführt, wird
nachher die Rede sein.

Es seien hier nur die bis jetzt bekannten thermischen
Angaben zusammengestellt:

$CH_4O + CH_4$	$= H_3C.CH_3$	$+ H_2O$	$30 \quad + 57,6 - 53,6 - 22 = + 12$	(gasf.)
$2\,CH_4O$	$= H_3C.CH_2OH$	$+ H_2O$	$64,4 + 57,6 - 2 \times 53,6 = + 14,8$	(„ ‘)
$H_2CO_2 + CH_4$	$= H_3C.COH$	$+ H_2O$	$40 \quad + 57,6 - 87,4 - 22 = - 11,8$	(„)
$CO_2 + CH_4$	$= H_3C.CO_2H$		$109,9 - 94 \quad - 22 \qquad = - 6,1$	(„)
$H_2CO_2 + CH_4O$	$= H_3C.CO_2H$	$+ H_2O$	$109,9 + 57,6 - 87,4 - 53,6 = + 26,5$	(„)
$CO_2 + H_2CO_2$	$= CO_2H.CO_2H$		$197 \quad - 100 - 95,5 \qquad = + 1,5$	(fest.)
$H_2CO_2 + HCCl_3$	$= Cl_3C.COH$	$+ H_2O$	$\qquad\qquad\qquad\qquad\qquad - 11,6$	(flüss.)

Es zeigt sich hier wieder die Abänderung der Zahlen,
welche beim Entstehen der Kohlenstoffbindung durch Wasserstoffabspaltung nachgewiesen wurde; im Mittel sind jedoch
diese Werthe (+ 3) grösser als diejenigen bei Wasserstoffabspaltung (— 7), was dem betonten leichteren Verlaufe dieser
Reaction im Allgemeinen entspricht.

Es schliessen sich der Methode durch Wasserabspaltung einige andere an, von welchen nachher die Rede sein wird, deren Ausführbarkeit im Allgemeinen hier jedoch erörtert werden muss; dieselben entsprechen der Gleichung:

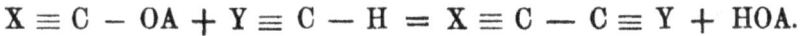

$$X \equiv C - OA + Y \equiv C - H = X \equiv C - C \equiv Y + HOA.$$

Es genügt vorläufig, darauf hinzuweisen, dass sich diese Reaction durch Spaltung in zwei andere ganz auf die oben erwähnte zurückführen lässt, und zwar folgendermaassen:

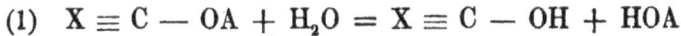

(1) $X \equiv C - OA + H_2O = X \equiv C - OH + HOA$

(2) $X \equiv C - OH + Y \equiv C - H = X \equiv C - C \equiv Y + H_2O.$

Je nachdem die Reaction (1) leichter ausführbar ist (bei Säureanhydriden z. B.), ist diese Methode der vorigen vorzuziehen.

Das Entstehen der Kohlenstoffbindung durch Abspaltung von Metalloxyden findet seinen allgemeinen Ausdruck in:

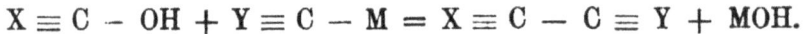

$$X \equiv C - OH + Y \equiv C - M = X \equiv C - C \equiv Y + MOH.$$

Offenbar lässt sich diese Methode leicht mit der vorigen vergleichen, indem man dieselbe wieder in zwei Phasen vor sich gehen lässt:

(1) $Y \equiv C - M + H_2O = Y \equiv C - H + MOH$

(2) $X \equiv C - OH + Y \equiv C - H = X \equiv C - C \equiv Y + H_2O.$

Je nachdem die Reaction (1) also von Wärmebildung oder Wärmeabsorption begleitet wird, ist diese Methode der vorigen vorzuziehen, oder steht hinter der letzteren zurück. Bei den Cyanmetallen, bei den Metallderivaten von Nitrokörpern, bei den Metallderivaten von wasserstoffarmen Kohlenwasserstoffen (Acetylenen) lässt sich diese Reaction also nicht erwarten, vielmehr bei den wasserstoffreichen Metallderivaten MC_nH_{2n+1}, und zwar bei denjenigen, welche durch Wasser am leichtesten zersetzbar sind, bei den Leichtmetallderivaten also; wirklich ist auch Zinkmethyl, Zinkäthyl u. s. w. (unbedingt Natriummethyl noch besser) zu Umwandlungen im obigen Sinne fähig; so wurde aus Orthoameisenäther, Zinkäthyl und Natrium (= Natriumäthyl und Zink) Triäthylmethan erhalten (B. B. V, 752):

$$HC(OC_2H_5)_3 + 3\,NaC_2H_5 = HC(C_2H_5)_3 + 3\,NaOC_2H_5,$$

auch bei der Einwirkung von Zinkmethyl u. s. w. auf Ameisensäure-, Essigsäure- und Oxalsäureester unter Bildung von resp. secundären, tertiären Alkoholen und Oxysäuren, findet u. A. eine ähnliche Umwandlung (1) statt:

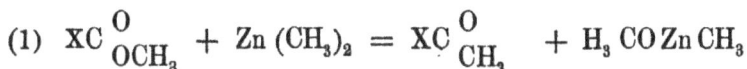

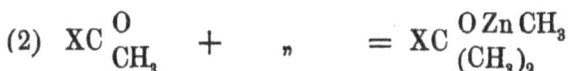

$$(1)\quad XC{O \atop OCH_3} + Zn(CH_3)_2 = XC{O \atop CH_3} + H_3COZnCH_3$$

$$(2)\quad XC{O \atop CH_3} + \quad „ \quad = XC{OZnCH_3 \atop (CH_3)_2}$$

Das Entstehen der Kohlenstoffbindung durch Abspaltung von Salzen schliesst sich der vorigen Methode an, indem statt der Hydroxylverbindung hier ein Esterderivat, öfter ein esterschwefelsaures Salz verwendet wird; dessen Einwirkung geht nach der folgenden allgemeinen Gleichung vor sich:

$$X \equiv C - OSO_3M + Y \equiv C - M = X \equiv C - C \equiv Y + SO_4M_2.$$

Dass diese Reaction im Allgemeinen leichter sein muss, als die vorige, lässt sich wieder nachweisen, indem man dieselbe durch Spaltung damit in Beziehung bringt:

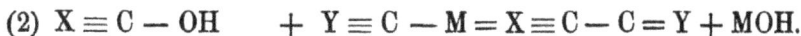

$$(1)\quad X \equiv C - OSO_3M + MOH = X \equiv C - OH + SO_4M_2$$
$$(2)\quad X \equiv C - OH \quad + Y \equiv C - M = X \equiv C - C \equiv Y + MOH.$$

Da der erstere dieser beiden Vorgänge (Verseifung eines Esters durch ein Metallhydroxyd) immer von bedeutender Wärmeentwicklung, besonders bei Benutzung von Leichtmetalloxyden, begleitet ist, so muss diese Abänderung der obigen Methode dieselbe speciell im letzteren Falle besonders erleichtern; thatsächlich sind hier auch nicht mehr, wie oben, die Cyanmetalle ausgeschlossen; vielmehr finden dieselben hier allgemeine Anwendung zur Bildung von Nitrilen, z. B.:

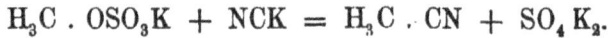

$$H_3C \cdot OSO_3K + NCK = H_3C \cdot CN + SO_4K_2.$$

Hierneben stellt sich, und zwar auf ähnlichen Gründen beruhend, die **Nitrilbildung aus Cyankalium und sulfonsauren Salzen**; letztere lassen sich bekanntlich ebenfalls durch Kali in Hydroxylderivate verwandeln.

c. **Das Entstehen der einfachen Kohlenstoffbindung durch Addition von Kohlenstoffverbindungen.** Auch diese Entstehungsweisen der Kohlenstoffbindung finden in einer allgemeinen Gleichung ihren Gesammtausdruck:

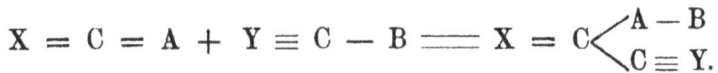

$$X = C = A + Y \equiv C - B \Longrightarrow X = C \Big\langle \begin{array}{l} A - B \\ C \equiv Y. \end{array}$$

Wiewohl hier der Vorgang seine grösste Complication erreicht hat, wenn es gilt, im Voraus seine Ausführbarkeit zu bestimmen, so lässt sich doch ein Einblick in denselben dadurch gewinnen, dass wieder die ganze Reaction in zwei andere zerlegt wird, über deren Natur sich nach Früherem urtheilen lässt:

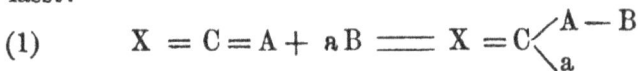

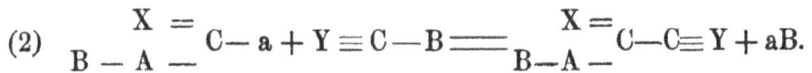

$$(1) \qquad X = C = A + aB \Longrightarrow X = C \Big\langle \begin{array}{l} A - B \\ a \end{array}$$

$$(2) \quad \begin{array}{l} X = \\ B - A - \end{array} C - a + Y \equiv C - B \Longrightarrow \begin{array}{l} X = \\ B - A - \end{array} C - C \equiv Y + aB.$$

Die erstere dieser beiden Reactionen ist eine Addition ohne Bildung einer Kohlenstoffbindung, die zweite gehört zu den früheren Methoden. Von diesem Gesichtspunkte aus seien die hauptsächlichen hierher gehörigen Methoden betrachtet:

Das Entstehen der Kohlenstoffbindung durch Addition an doppelt gebundenen Sauerstoff findet seinen allgemeinen Ausdruck in:

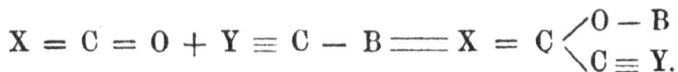

$$X = C = O + Y \equiv C - B \Longrightarrow X = C \Big\langle \begin{array}{l} O - B \\ C \equiv Y. \end{array}$$

Zu dieser Addition sind in erster Linie **Metallverbindungen** fähig, deren Einwirkung durch obige Gleichung
ausgedrückt wird, falls man nur darin B in M (Metall) verwandelt. Wendet man auf diese Reaction das oben bezeichnete
Spaltungsverfahren an, und zwar in folgender Weise:

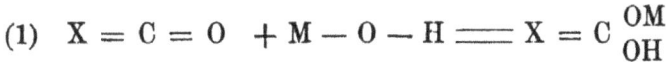

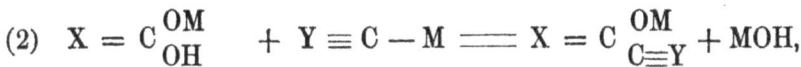

$$(1) \quad X = C = O \; + M - O - H = X = C \; {}^{OM}_{OH}$$

$$(2) \quad X = C \; {}^{OM}_{OH} \; + Y \equiv C - M = X = C \; {}^{OM}_{C\equiv Y} + MOH,$$

so sind damit dem Stattfinden dieser Reaction zwei Bedingungen
gestellt, welche auf dieselbe erleichternd wirken, und damit
ist auch das thatsächliche Verhalten genau dargelegt:

Zur Umwandlung (1), Verbindung mit Metallhydroxyd,
eignet sich von den Verbindungen der Form $X = C = O$ besonders das Kohlendioxyd; dieser Körper ist zu obiger Reaction
deshalb besonders fähig. Umwandlung (2) wurde behandelt
bei den Methoden, welche durch Abspaltung von Metalloxyd
Kohlenstoffbindung bewirken, und es wurde da klargelegt,
weshalb Cyanmetalle, dann Metallderivate von Nitrokörpern,
dann Metallderivate der wasserstoffarmen Kohlenwasserstoffe
(Acetylene) sich wenig dazu eignen, besser die Metallderivate
$MC_n H_{2n+1}$, besonders wenn M ein Leichtmetall ist.

Bekanntlich ist, ganz hiermit im Einklang, das Kohlendioxyd auch noch fähig, sich an die Metallacetylene (namentlich
Natriumderivate) zu addiren, wie an Natriumphenylacetylen
($C_6H_5 . C \equiv CNa$) u. s. w., wahrscheinlich nicht an Metallderivate
der Nitrokörper und Cyanmetalle, sehr leicht an Metallderivate
$MC_n H_{2n+1}$. Die anderen Verbindungen, welche die Gruppe
$C = O$ enthalten, Aldehyde, Ketone, Säuren u. s. w., stehen
beim Kohlendioxyd in so weit zurück, dass sie nur Letzteres
vermögen: so legt sich Aldehyd an Zinkmethyl, Aceton an
Zinkallyl; bei der Einwirkung von Zinkmethyl u. A. auf
Ameisen-, Essig- und Oxalsäureester spielt diese Addition
ebenfalls eine Rolle:

(1)　$X \cdot C \underset{OCH_3}{\overset{O}{}} + Zn(CH_3)_2 = XC \underset{CH_3}{\overset{O}{}} + H_3CO\,Zn\,CH_3$

(2)　$X \cdot C \underset{CH_3}{\overset{O}{}} + \quad _n \quad = XC \underset{(CH_3)_2}{\overset{O\,Zn\,CH_3}{}}$

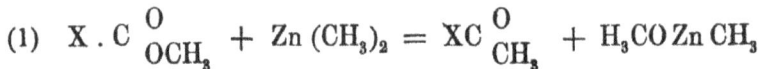

bei der Einwirkung auf Säurechloride ist dasselbe der Fall:

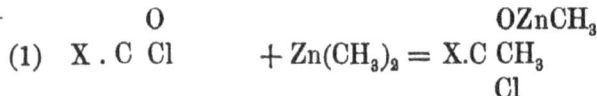

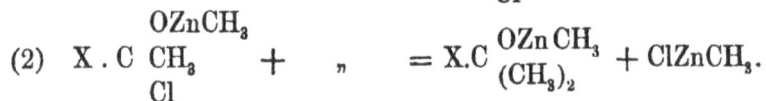

(1)　$X \cdot C \overset{O}{} Cl + Zn(CH_3)_2 = X.C \underset{Cl}{\overset{OZnCH_3}{}} CH_3$

(2)　$X \cdot C \underset{Cl}{\overset{OZnCH_3}{}} CH_3 + \quad _n \quad = X.C \underset{(CH_3)_2}{\overset{OZn\,CH_3}{}} + ClZnCH_3.$

Einer ähnlichen Addition an doppelt gebundenen Sauerstoff sind ferner einige **Wasserstoffverbindungen** fähig, und auch hierfür lässt sich im Voraus über die Möglichkeit der Reaction ein Urtheil gewinnen, indem man dieselbe wieder in zwei andere zerlegt:

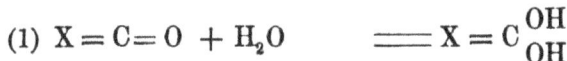

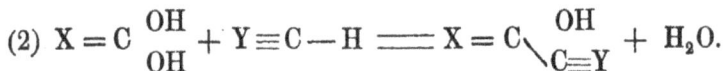

(1)　$X = C = O + H_2O \quad\quad == X = C \underset{OH}{\overset{OH}{}}$

(2)　$X = C \underset{OH}{\overset{OH}{}} + Y \equiv C - H == X = C \underset{C \equiv Y}{\diagdown} \overset{OH}{} + H_2O.$

Da die Wasseraddition (1) nur ausnahmsweise (S. 117) als eine Reaction auftritt, welche von bedeutender Wärmetönung begleitet ist, so stellt sich diese Methode neben diejenige, welche, in (2) ausgedrückt, das Entstehen der Kohlenstoffbindung unter Wasserabspaltung bewirkt; sie unterscheidet sich von der vorigen wesentlich in zwei Punkten, und zwar namentlich dadurch, dass dem Kohlendioxyd keine besondere Fähigkeit in dieser Hinsicht zukommt, und dass sie beim Gebrauch der durch Wasser zersetzbaren Metallverbindungen (namentlich $MC_n H_{2n+1}$, worin M ein Leichtmetall) zurücksteht. Nachdem hiermit der allgemeine Charakter festgestellt ist, seien die hauptsächlichsten Fälle speciell angeführt: Das Kohlendioxyd kann sich Benzol anlegen unter Bildung von Benzoësäure (C. r. LXXXVI, 1368); Aldehyde und Ketone, vielleicht auch Kohlenoxyd (Theil I, S. 157) können sich an

Cyanwasserstoff, vielleicht auch Ameisensäure anlegen, ebenfalls gehört hierher die Aldolcondensation:

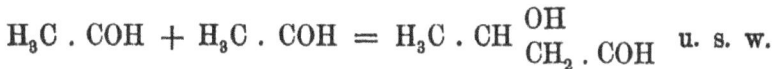

$$H_3C \,.\, COH + H_3C \,.\, COH = H_3C \,.\, CH \begin{matrix} OH \\ CH_2 \,.\, COH \end{matrix} \quad \text{u. s. w.}$$

Die bevorzugte Rolle, welche in der vorigen Reaction das Kohlendioxyd spielte, weil es leicht mit Metallhydroxyden in Verbindung tritt, scheint hier von einer Reihe von Körpern übernommen zu sein, welche ziemlich leicht mit Wasser in Verbindung treten, namentlich Aethylenoxyd $\left(\begin{matrix} CH_2 \; CH_2 \\ \diagdown O \diagup \end{matrix}\right)$ und Analoge; auch hier bewirkt Cyanwasserstoff durch Addition Kohlenstoffbindung.

Der Vollständigkeit wegen sei hinzugefügt, dass auch der mehrfach gebundene Stickstoff einer ähnlichen Addition fähig ist, und das Entstehen der Kohlenstoffbindung bei Bildung von **Tricyanwasserstoff** aus Cyanwasserstoff darin wohl seinen Grund findet (B. B. VI, 99):

$$3\,NCH = NC \,.\, CH_2 \,(NH_2) \,.\, NC.$$

Die Fähigkeit des Kohlenoxyds, durch Addition Kohlenstoffbindung zu bewirken, steht in so weit allein, dass hier nicht Doppelbindung, sondern ungebrauchte Valenzen die Addition ermöglichen. Thatsächlich lässt sich in diese Reaction ein Einblick gewinnen durch die in nachstehenden Fällen bekannten Zahlenwerthe:

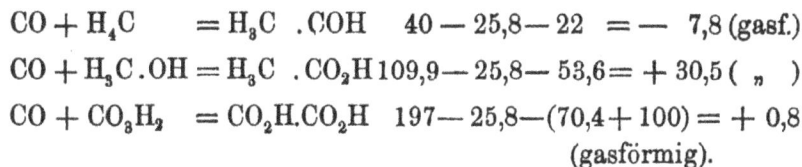

$$CO + H_4C \quad = H_3C \,.COH \quad 40 - 25{,}8 - 22 \; = - \; 7{,}8\,(\text{gasf.})$$
$$CO + H_3C.OH = H_3C \,.CO_2H\; 109{,}9 - 25{,}8 - 53{,}6 = + 30{,}5 \;(\;,,\;)$$
$$CO + CO_3H_2 \; = CO_2H.CO_2H \quad 197 - 25{,}8 - (70{,}4 + 100) = + 0{,}8$$
$$\text{(gasförmig).}$$

Im zweiten Falle zeigt ein bedeutender Zahlenunterschied (wohl daher rührend, dass Sauerstoff, resp. Hydroxyl, von nicht oxydirtem zu oxydirtem Kohlenstoff übergeht), dass die Reaction wahrscheinlich verwirklicht werden kann; doch ist dieselbe nicht bei Methylalkohol, sondern bei Natriummethylat ausgeführt; dabei muss eben die Wärmebildung noch bedeutend grösser sein, indem $H_3C.CO_2H$ eine Säure ist und $H_3C.OH$ nicht.

d. Die Hülfsmittel, welche obige Reactionen erleichtern, sind zweifacher Art, entweder erhöhen dieselben die Wärmeentwicklung, indem durch deren Vermittlung die einfachen Producte der vorigen Reactionen weitere Umwandlung erleiden, oder sie wirken dadurch, dass diese Reactionen, ohne im Wesentlichen eine Aenderung zu erfahren, beschleunigt werden.

Erstere Hülfsmittel seien in den Vordergrund gestellt; sie zerfallen in zwei natürliche Gruppen, je nachdem das Nebenproduct, das in den Methoden unter a und b abgespalten wird, oder das Hauptproduct, in welchem die neugebildete Kohlenstoffbindung sich vorfindet, weitere Umwandlung erfährt:

Die Abspaltung von Sauerstoff, unter Entstehen einer Kohlenstoffbindung, nicht ohne Weiteres stattfindend, muss unter geeigneten Bedingungen bei Anwendung von genügend kräftigen Reductionsmitteln stattfinden können, wie folgende Berechnung der Wärmebildung in einem gedachten, nicht zu verwirklichenden Falle zeigt:

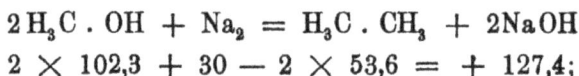

$$2\,H_3C.OH + Na_2 = H_3C.CH_3 + 2NaOH$$
$$2 \times 102,3 + 30 - 2 \times 53,6 = + 127,4;$$

ausgeführt wurde bis jetzt eine derartige Reaction nicht.

Die Abspaltung von Chlor, schon ohne Weiteres bisweilen stattfindend, durch Anwesenheit von Metallen in stärkerem Grade gestützt, als obige Reaction, weil das Chlor zu den Metallen grössere Affinität hat, als der Sauerstoff, ist ganz allgemein zur Bildung der Kohlenstoffbindung fähig; die Leichtmetalle wirken hier selbstverständlich am kräftigsten, und da in diesem Falle die Einwirkung:

$$X \equiv C - Cl + M_2 = X \equiv C - M + MCl$$

ausführbar ist, so stellt sich diese Methode wenigstens neben diejenigen, welche die Kohlenstoffbindung unter Abspaltung von Chlormetall bewirken.

Die Abspaltung von Brom und Jod wird auf ähnliche Weise begünstigt[1] und findet im letzten Falle bei Anwendung von Leichtmetallen unter etwas geringérer, bei Anwendung von Schwermetallen unter etwas grösserer Wärmeentwicklung statt, als beim Chlor; dennoch werden wohl, die Reactionsfähigkeit des Jods am Kohlenstoff in Betracht gezogen, die Umwandlungen mit Jodverbindungen am leichtesten sein.

Die Abspaltung von Wasserstoff wird in gleicher Weise durch Anwendung geeigneter Oxydationsmittel erleichtert; mit günstigem Erfolge wurde in dieser Hinsicht das Bleioxyd verwendet, welches u. A. die Umwandlung von Benzol in Diphenyl wesentlich erleichtert (B. B. VI, 753).

Die Abspaltung von Metallen schliesslich muss, durch Halogene gestützt, mit gleicher Leichtigkeit Kohlenstoffbindung bewirken, wie diejenige von Halogenen, durch Metalle gestützt, weil die Reaction:

$$X \equiv C - M + (Cl, Br, J)_2 = X \equiv C - (Cl, Br, J) + M (Cl, Br, J)$$

im Allgemeinen ausführbar ist. Eigenthümlich ist in dieser Hinsicht das Losreissen des Quecksilbers aus Jodquecksilberallyl als Jodquecksilber durch die Anwesenheit von Cyankalium; die stützende Reaction ist hier die Umwandlung von Jodquecksilber durch Cyankalium:

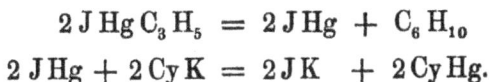

$$2\, J\, Hg\, C_3\, H_5 = 2\, J\, Hg + C_6\, H_{10}$$
$$2\, J\, Hg + 2\, Cy\, K = 2\, J\, K + 2\, Cy\, Hg.$$

Die Abspaltung von Chlor-, Brom- und Jodwasserstoff wird selbstverständlich von Basen, und am kräftigsten von den stärksten Basen gestützt; die Stelle, welche die so erleichterte Reaction einnimmt, lässt sich bestimmen, indem die folgende Umwandlung:

$$Y \equiv C - H + KOH = Y \equiv C - K + H_2 O$$

im Allgemeinen nicht ausführbar ist. Die Methode ist demgemäss nicht so geeignet wie diejenige, welche die Kohlenstoffbindung unter Abspaltung von Chlor-, Brom- oder Jodmetall

bewirkt; der Vorzug, welcher schon den Chlorverbindungen
zukam, wenn es einfache Chlorwasserstoffabspaltung galt, beim
Vergleich mit den Jodverbindungen, wird hier nur vergrössert,
da die Reaction:

$$X \equiv C - Cl + JK = X \equiv C - J + KCl$$

im Allgemeinen ausführbar ist (S. 48). Falls der verwendeten
Kohlenstoffverbindung selbst basischer Charakter zukommt, ist
Zusatz von Alkalien gewissermaassen überflüssig; so bewirkt
Jodmethylen und Dimethylanilin unter Austreten von Jod-
wasserstoff Kohlenstoffbindung:

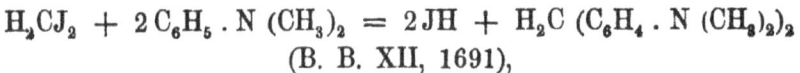

$$H_2CJ_2 + 2C_6H_5 . N(CH_3)_2 = 2JH + H_2C(C_6H_4 . N(CH_3)_2)_2$$
$$\text{(B. B. XII, 1691),}$$

indem sich Jodwasserstoff mit der unzersetzten (oder gebildeten)
Base verbindet u. s. w. Auch hier sei betont, dass Wasserstoffabspaltung unter Kohlenstoffbindung sehr leicht am Benzolkern
stattfindet.

Die Abspaltung von Wasser wird durch wasser-
entziehende Mittel, Salzsäure, Chlorzink, Schwefelsäure, Phosphorpentoxyd gestützt und führt so zu zahllosen Entstehungsweisen der Kohlenstoffbindung; am leichtesten wieder da, wo
der Wasserstoff vom Benzolkern losgerissen wird.

Während bis dahin immer das anorganische Nebenproduct
durch eine weitere Umwandlung, wozu es in den Stand gesetzt
wurde, die Reaction erleichterte, gilt es jetzt die Anführung
einiger merkwürdigen Bildungsweisen der Kohlenstoffbindung,
welche sich zwar den vorigen Methoden anreihen, von denselben aber darin abweichen, dass das kohlenstoffhaltige
Product gleichzeitig weiter umgewandelt wird.

Wie erwähnt, kann sich an doppelt gebundenen Sauerstoff
eine Kohlenstoffverbindung hinzuaddiren, so dass ein darin
enthaltenes Metall- oder Wasserstoffatom sich dem Sauerstoff
anlegt unter gleichzeitigem Entstehen einer Kohlenstoffbindung;
eine ähnliche Addition drückt die folgende Gleichung in allgemeiner Form aus:

$$X = C = O + Y = C = O \Longleftrightarrow X = C \overset{O \frown O}{\diagup \qquad \diagdown} C = Y,$$

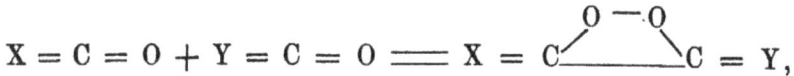

sie ist selbstverständlich unausführbar, da sie ein Ausstossen des Sauerstoffs unter Entstehen einer Kohlenstoffbindung voraussetzt; ist jedoch ein Metall (M) oder Wasserstoff (H) anwesend, um sich an theilweise losgerissenen Sauerstoff zu binden, so wird das Verhalten, wie oben bezeichnet, ein umgekehrtes, und die Gleichung:

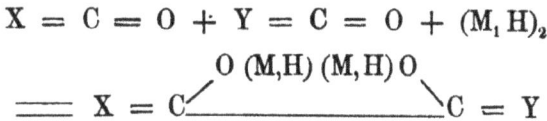

$$X = C = O + Y = C = O + (M_1 H)_2$$

$$= X = C \overset{O (M,H) (M,H) O}{\diagup \qquad\qquad\qquad \diagdown} C = Y$$

ist Ausdruck eines ausführbaren Vorganges. Ausführbar mit Metallen (M), wenn die entstehende Verbindung ein Salz ist (Oxalsäure-Synthese):

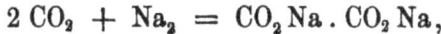

$$2 CO_2 + Na_2 = CO_2 Na . CO_2 Na,$$

in anderen Fällen öfters durch Reduction (H) herbeizuführen (Pinakonbildung):

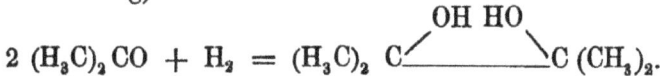

$$2 (H_3C)_2 CO + H_2 = (H_3C)_2 C \overset{OH HO}{\diagup \qquad\qquad \diagdown} C (CH_3)_2.$$

Es bleibt noch übrig, auf einige Fälle hinzuweisen, in welchen die beiden angeführten Methoden zur Erzeugung einer grösseren Wärmeentwicklung vereint wirken. Bei der Einwirkung von CCl_4 und $CHCl_3$ auf aromatische Phenole (wieder wird hier dem Benzolkern besonders leicht Wasserstoff entrissen), unter Mitwirkung von Kali, wird die Bildung der Kohlenstoffbindung unter Salzsäureabspaltung einerseits gefördert durch die Anwesenheit von Kali; gleichzeitig aber unterliegt das so gebildete chlorhaltige Product durch die Anwesenheit der Base einer weiteren Umwandlung, welche unbedingt fördernd auf dessen Bildung wirkt; folgende Gleichungen geben diesen Umwandlungen Ausdruck:

(1) Gewöhnliche Abspaltung von Salzsäure:

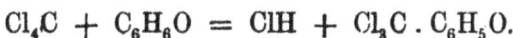

$$Cl_4C + C_6H_6O = ClH + Cl_3C . C_6H_5O.$$

(2) Erste Wirkung des Alkalis:

$$ClH + KOH = ClK + H_2O.$$

(3) Zweite Wirkung des Alkalis:

$$Cl_3C \cdot C_6H_5O + 4\,KOH = KO_2C \cdot C_6H_5O + 3\,ClK + 2\,H_2O.$$

Bei Bildung der Amidosäuren aus Aldehydammoniak und Cyanwasserstoff mittelst Salzsäure geht dasselbe vor: die Wasserabspaltung wird durch Salzsäure erleichtert, gleichzeitig aber das gebildete Cyanid in Säure und Chlorammonium verwandelt; ähnlich die Bildung von Oxamid aus Cyanwasserstoff und Wasserstoffhyperoxyd: die Wasserstoffabspaltung wird durch die oxydirende Wirkung erleichtert, das so gebildete Cyan jedoch von Wasser weiter in Oxamid verwandelt u. s. w.

Soweit die Mittel, welche die Reactionen erleichtern, weil sie die dabei auftretende Wärmeentwicklung erhöhen; eine Beschleunigung, ohne dass der Vorgang wesentlich geändert wird, erfahren dieselben durch die Wärme, wie die meisten organischen Reactionen, in einigen Fällen auch durch das Licht, welches da, wo es Halogen gilt, also Abspaltung von Brom aus CCl_3Br, Abspaltung von Jod in den -meisten Fällen, Abspaltung von HgJ aus $JHgC_2H_5$, am wirksamsten scheint; schliesslich die Wirkung des Aluminiumchlorids und einiger anderen Verbindungen von Metall und Halogen (C. r. LXXXV, 741), welche den charakteristisch trägen Umwandlungen am Kohlenstoff fast sämmtlich die Geschwindigkeit von anorganischen Reactionen mittheilen: das Entstehen der Kohlenstoffbindung unter Salzsäureabspaltung (S. 184) wird hierdurch bewirkt, z. B. beim Zusammentreffen von Chlormethyl und Benzol u. s. w.; anderseits wurde bei den Wasserstoffabspaltungsmethoden (S. 188) erwähnt, dass die Säureanhydride zur Einwirkung auf Wasserstoffverbindungen besonders fähig sein müssen; dasselbe findet hier Verwirklichung; Essigsäureanhydrid und Benzol bewirken bei Anwesenheit von Chloraluminium Kohlenstoffbindung u. s. w. (C. r. LXXXIV, 1392, 1450; LXXXV, 74; LXXXVI, 884, 1368):

$$H_3C \cdot CO \cdot O \cdot CO \cdot CH_3 + C_6H_6 = H_3C \cdot CO \cdot C_6H_5 + HOCO \cdot CH_3,$$

Die Bindung von Kohlenstoff an Kohlenstoff.   199

auch die Addition von Kohlendioxyd (S. 191) an Benzol wird
durch genanntes Hülfsmittel bewirkt:

$$H_6 C_6 + CO_2 = C_6 H_5 . CO_2 H.$$

Nochmals sei betont, dass auch hier die Leichtigkeit hervortritt, mit welcher im Allgemeinen der Benzolkern seinen
Wasserstoff für Kohlenstoff verwechselt.

Das Entstehen der doppelten und dreifachen
Kohlenstoffbindung (C = C und C ≡ C).

Nachdem im Vorstehenden die verschiedensten Methoden,
welche die einfache Kohlenstoffbindung bewirken, zusammengestellt sind, sodann die Wirksamkeit einer jeden einzelnen
im Allgemeinen festgestellt wurde, und es schliesslich öfters
möglich war, im Voraus die Anwendbarkeit einer und derselben
Methode in verschiedenen Fällen zu bestimmen, handelt es
sich jetzt um die Erörterung desselben Gegenstandes für
mehrfache Kohlenstoffbindung. Wesentlich einfach gestaltet sich
diese Aufgabe durch den Nachweis, dass obige Methoden
ihren relativen Werth beibehalten, wenn es Bildung
von doppelter aus einfacher und von dreifacher aus doppelter
Bindung gilt, dass sie jedoch in ähnlichen Fällen die erstgenannte Umwandlung leichter bewirken, als die Bildung der
einfachen Kohlenstoffbindung, und die letztgenannte Umwandlung leichter, als diejenige von doppelter aus einfacher Bindung.

Dieser Satz lässt sich durch zwei Arten von Beweis-
führungen stützen, einerseits, indem man die Fähigkeit zur
Umwandlung an verschiedenen Verbindungen
vergleicht, anderseits durch die Art der Umwandlung, welche
eine und dieselbe Verbindung erfährt, wenn mehrere Möglichkeiten vorliegen.

Die Beweisführung erster Art, soweit es sich handelt um
Beibehaltung der relativen Fähigkeit der Methoden, welche
Kohlenstoffbindung bewirken, falls dieselben verwendet werden
zur Umwandlung einfacher in mehrfache Bindung u. s. w.,
wird dadurch geliefert, dass bezüglich der Abspaltung von
Elementen die Fähigkeit zunimmt von Sauerstoff zu Chlor,

Brom, Wasserstoff, Jod: das erstgenannte Element lässt sich niemals abspalten, das zweite und dritte schon in mehreren hochgechlorten und hochgebromten Verbindungen; der Wasserstoff lässt sich allgemein durch Hitze abspalten, und das Jod tritt spontan aus. Gilt es Austreten von Verbindungen, so nehmen auch Wasser und Salzsäure ihre Stelle ein zwischen Wasserstoff und Jod; und bei Gebrauch von Hülfsmitteln werden die Reactionen hier allgemein da ausführbar, wo die früheren es wurden.

Zwingender ist die Art des Abspaltens, falls mehrere Möglichkeiten vorliegen: So bildet sich aus $CCl_2Br . CCl_2Br$ beim Erhitzen die Doppelbindung unter Abspaltung von Brom, nicht von Chlor (J. B. 1875, 267); aus $CH_2Cl.CH_2Cl$ unter Abspaltung von Salzsäure, nicht von Wasserstoff oder Chlor; aus $CH_2Br.CH_2Br$ dasselbe; umgekehrt jedoch aus $CH_2J . CH_2J$, wobei Jod und kein Wasserstoff oder Jodwasserstoff abgespalten wird; aus $CH_3 . CH_2OH$ unter Abspaltung von Wasser, nicht von Wasserstoff u. s. w. Wichtig ist es, durch Anwendung dieser Methode eine Frage zu entscheiden, die früher gestellt wurde (S. 196); die Abspaltung namentlich von Jodwasserstoff und der analogen Brom- und Chlorverbindung durch Kali findet im letzten Falle unter einer etwas grösseren Wärmebildung statt; die bemerkte Leichtigkeit jedoch, womit das Jod am Kohlenstoff Umwandlungen zulässt, macht es fraglich, in welcher Richtung die Abspaltung stattfinden wird: die Verbindungen $CHClJ . CH_3$, $CHClBr . CH_3$ und $CHBrJ . CH_3$ spalten zuerst Jodwasserstoff, dann Bromwasserstoff, dann Salzsäure ab (J. B. 1870, 438).

Der zweite Theil des obigen Satzes, dass bei Anwendung derselben Methode die Bewirkung der Kohlenstoffbindung schwieriger ist, als die Umwandlung von einfacher in Doppelbindung, und dass die Bildung der dreifachen Bindung noch leichter erfolgt, lässt sich einerseits wieder durch Vergleich von verschiedenen Fällen nachweisen.

Der Uebergang von CCl_4 und CBr_4 zu Cl_6C_2 und Br_6Cl_2 ist schwieriger zu bewirken, als derjenige von den letzterwähnten Verbindungen zu Cl_4C_2 und Br_4C_2; der Uebergang von H_6CJ zu H_6C_2 ist schwieriger als derjenige von $H_3CJ \cdot H_2CJ$ zu H_4C_2; das Umwandeln eines Gemenges von H_3CCl und H_4C unter Salzsäureabspaltung in C_2H_6 wird schwieriger sein, als die Salzsäureabspaltung bei C_2H_5Cl; das Umwandeln eines Gemenges von H_3COH und H_4C unter Wasserabspaltung in C_2H_6 schwieriger, als die Wasserabspaltung bei $C_2H_5 \cdot OH$ u. s. w. Schärfer noch zeigt sich das verhältnissmässig schwere Entstehen einfacher Kohlenstoffbindung gegenüber der Umwandlung einfacher in doppelte Bindung dadurch, dass es **Methoden giebt, welche erstere Umwandlung nicht bewirken können, und für letztere allgemeine Gültigkeit haben:** so (um ein Beispiel aus vielen zu wählen) wurde erwähnt (S. 194), dass bis jetzt für die Bildung der Kohlenstoffbindung unter Sauerstoffabspaltung auch beim Gebrauche reducirender Agentien keine geeignete Methode besteht; anders, wo es die Bildung einer Doppelbindung gilt; ganz allgemein erfahren die mehratomigen Alkohole, welche die Gruppe $XC(OH) — C(OH)Y$ enthalten, durch Ameisensäure (Oxalsäure), zumal auch durch Zinkpulver (S. 63), eine Reduction, welche die erwähnte Gruppe in $XC = CY$ umwandelt; wichtig ist es, zu betonen, dass in diesem Falle (beim Erhitzen mit Ameisensäure) der Methylalkohol sich in anderer Richtung umwandelt und in Methan übergeht (Theil I, S. 170), und das ist eben Andeutung einer neuen Stütze für den zu beweisenden Satz: **bei Anwendung derselben Methode zur Bewirkung der Kohlenstoffbindung verläuft die Reaction normal, falls nur die Doppelbindung entstehen muss, öfters jedoch in anderem Sinn, wenn die einfache Kohlenstoffbindung bewirkt werden muss,** so (um wieder ein Beispiel aus vielen zu wählen) giebt unter denselben Umständen, unter welchen Schwefelsäure Aethylalkohol in Aethylen verwandelt, Methylalkohol nicht das entsprechende unter Auftreten einer Kohlenstoffbindung erzielte Product, sondern Methyloxyd.

Nicht weniger zutreffend ist die Berücksichtigung der

Umwandlungsweise eines Körpers, wenn derselbe durch ähnliche Vorgänge das Entstehen einfacher Kohlenstoffbindung oder das Umwandeln einer in ihm enthaltenen derartigen Bindung in doppelte veranlassen kann; zutreffend, weil die Beispiele hiervon zahllos sind, denn jeder Körper, mit welchem letzteres geschehen kann, ist auch in der zuerst erwähnten Richtung umwandelbar, erfährt jedoch diese Umwandlung äusserst selten: Ebenso wie Chlor- und Bromaustritt C_2Cl_6 und C_2Br_6 in C_2Cl_4 und C_2Br_4 umwandeln kann, wäre es denkbar, dass dabei C_4Cl_{10} und C_4Br_{10} entstände; ebenso wie Jodaustritt $C_2H_4J_2$ in C_2H_4 verwandeln kann, wäre es denkbar, dass $C_4H_{10}J_2$ entstände; ClC_2H_5 könnte durch Salzsäureabspaltung in C_4H_9Cl, HOC_2H_5 durch Wasserabspaltung in $HO . C_4H_9$ übergehen u. s. w. Falls eine derartige Condensation auftritt, lässt sich immer eine Nebenreaction aufweisen, wodurch das Entstehen der einfachen Kohlenstoffbindung begünstigt wurde, wie bei den Adehyden und Ketonen, wo die Condensation unter Wasserabspaltung offenbar durch die früher erwähnte Additionsfähigkeit (S. 192) eingeleitet wird, wie durch die Zwischenbildung von Aldol beim Entstehen von Crotonaldehyd aus Aethylaldehyd thatsächlich festgestellt ist. Auch wenn Chloräthyl und Benzol mittelst Aluminiumchlorid unter Salzsäureabspaltung Aethylbenzol statt Aethylen liefern, kommt hier nur als störende Wirkung die mehrfach betonte Leichtigkeit, womit der Benzolkern seinen Wasserstoff für Kohlenstoff verwechselt (S. 181, 196, 199), in Betracht.

Die Leichtigkeit, womit die dreifache aus zweifacher Bindung entsteht, übertrifft jedenfalls bedeutend diejenige, womit die einfache Kohlenstoffbindung bewirkt wird, anscheinend sogar mehr, als die Leichtigkeit, womit die Doppelbindung entsteht. Werden auch hier die oben benutzten Methoden angewendet und zuerst verschiedene Körper neben einander gestellt in möglichst vergleichbaren Fällen, so tritt Obiges öfters hervor: die Salzsäureabspaltung findet bei C_2H_5Cl schwieriger als bei C_2H_3Cl statt, und C_2HCl scheint sich sogar spontan zu zersetzen. Bei derartigen kleinen Unterschieden wirken jedoch die störenden Einflüsse, welche im Eingange dieser Abtheilung im Allgemeinen berührt sind (S. 179), kräftig: so scheint die Umwandlung von C_2Cl_6 zu C_2Cl_4 leichter vor sich zu gehen, als der weitere Schritt zu $(C_2Cl_2)_3$, weil die anfangs grosse Chloranhäufung allmählich abnimmt und damit zugleich die früher betonte loslösende Wirkung des genannten Elements (Theil I, S. 149). Wichtig ist es deshalb, darauf Nachdruck zu legen, dass, falls in einem und demselben Körper durch ähnliche Vorgänge Doppelbindung aus einfacher, und dreifache Bindung aus doppelter stattfinden kann, letzteres vor sich geht: so geben $H_2C = CCl.CH_3$ und $H_2C = CCl.CH_2.CH_3$ durch weitere Abspaltung von Chlorwasserstoff $HC \equiv C.CH_3$ und $HC \equiv C.CH_2.CH_3$ statt $H_2C = C = CH_2$ und $H_2C = C = CH.CH_3$.

Wo das Entstehen der doppelten und dreifachen aus resp. einfacher und doppelter Bindung neben demjenigen der einfachen Bindung als ähnliche, jedoch leichtere Aufgabe sich herausstellt, da wird selbstverständlich das Entstehen der doppelten und dreifachen Bindung direct, aus ungebundenen Kohlenstoffatomen also, eine Aufgabe, ganz ähnlich derjenigen, welche einfache Kohlenstoffbindung zu bewirken beabsichtigte. Eine derartige Umwandlung wählt sich jedoch als Ausgangsquelle solche Körper, mit welchen dieselbe Reaction zwei- oder dreimal ausführbar ist; so stellt sich z. B. die Aethylenbildung aus H_2CJ_2 neben die Acetylenbildung aus HCJ_3 und Metallen, als einfache Folge der Ausführbarkeit der Umwandlung des Jodmethyls in Aethan durch dasselbe Agens.

Das Entstehen der Ringbindung von Kohlenstoff stellt sich gewissermaassen neben dasjenige der mehrfachen Kohlenstoffbindung, insofern es auch bei ersterem gilt, weitere Bindung zu bewirken zwischen schon unter sich gebundenen Kohlenstoffatomen; allein während im letzteren Falle diese neue Bindung zwischen schon direct vereinigtem Atome bewirkt wird, kommt dieselbe bei der Ringbindung zu Stande zwischen Kohlenstoffatomen, die zwar mittelst anderer, jedoch nicht direct gebunden sind.

Anscheinend stellt sich die Ringbindung zwischen das Entstehen einer einfachen und dasjenige einer doppelten Kohlenstoffbindung, weil sie wesentlich einfache Bindung bewirkt einerseits, anderseits jedoch hier diese Umwandlung, wie wenn es Entstehen der Doppelbindung gilt, innerhalb des Moleküls stattfindet. Höchst auffällig ist es demnach, dass diese Ringbindung in einigen Fällen derartig schwierig sich bildet, dass mit Recht an Nichtexistenzfähigkeit gedacht werden muss, während sie dagegen in anderen Fällen mit ziemlicher Leichtigkeit entsteht; erstere Fälle sind diejenigen, in welchen drei bis fünf (A. C. CLXXX, 192), der letztere Fall ist derjenige, worin sechs Kohlenstoffatome ringförmig gebunden sind.

Dieser schroffe Gegensatz sei in den Thatsachen verfolgt. Diejenigen bezüglich der **Nichtexistenz des drei- bis fünfatomigen Kohlenstoffringes** sind der oben erwähnten Abhandlung zu entnehmen:

1. Die Verbindung $CH_2Br . CH_2 . CH_2Br$ führt bei Behandlung mit Natrium nicht zum ringförmigen Propylen,

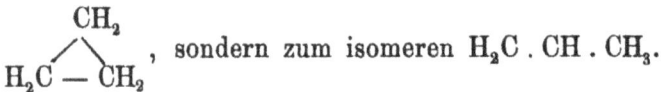, sondern zum isomeren $H_2C . CH . CH_3$.

2. Die Verbindung $CH_2Cl . CHOH . CH_2Cl$ führt eben so wenig unter denselben Umständen zum ringförmigen Alkohol,

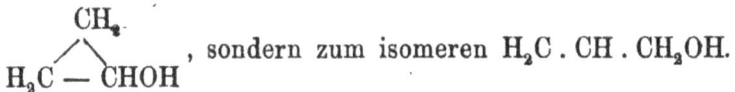, sondern zum isomeren $H_2C . CH . CH_2OH$.

3. Die Verbindung $(H_3C)_2C . CHBr$ führt mit Kali nicht

zum ringförmigen Crotonylen,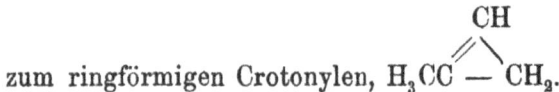

4. Die Verbindung $H_3C . C . CJ$ führt eben so wenig unter

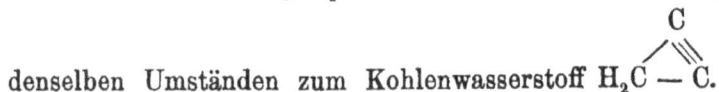

denselben Umständen zum Kohlenwasserstoff

Neben diesen Thatsachen steht die Erfahrung, dass auf dem so vielseitig bearbeiteten Gebiete der einfacheren Kohlenstoffverbindungen bis jetzt kein Fall hervorgetreten ist, welcher die Annahme der Existenz eines drei- bis fünfatomigen Kohlenstoffringes nothwendig macht (vergleiche Späteres).

Das verhältnissmässig leichte Entstehen des sechsatomigen Kohlenstoffringes sei verfolgt in den hauptsächlichen Bildungsweisen von aromatischen aus Fettkörpern:

1. Die Umwandlung von Methylalkohol, auch von Aceton, durch Chlorzink in Hexamethylbenzol (B. B. XII, 372) bewirkt die Benzolkernbildung in einem Male, ausgehend von Molekülen, welche nur ein Kohlenstoffatom enthalten; vielleicht stellt sich daneben die Bildung des Kohlenoxydkaliums, falls diese Verbindung $(CO)_{10} K_4$ als Kaliumsalz einer Chinonsäure $C_6 (O_2)(CO_2H)_4$ aufgefasst werden muss (Wurtz, Dict. Rhodizonique).

2. Die Umwandlung von Acetylen in Benzol durch Hitze stellt sich voran in einer Gruppe von Bildungsweisen aromatischer Körper, woran sich schliessen einerseits die einfach substituirten Acetylene, wie Allylen (das sich zu Mesitylen polymerisirt), zweifach Chlor- und Bromacetylen (welche sogar nicht existenzfähig scheinen, und sich sofort in Hexachlor- und -brombenzol verwandeln [1]), anderseits die Umwandlung von Aceton und anderen Ketonen, welche sich durch Schwefelsäure in Mesitylen u. A. verwandeln.

3. Die Bildung von Succinylbernsteinsäure (-ester) $\begin{matrix} H_2 C \\ | \\ H_2 C \end{matrix}$ $\begin{matrix} . CO . CH . CO_2H \\ | \\ . CO . CH . CO_2H \end{matrix}$ aus Bernsteinsäure (-ester) und Natrium (B. B. VIII, 1039).

4. Die Umwandlung der Pyrotraubensäure durch Baryt in Mesidin- (Uvitin-) säure $(C_6H_3) (CH_3) (CO_2H)_2$ (1 . 3 . 5) (A. C. CLXXXIX, 171).

5. Die Umwandlung von Acetessigester beim Erhitzen in Dehydracetsäure $C_6H_2 (\overset{1}{CH_3}) (\overset{2}{OH})_2 (CO_2H)$ (B. B. VIII, 884;

---

[1] Die directe Bildung von C_6Cl_6 durch Perchlorirung von Hexanderivaten kann auf Zwischenbildung von C_2Cl_2 beruhen.

IX, 325; 1094); diejenige der Natriumverbindung beim Erhitzen mit Chloroform in Oxyuvitinsäure C_6H_2 $(\overset{1}{C}H_3)$ $(\overset{4}{O}H)$ $(CO_2H)_2$ (B. B. VII, 932).

6. Die Umwandlung von Valerylen durch Erhitzen in Cymol (B. B. XIII, 1746).

So viel zum Beweise, dass der sechsatomige Kohlenstoffring sich verhältnissmässig leicht bildet. Als Bemerkung sei hinzugefügt, dass, falls diese Ringbindung schon vorhanden ist, auch eine Ringbindung von weniger Kohlenstoffatomen möglich scheint; so scheint im Diphenylenmethan, $\begin{array}{l} C_6H_4 \\ | \quad\quad \rangle CH_2, \\ C_6H_4 \end{array}$ u. A., im Anthracen u. s. w. ein vieratomiger Kohlenstoffring zu existiren.

***

2. Das Zerfallen der Kohlenstoffbindung.

Das Zerfallen der einfachen Kohlenstoffbindung sei auch hier in den Vordergrund gestellt, und der Behandlung dieses Gegenstandes, der vorhergehenden möglichst analog, folgende Eintheilungsweise zu Grunde gelegt:

a. Das Zerfallen der einfachen Kohlenstoffbindung durch Anlegen von Elementen.

b. Dasselbe durch Anlegen von Verbindungen.

c. Dasselbe durch spontane Abspaltung.

d. Die Hülfsmittel, welche obige Reactionen erleichtern.

a. Die oben angeführte einfachste Form des Zerfallens einer einfachen Kohlenstoffbindung findet ihren Gesammtausdruck in einer Gleichung, derjenigen gegenüberstehend, welche der früher erörterten umgekehrten Reaction entspricht:

$$X \equiv C - C \equiv Y + A_2 = X \equiv C - A + Y \equiv C - A.$$

Dem früheren Falle gegenüber wird diese Reaction gerade durch die Affinität des die Spaltung bewirkenden Elements A zum Kohlenstoff gefördert, und die Reihenfolge, welche die

Fähigkeit der Elemente zur Herbeiführung dieser Umwandlung ausdrückt, ist der früheren gerade entgegengesetzt.

Jod, früher voranstehend (S. 181), ist jetzt unfähig; in keinem bis jetzt bekannten Falle bewirkt es die in Rede stehende Reaction.

Wasserstoff, früher dem Jod nachstehend (S. 181), zeigt sich jetzt schon, wiewohl äusserst vereinzelt, fähig; aus thermischen Gründen, deren Zahlenwerthe mit umgekehrtem Zeichen bereits (S. 182) angegeben wurden, lässt sich diese Spaltung beim Cyan in erster Linie erwarten, sie wurde auch bei demselben ausgeführt (B. B. XII, 2153); der Seltenheit dieser Fälle wegen sei erwähnt, dass auch die Oxalsäure im Grove'schen Elemente theilweise zu Ameisensäure gespalten wird (J. B. 1869, p. 301).

Von Brom und Chlor kann schon nicht mehr gesagt werden, dass die Fälle, worin sie Kohlenstoffbindung zerbrechen, vereinzelt dastehen: die meisten Kohlenwasserstoffe erfahren eine derartige Spaltung, nachdem mehr oder weniger Wasserstoff durch Halogen ersetzt ist; so fanden schon Beilstein und Kuhlberg, dass Toluol bis zu $C_6HCl_4 . CCl_3$ chlorirt werden kann, dann jedoch in C_6Cl_6 und CCl_4 zerbricht; die Perchlorirungs- und Perbromirungsversuche zeigen dasselbe, Propan, Butan, Hexan sind dadurch spaltbar (Städel's J. B. V, p. 133; VI, p. 126), auch aromatische Kohlenwasserstoffe (l. c. IV, p. 105); durch Brom (bei Anwesenheit von Aluminiumbromid) wurde Cymol und Isobutylbenzol zwischen Kern und Seitenkette gebrochen (Städel's J. B. VI, p. 278). Viele Säuren erfahren dasselbe, und zerfallen, indem sich das Halogen zwischen die Carboxylgruppe und daran gebundenen Kohlenstoff legt, unter Kohlendioxydabspaltung:

$$X \equiv C . CO_2H + Cl_2 = X \equiv CCl + ClCO_2H = X \equiv CCl + CO_2 + ClH,$$

so die Trichloressigsäure durch Chlor (bei Anwesenheit von Jod), die Malonsäure und die Bernsteinsäure durch Brom, die Heptylsäure durch Chlor u. s. w. Auch Knallquecksilber wird durch Chlor und Brom (jedoch nicht durch Jod) in Chlorcyan und Chlorpikrin oder die resp. Bromverbindungen zerlegt.

Sauerstoff schliesslich, zu der früheren entgegengesetzten Umwandlung unfähig (S. 181), wirkt hier am kräftigsten und spaltet ohne Ausnahme die Kohlenstoffbindung in den verschiedensten Fällen. Es sei jedoch die Fähigkeit des Sauerstoffs, diese Umwandlung zu bewirken, mehr in Einzelheiten berührt, und als Ausgangspunkt seien die thermischen Daten soweit möglich erwähnt; da aber für einfache Sauerstoffaddition diese Zahlen fehlen, so seien an deren Stelle andere gewählt, welche denselben gleichwohl sehr nahe stehen müssen und folgender Umwandlung (feuchter Oxydation) entsprechen:

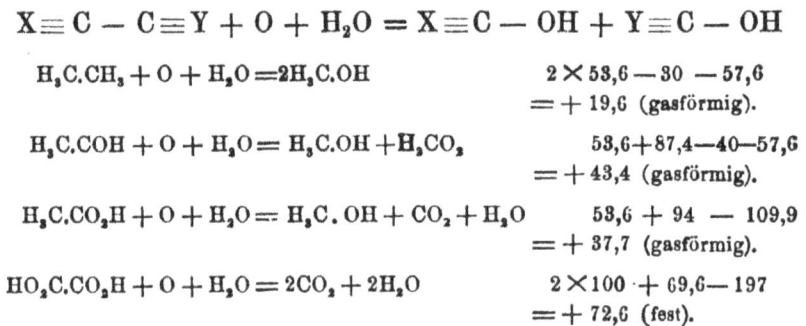

$$X \equiv C - C \equiv Y + O + H_2O = X \equiv C - OH + Y \equiv C - OH$$

$H_3C.CH_3 + O + H_2O = 2H_3C.OH$	$2 \times 53,6 - 30 - 57,6$ $= + 19,6$ (gasförmig).
$H_3C.COH + O + H_2O = H_3C.OH + H_2CO_2$	$53,6 + 87,4 - 40 - 57,6$ $= + 43,4$ (gasförmig).
$H_3C.CO_2H + O + H_2O = H_3C.OH + CO_2 + H_2O$	$53,6 + 94 - 109,9$ $= + 37,7$ (gasförmig).
$HO_2C.CO_2H + O + H_2O = 2CO_2 + 2H_2O$	$2 \times 100 + 69,6 - 197$ $= + 72,6$ (fest).

In erster Linie muss darauf Nachdruck gelegt werden, dass diese Zahlen von denjenigen, welche der reinen Oxydation entsprechen:

$$X \equiv C - C \equiv Y + O = X \equiv C - O - C \equiv Y$$

wenig abweichen, da der Vorgang:

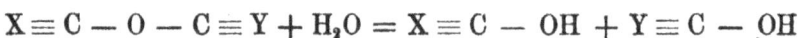

$$X \equiv C - O - C \equiv Y + H_2O = X \equiv C - OH + Y \equiv C - OH$$

im Allgemeinen von geringer Wärmeentwicklung begleitet ist (S. 120 im Mittel $+$ 3).

Dies vorausgeschickt, ist es wichtig zu bemerken, dass die in Rede stehenden Zahlen im Mittel ($+$ 43) bedeutend den für Wasserstoffdurchbrechung gefundenen Werth ($+$ 7) übersteigen, auch nach Abzug des obigen Mittelwerths ($+$ 3) für die Nebenreaction; jener grössere Werth entspricht dem Vorzuge, welcher dem Zerbrechen der Kohlenstoffbindung durch Sauerstoff vor demjenigen durch Wasserstoff zukommt.

In dritter Linie sei hingewiesen auf das Zunehmen der Zahlenwerthe für die ähnliche Reaction, je nachdem dieselbe nichtoxydirte oder oxydirte Kohlenstoffatome von einander loslöst; auch diesbezüglich sei bemerkt, dass der oben als Nebenreaction bezeichnete Vorgang nicht dasselbe veranlasst; zwar findet da nach S. 120 eine Steigerung der Wärmeentwicklung statt in demselben Sinne, die Säureanhydride und Wasser wirken unter grösserer Wärmebildung ein als die Ester und Aether; der Betrag dieser Zunahme jedoch, im Maximum 14, gleicht diejenige von 43 hier nicht aus. Es steht wieder diese Erscheinung nicht allein: wo es die Verdrängung von Wasserstoff durch Sauerstoff galt, wirkte Anwesenheit des letztgenannten Elements am zu oxydirenden Kohlenstoff günstig auf die Wärmeentwicklung (S. 55), dasselbe wurde bewirkt für Chlorverdrängung (S. 82), dasselbe für Schwefelverdrängung (S. 145), dasselbe hier, wo Kohlenstoff durch Sauerstoff verdrängt wird.

Höhere Bedeutung noch erhält dieser Sauerstoffeinfluss durch die beschleunigende Wirkung, welche Sauerstoff auf Reactionen in seiner Nähe ausübt und welche auch beim Zerfallen der Kohlenstoffbindung zur Geltung kommt: das Chlor z. B. zerbricht $CCl_3 . CO_2H$, nicht $CCl_3 . CCl_3$. Auffallend zeigt sich derselbe Einfluss in den durch Wasserstoff bewirkten Kohlenstoffabspaltungen: von den Körpern zwischen $H_3C.CH_3$ und Oxalsäure, vom sauerstoffärmsten also bis zum sauerstoffreichsten, ist es der letztere, welcher bei der Reduction unter Ameisensäurebildung am wenigsten Wärme entwickelt (S. 182); dennoch ist nur bei diesem Körper die genannte Spaltung ausgeführt (S. 207), während die kräftigsten Reductionsmittel (JH) solches beim Aethan nicht vermögen. Grossartig tritt das Alles hervor im Verhalten der verschiedensten organischen Körper gegen die kräftigsten Reductionsmittel (Jodwasserstoff): jedes fremde Element, Chlor, Brom, Jod, Sauerstoff, Schwefel, Metalle und Stickstoff, wird dabei dem Kohlenstoff entnommen und durch Wasserstoff ersetzt, die Kohlenstoffbindung bleibt jedoch ungestört als Kohlenwasserstoff zurück; anders bei der kräftigen Oxydation (Verbrennung), jedes fremde Element wird auch hierbei losgerissen und ersetzt; den für seine eigene Wirkung auf die Kohlenstoffbindung beschleunigenden Einfluss hat der Sauerstoff jedoch mit sich in die Verbindung hineingeführt und das Skelett zerfällt gänzlich.

Thatsächlich seien hier nur die einfachsten Fälle berührt, und zwar die zwischen Aethan und Oxalsäure liegenden Verbindungen:

1. $H_3C . CH_3$,
2. $H_3C . CH_2OH$,
3. $H_2COH . H_2COH$ und $\quad H_3C . COH$,
4. $H_2COH . HCO \quad$ „ $\quad H_3C . CO_2H$,
5. $HCO . HCO \quad$ „ $\quad H_2COH . CO_2H$,
6. $HCO . CO_2H$,
7. $CO_2H . CO_2H$.

Zuerst sei bemerkt, dass der erste dieser Körper, bei welchen eine Zwischenschiebung von Sauerstoff ausgeführt wurde, das sub 3 angeführte Glycol ist; elektrolytisch wurde daraus $(H_2CO)_3$ (s. g. Glycerinaldehyd) erhalten (Städel, J. B. V, 165). In zweiter Linie sei auf die grosse Oxydationsfähigkeit der Oxalsäure hingewiesen; sie stellt sich in dieser Hinsicht der Ameisensäure ganz zur Seite:

$$C_2O_4H_2 + O = 2CO_2 + H_2O \quad + 72{,}6$$

$$CO_2H_2 + O = CO_2 + H_2O \quad + 75{,}6 \text{ (S. 80)}$$

und ist bekanntlich fähig, die kräftigsten Reductionen zu bewirken.

Eine davon sei hier speciell erwähnt: eigenthümliche gleichzeitige Oxydations- und Reductionsvorgänge waren Folge der Befähigung, welche eingetretener Sauerstoff einer Verbindung mittheilt, ihren Wasserstoff gegen Sauerstoff auszutauschen (S. 79); Aehnliches fand sich aus ähnlichen Gründen bei der gegenseitigen Umwandlung von Chlor in Sauerstoff (S. 109); Andeutung desselben Vorgangs fand sich bei der Umwandlung von Schwefel in Sauerstoff (S. 146); daran schliesst sich ein ähnlicher Fall hier, wo gleichzeitiges Erzeugen und Zerfallen einer Kohlenstoffbindung durch den oben beschriebenen Sauerstoffeinfluss ermöglicht wird; es ist die Umwandlung des Glycols durch Oxalsäure:

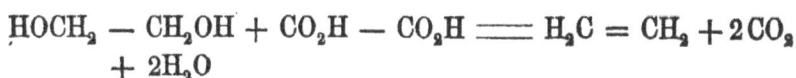

$$HOCH_2 - CH_2OH + CO_2H - CO_2H = H_2C = CH_2 + 2CO_2 + 2H_2O$$

die einfache Bindung im Glycol wird in die Doppelbindung des Aethylens übergeführt, diejenige in der Oxalsäure wird losgerissen unter Kohlendioxydbildung.

Die Metalle müssen, wie aus dem Früheren erhellt (S. 183), zum Sprengen der Kohlenstoffbindung wenig geeignet sein, und zwar die Leichtmetalle ebenfalls in Folge des früher Erwähnten besser, als die Schwermetalle.

Die Fälle, in welchen die Metalle am kräftigsten wirken müssen, lassen sich im Voraus feststellen durch die Vergleichung ihrer Wirkungen nach dem allgemeineren Ausdrucke:

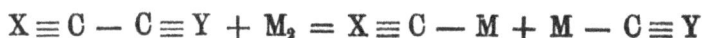

$$X \equiv C - C \equiv Y + M_2 = X \equiv C - M + M - C \equiv Y$$

mit derjenigen des Wasserstoffs:

$$X \equiv C - C \equiv Y + H_2 = X \equiv C - H + H - C \equiv Y.$$

Die erstere Reaction lässt sich als die Summe der letzteren und der Umwandlung:

$$X \equiv C - H + Y \equiv C - H + M_2 = X \equiv C - M + Y \equiv C - M + H_2$$

auffassen, und je leichter letztere stattfindet, je mehr werden die Metalle vor dem Wasserstoff den Vorzug haben. Im Allgemeinen finden demnach diese Umwandlungen schwieriger statt; wo jedoch X oder Y oder beide Stickstoff sind, oder Nitrogruppen enthalten, wird das Verhältniss ein umgekehrtes; dann eben tritt auch Spaltbarkeit ein: das Cyan wird von den Leichtmetallen, z. B. Natrium, zu Cyannatrium gebrochen (B. B. XII, 2153), das Acetonitril theilweise ebenfalls unter Cyannatriumbildung (J. B. 1868, p. 633) u. s. w.

b. Das Zerfallen der einfachen Kohlenstoffbindung durch Anlegen von Verbindungen.

Auch diese Kohlenstoffabspaltungsweisen finden ihren Gesammtausdruck in einer Gleichung, derjenigen gegenüberstehend, welche der früher behandelten umgekehrten Reaction entspricht (S. 183):

$$X \equiv C - C \equiv Y + A - B = X \equiv C - A + Y \equiv C - B.$$

Wie hieraus ersichtlich, stellen sich diese Umwandlungen in einfache Beziehung zu denjenigen, welche durch Anlegen von Elementen bewirkt werden, indem dieselben sich folgendermaassen in zwei Reactionen zerlegen lassen:

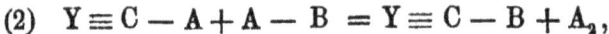

(1) $X \equiv C - C \equiv Y + A_2 = X \equiv C - A + Y \equiv C - A$

(2) $Y \equiv C - A + A - B = Y \equiv C - B + A_2$,

von denen (1) das Zerfallen der Kohlenstoffbindung durch ein Element, und (2) eine Umwandlung ausdrückt, bei der die Kohlenstoffbindung ungeändert bleibt.

Von diesem Gesichtspunkte aus seien die hauptsächlichen hierher gehörigen Methoden betrachtet:

Jod-, Brom- und Chlorwasserstoff finden nach früheren Betrachtungen (S. 184) ihre Stelle zwischen Wasserstoff und Jod, wenn es Zerfallen der Kohlenstoffbindung gilt, und der erstere steht in dieser Hinsicht dem letzteren voran; es kann also nicht auffallen, dass bis dahin keine Beispiele vorliegen von Kohlenstoffabspaltung, durch genannte Körper bewirkt. Selbstverständlich treten aus früheren Gründen (S. 185) die Halogenmetalle für diesen Zweck noch mehr, deshalb ganz zurück.

Das Wasser stellt sich wie früher (S. 187) etwa neben Salzsäure; demgemäss sind auch die Fälle, worin es Kohlenstoffabspaltung bewirkt, äusserst selten; so wurde Tribromessigsäure (J. B. 1873, p. 537) und Trichloressigsäure (J. B. 1875, p. 473) in wässriger Lösung bei Temperaturen zersetzt, bei denen sie an und für sich ungeändert bleiben; auch mit Oxalsäure scheint dasselbe der Fall zu sein.

Die Säuren und Alkalien reihen sich dem Wasser an, indem die dadurch veranlassten Spaltungen sehr leicht mit den durch Wasser bewirkten vergleichbar sind.

Werden zuerst die von Säuren bewirkten Spaltungen in's Auge gefasst, so ergeben sich dafür zwei Spaltungsweisen, welche in folgenden Gleichungen, worin ZOH die Säure darstellt, einen allgemeinen Ausdruck finden:

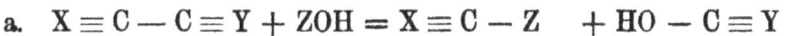

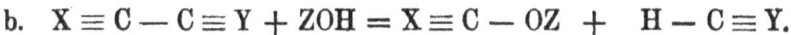

a. $X \equiv C - C \equiv Y + ZOH = X \equiv C - Z \quad + HO - C \equiv Y$

b. $X \equiv C - C \equiv Y + ZOH = X \equiv C - OZ \quad + H - C \equiv Y.$

Erstere Spaltung wurde mit Salpetersäure bei der Trichloressigsäure bewirkt:

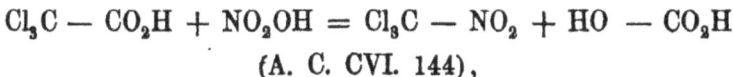

$$Cl_3C - CO_2H + NO_2OH = Cl_3C - NO_2 + HO - CO_2H$$
$$\text{(A. C. CVI. 144)},$$

und liess sich erwarten, da beide Reactionen, in welche sie sich nach der früher entwickelten Methode zerlegen lässt, ausführbar sind:

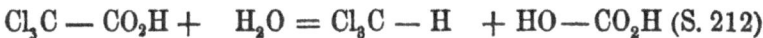

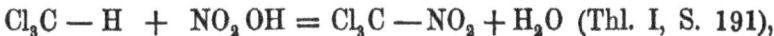

$$Cl_3C - CO_2H + \quad H_2O = Cl_3C - H \quad + HO - CO_2H \text{ (S. 212)}$$
$$Cl_3C - H \; + \; NO_2OH = Cl_3C - NO_2 + H_2O \text{ (Thl. I, S. 191),}$$

auch lässt sich bei der berechtigten Verallgemeinerung der Ausführbarkeit dieser letzteren Reaction (S. 157) voraussagen, dass diese Spaltung durch Salpetersäure leichter als diejenige durch Wasser stattfinden muss.

Die durch Gleichung b ausgedrückte Spaltungsweise scheint durch Schwefelsäure bewirkt zu werden bei den Säuren, welche die Gruppe $C(OH) . CO_2H$ enthalten (z. B. Glycolsäure, B. B. X, 634):

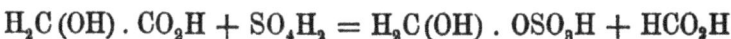

$$H_2C(OH) . CO_2H + SO_4H_2 = H_2C(OH) . OSO_3H + HCO_2H$$

welche Gruppe $H_2C(OH)OSO_3H$ nachher durch anwesendes Wasser in $H_2C = O$ verwandelt wird. Auch diese Reaction lässt sich durch Zerlegung zu der Spaltung durch Wasser in Beziehung bringen:

(1)　$X \equiv C - C \equiv Y + H_2O = X \equiv C - OH + H - C \equiv Y$

(2)　$X \equiv C - OH + SO_4H_2 = X \equiv C - OSO_3H + H_2O.$

Da die letztere Umwandlung, unter bedeutender Wärmeentwicklung sich vollziehend, sehr leicht ausführbar ist:

$$H_3C.OH + SO_4H_2 = H_3C.OSO_3H + H_2O \quad + 13,8$$
$$H_5C_2.OH + SO_4H_2 = H_5C_2.OSO_3H + H_2O \quad + 14,7,$$

so ist es erklärlich, dass Schwefelsäure einen Vorzug vor Wasser haben kann, wenn es Abspaltung von Kohlenstoffbindung gilt.

Die Wirkung der Alkalien ist ebenfalls in zwei Richtungen vor sich gehend denkbar:

a.　$X \equiv C - C \equiv Y + MOH = X \equiv C - M + HOC \equiv Y$

b.　$X \equiv C - C \equiv Y + MOH = X \equiv C - OM + HC \equiv Y.$

Beim Vergleiche dieser Reactionen mit dem Zerfallen durch Wasser tritt sofort hervor, in welchen Fällen ein Vorzug zu erwarten ist:

Zunächst die erstere Spaltungsweise (a), welche sich folgenderweise zerlegen lässt:

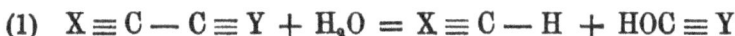

(1)　$X \equiv C - C \equiv Y + H_2O = X \equiv C - H + HOC \equiv Y$

(2)　$X \equiv C - H + MOH = X \equiv C - M + H_2O$

Je nachdem also die Reaction (2) ausführbar ist oder nicht, hat man mehr oder weniger Fähigkeit bei den Alkalien zu erwarten, als beim Wasser; ersteres ist der Fall, wenn X Stickstoff ist oder Nitrogruppen enthält.

In zweiter Linie sei vor Anführung der Thatsachen die zweite Spaltungsweise (b) zerlegt, so dass sie der durch Wasser bewirkten an die Seite tritt:

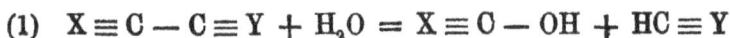

(1)　$X \equiv C - C \equiv Y + H_2O = X \equiv C - OH + HC \equiv Y$

(2)　$X \equiv C - OH + MOH = X \equiv C - OM + H_2O.$

Je nachdem auch hier die Reaction (2) ausführbar ist oder nicht, haben die Alkalien den Vorzug oder nicht; dasselbe ist der Fall, wenn X ein doppelt an Kohlenstoff gebundenes Sauerstoffatom enthält, oder Stickstoff ist.

Ein dritter Fall umfasst die beiden, welche hier erörtert wurden, und trifft da zu, wo die beiden durch Wassereinwirkung zu erzielenden Spaltungsproducte $X \equiv C - OH$ und $Y \equiv CH$ durch Alkalien unter Wärmeentwicklung in $X \equiv C - OM$ und $Y \equiv C - M$ übergeführt werden können; die Spaltungsgleichung erhält dann eine andere Form:

$$X \equiv C - C \equiv Y + 2MOH = X \equiv C - OM + Y \equiv C - M + H_2O.$$

Kehrt man zu den Thatsachen zurück, so findet sich der erste Fall von erhöhter Spaltbarkeit durch Alkalien bei den Cyaniden. Kali vermag diejenigen der Formel $NC - C(OH)X$ (Additionsproducte von NCH an Aldehyde und Ketone) theilweise wenigstens zu spalten nach der Gleichung:

$$NC - C(OH)X + KOH = NCK + XC(OH)_2.$$

Die Oxyde schwerer Metalle wären hier am geeignetsten, sind jedoch nicht angewendet.

Der zweite Fall umfasst Aldehyde und Säuren (resp. deren Salze); die erhöhte Spaltbarkeit durch Alkalien, von welchen die Oxyde der Leichtmetalle hier am kräftigsten wirken, zeigt sich in den thermischen Daten:

$$\begin{cases} H_3C \cdot COH + H_2O = H_4C + CO_2H_2 \quad 22 + 93 - 46 - 69 = 0 \\ \quad \text{\textquotedbl} \quad + KOH = H_4C + CO_2KH \, 22 + 154,8 - 46 - 104,3 \\ \qquad\qquad\qquad\qquad\qquad\qquad = + 26,5 \end{cases}$$

$$\begin{cases} Cl_3C \cdot COH + H_2O = HCCl_3 + CO_2H_2 \qquad\qquad + 11,9 \\ \quad \text{\textquotedbl} \quad + KOH = HCCl_3 + CO_2KH \qquad\qquad + 38,4 \end{cases}$$

$$\begin{cases} H_3C \cdot CO_2K + H_2O = H_4C + CO_3KH \quad 22 + 232,7 - 174,3 - 69 \\ \qquad\qquad\qquad\qquad\qquad\qquad\qquad = + 11,4 \\ \quad \text{\textquotedbl} \quad + KOH = H_4C + CO_3K_2 \quad 22 + 277,8 - 174,3 - 104,3 \\ \qquad\qquad\qquad\qquad\qquad\qquad\qquad = + 21,2 \end{cases}$$

$$\left\{ \begin{aligned} &HO_2C.CO_2K + H_2O = CO_2KH + CO_3KH \quad 154,8 + 232,7 - 323,6 \\ &\hspace{9.5cm} - 69 = - 5,1 \\ &\hspace{0.5cm} „ \hspace{1.2cm} + KOH = CO_2KH + CO_3K_2 \quad 154,8 + 277,8 - 323,6 \\ &\hspace{9.5cm} - 104,3 = + 4,7 \end{aligned} \right.$$

Offenbar und natürlich sind es die Aldehyde, deren Spaltbarkeit bei Gebrauch von Alkalien am bedeutendsten zunimmt; thatsächlich findet sich dasselbe im Chloral [1]) und Bromal, auch der Aldehyd $CBr(SO_3K)_2 — COH$ wurde durch kohlensaures Kali unter Bildung von Ameisensäure und $CHBr(SO_3K)_2$ zerlegt (J. B. 1872, 579), das Glyoxal schliesslich ($COH.COH$), um bei möglichst einfachen Fällen zu bleiben, zerfällt mit Ammoniak theilweise unter Bildung von Ameisensäure (J. B. 1875, p. 658). Auch bei den Säuren macht sich diese erhöhte Spaltbarkeit geltend, und als solche sei die Methanbildung aus essigsaurem, diejenige von Chloroform und Bromoform aus trichlor- und tribromessigsaurem Kali, das theilweise Zerfallen der Glyoxalsäure unter Kohlensäurebildung bei der Behandlung mit Ammoniak (B. B. XII, 244) und dasjenige des oxalsauren Kalis durch Erhitzen mit Kali erwähnt.

Das Zusammenwirken der beiden Gründe für die Zunahme der Spaltbarkeit findet sich beim Cyan und bei den Cyankohlensäurederivaten (J. B. 1873, 529), welche zerlegt werden unter Aufnahme von Metall in die beiden Spaltungsproducte:

$$NC.CN \quad + 2KOH = NCK + KOCN \quad + H_2O$$
$$NC.CO_2X + 2KOH = NCK + KOCO_2X + H_2O$$

Noch ein wichtiger Punkt bleibt bei diesen Spaltungen durch Wasser und seine Verwandten (Säuren und Alkalien) aufzuklären. Die allgemeine Gleichung, welche diese Spaltung ausdrückt:

---

[1]) Die erhöhte Wärmebildung bei der Spaltung von Chloral im Vergleich mit Aldehyd, welche von erhöhter Spaltbarkeit begleitet ist, reiht sich im vorliegenden Falle an die Theil I. S. 149 gemachte Bemerkung, dass bei Anhäufung von Halogenen am Kohlenstoff eine Neigung zur Wasserstoffaufnahme besteht. Auch die grosse Spaltbarkeit von Trichloressigsäure der Essigsäure gegenüber (durch Wasser S. 212 und Alkalien) stellt sich hierneben.

$$X \equiv C - C \equiv Y + H_2O = X \equiv C - OH + HC \equiv Y$$

schliesst bei Verschiedenheit von Y und X eine doppelte Möglichkeit ein, die durch Hinzufügung der folgenden zweiten Gleichung umschrieben wird:

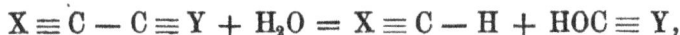

$$X \equiv C - C \equiv Y + H_2O = X \equiv C - H + HOC \equiv Y,$$

und die hier berührte Frage läuft dann darauf hinaus, welches von den beiden Kohlenstoffatomen den Wasserstoff, und welches den Sauerstoff (die Hydroxylgruppe) des Wassers erhält. Wird die bekannte Fähigkeit, welche schon anwesender Sauerstoff für weitere Oxydation in seiner Umgebung mit sich bringt, in's Auge gefasst, so ist die Erwartung berechtigt, dass die Hydroxylgruppe demjenigen der beiden Kohlenstoffatome zu Theil wird, welches bereits die grösste Sauerstoffmenge gebunden enthält; bei der Essigsäure drückt sich dasselbe in den thermischen Zahlen für die beiden möglichen Umwandlungen scharf aus:

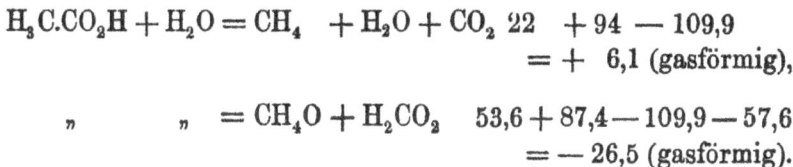

$$H_3C.CO_2H + H_2O = CH_4 \quad + H_2O + CO_2 \quad 22 \quad +94 - 109,9$$
$$= + \quad 6,1 \text{ (gasförmig)},$$

$$„ \qquad „ \quad = CH_4O + H_2CO_2 \quad 53,6 + 87,4 - 109,9 - 57,6$$
$$= - 26,5 \text{ (gasförmig)}.$$

Da jedoch diese Spaltungen durch Wasser sich thatsächlich selten ausführen lassen, so fragt es sich vielmehr, ob dasselbe Verhalten sich zeigen wird, falls zur Spaltung Alkalien und Säuren benutzt werden, und ob auch dann die Gruppen OM und OZ dem höchstoxydirten der beiden Kohlenstoffatome zu Theil werden. In dieser Beziehung sei Folgendes bemerkt:

Bei Anwendung von Alkalien lässt sich erwarten, dass, falls die Verbindung nur Kohlenstoff, Sauerstoff und Wasserstoff enthält und sich nur an einem der beiden Kohlenstoffatome doppelt gebundener Sauerstoff vorfindet, die Spaltung ebenfalls dem sauerstoffreichsten Theile neuen Sauerstoff

zubringen wird, weil nur dann salzartige Verbindungen entstehen (also bei $H_3C . COH$, $H_3C . CO_2K$, $H_2COH . COH$, H_2COH
. $CO_2 K$); enthalten jedoch beide Kohlenstoffatome doppelt
gebundenen Sauerstoff (also bei $COH . CO_2K$), so kann, da das
Anlegen von Sauerstoff an den wenigst oxydirten Kohlenstoff
den Säurecharakter mehr verstärkt als umgekehrt:

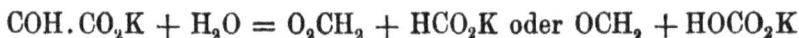

$$COH . CO_2K + H_2O = O_2CH_2 + HCO_2K \text{ oder } OCH_2 + HOCO_2K$$

eine Umkehrung eintreten; die erwähnte Kohlensäureabspaltung
in diesem Falle (S. 216) zeigt jedoch, dass sie, bei der Glyoxalsäure wenigstens, noch nicht ganz in den Vordergrund ge-
kommen ist.

Bei Anwendung von Säuren zur Spaltung tritt
jedoch sofort eine kräftige Wirkung dem Anlegen von Sauerstoff (O Z) an den sauerstoffreichsten Theil entgegen, da in
diesem Falle säureanhydridähnliche Verbindungen entstehen,
im anderen Falle Ester:

$$CH_3 . CO_2H + ZOH = H_4C + ZOCO_2H \text{ oder } H_3COZ + HCO_2H$$

und, wie oben erwähnt (S. 214), beruht der ganze Vorzug der
Säuren vor Wasser hinsichtlich der Spaltung in der Wärmeentwicklung der Esterbildung, während Anhydridbildung bekanntlich
unter Wärmeabsorption vor sich geht. Ein directer Beleg für diese
Vermuthung findet sich in der Thatsache, dass die Essigsäure
durch Salpetersäureäthyläther in Methylnitrat und Ameisensäure (welche sich weiter zu Kohlendioxyd und Wasser oxydirt)
gespalten wird (J. B. 1869, 351); die hier auftretende Umwandlung kommt im Grunde wohl auf folgende hinaus:

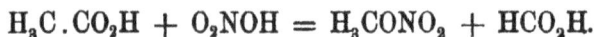

$$H_3C . CO_2H + O_2NOH = H_3CONO_2 + HCO_2H.$$

Dass die Glycolsäure durch Schwefelsäure so gespalten
wird, dass, nachdem Wasser weitere Umwandlung herbeigeführt
hat, Ameisensäure und Aldehyd, statt Kohlendioxyd und
Alkohol entstehen, ist ein Beispiel dieser Umkehrung, welche
unter den bemerkten Umständen allgemein einzutreten scheint.

c. Das Zerfallen der einfachen Kohlenstoffbindung durch spontane Abspaltung.

Diese dritte Abspaltungsweise steht der früher erörterten Bildungsweise der Kohlenstoffbindung durch Addition (S. 190) gegenüber, und zur möglichst analogen Behandlung seien zuerst die Fälle besprochen, welche dem Anlegen an doppelt gebundenen Sauerstoff (S. 190) gegenüberstehen und durch folgende Gleichung ausgedrückt werden:

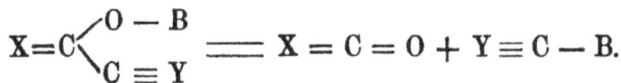

$$X = C \underset{C \equiv Y}{\overset{O - B}{<}} = X = C = O + Y \equiv C - B.$$

Damals (l. c.) stellten sich in den Vordergrund die Fälle, in denen B ein Metall war; bei umgekehrter Reaction treten dieselben ganz zurück, nur was da ausgeschlossen war, wird hier Möglichkeit; demgemäss ist diese Umwandlung zu erwarten, falls Y Stickstoff ist oder Nitrogruppe enthält; die Verbindung

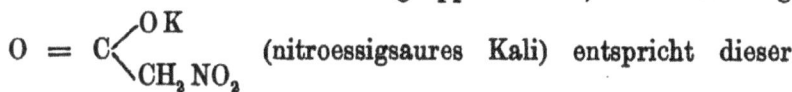

$$O = C \underset{CH_2 NO_2}{\overset{O K}{<}}$$ (nitroessigsaures Kali) entspricht dieser

zweiten Voraussetzung und scheint sich sofort zu zersetzen:

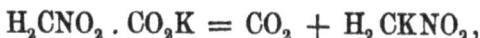

$$H_2CNO_2 . CO_2K = CO_2 + H_2 CKNO_2,$$

wie es die Bildung von $H_3C . NO_2$ aus chloressigsaurem und

salpetrigsaurem Kali wahrscheinlich macht. Die Salze $O\,C \underset{C N}{\overset{OM}{<}}$

(Cyancarbonate) müssen wohl sehr leicht in ähnlicher Weise zerfallen, besonders, aus früher angeführten Gründen (S. 191), diejenigen der Schwermetalle.

In zweiter Linie wurden früher (S. 192) die Fälle aufgeführt, in welchen B ein Wasserstoffatom war; dem entsprechend tritt das Umgekehrte hier schon häufiger auf:

1. Die Additionsproducte von Cyanwasserstoff an Aldehyde und Ketone spalten sich öfters beim Erhitzen im umgekehrten Sinne:

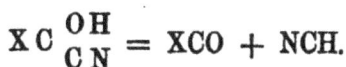

$$X C \underset{C N}{\overset{O H}{}} = XCO + NCH.$$

2. Das Kohlendioxyd wird öfters aus der Carboxylgruppe
abgespalten:

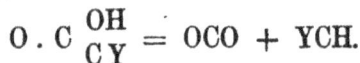

$$O . C \frac{OH}{CY} = OCO + YCH.$$

Ziemlich leicht findet dasselbe statt, wenn Y viel Sauerstoff enthält, z. B., um einfache Fälle zu nehmen, bei Oxalsäure, der Methyloxalsäure; oder der Sauerstoff ist in Form
von Nitrogruppen anwesend, so scheint Nitroessigsäure sofort
zu zerfallen (Knallquecksilber und Schwefelwasserstoffwasser
geben Nitromethan und Kohlendioxyd), wie auch Nitropropion-
säure (B. B. XIII. 1116); ähnlich verhält sich wohl die Trinitro-
essigsäure, da Trinitroacetonitril von Wasser in Ammoniak,
Kohlendioxyd und Nitroform zerlegt wird:

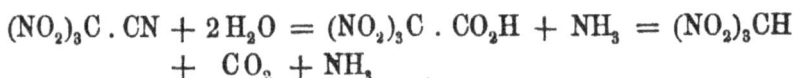

$$(NO_2)_3 C . CN + 2 H_2O = (NO_2)_3 C . CO_2H + NH_3 = (NO_2)_3 CH$$
$$+ \quad CO_2 + NH_3$$

oder der Sauerstoff kann in Form einer Sulfonsäuregruppe
darin enthalten sein: die Säure $CH(SO_3H)_2 . CO_2H$ z. B. scheint
wohl sehr leicht zu zerfallen, wie aus der Bildung von
$H_2C(SO_3H)_2$ erhellt bei Einwirkung von SO_3 auf Essigsäure und
ähnliche Verbindungen; der Sauerstoff kann schliesslich in Form
einer Carboxylgruppe vorhanden sein, wie solches die Spaltbarkeit der Säuren darlegt, welche die Gruppe $C(CO_2H)_2$ enthalten.

Auch findet dasselbe statt, wenn die oben als Y bezeichnete
Gruppe Stickstoff ist, und zeigt sich in der Nichtexistenzfähigkeit der Cyankohlensäure ($NC . CO_2H$), die sich vielleicht wiederfindet in der ziemlich leichten Abspaltung des
Kohlendioxyds aus den Amidosäuren, welche die Gruppe
$C(NH_2) CO_2H$ enthalten.

Um, bei den einfachen Fällen bleibend, möglichst voll-
ständig zu sein, sei die Spaltungsfähigkeit des Kohlendioxyds
aus der Gruppe $C \equiv C - CO_2H$ erwähnt, welche sich im
spontanen Zerfallen der Säure $CCl \equiv C . CO_2H$ (B. B. XII. 57)
zeigt, wie in der äusserst leichten Zersetzbarkeit der Säure
$CO_2H . C \equiv C . CO_2H$ (B. B. XII. 2212) und $C_6H_5 . C \equiv C . CO_2H$
(Wurtz, Dict. Phénylpropiolique).

Die bis jetzt erwähnten Abspaltungen stellten sich neben analoge Additionen, welche bereits im Früheren erörtert wurden; falls in der allgemeinen Abspaltungsgleichung B C h l o r o d e r B r o m ist, handelt es sich um eine Reihe Reactionen:

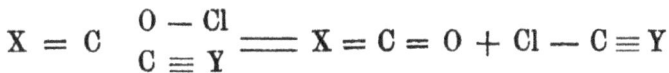

$$X = C \quad \begin{matrix} O - Cl \\ C \equiv Y \end{matrix} \quad = \quad X = C = O + Cl - C \equiv Y$$

welche voraussichtlich nur in einer Richtung vor sich gehen können; sie müssen namentlich von einer weit grösseren Wärmeentwicklung begleitet sein, als die vorigen Reactionen, welche schon oft ausführbar waren, da eine Verbindung

$$X = C \begin{cases} O - Cl \\ C \equiv Y \end{cases}$$ eine kleinere Bildungswärme haben muss,

als $X = C \begin{cases} O - H \\ C \equiv Y \end{cases}$, wie Cl_2O eine kleinere Bildungswärme hat, als H_2O; anderseits hat $Cl - C \equiv Y$ nach Früherem eine grössere Bildungswärme, als $H - C \equiv Y$ in den meisten Fällen.

Mag auch die Existenz des Essigsäurechlors $H_3C . CO_2Cl$ in Zweifel gezogen sein (B. B. XII. 26), so ist doch das beobachtete Entstehen von Chlormethyl und Kohlendioxyd aus Essigsäure und unterchloriger Säure wohl Folge einer Abspaltung in obigem Sinne (J. B. 1870, p. 438):

$$H_3C.CO_2H + ClOH = H_3C . CO_2Cl + H_2O = H_3CCl + CO_2 + H_2O,$$

hieran reihen sich unbedingt die zahllosen Fälle, in denen Halogene bei Einwirkung auf organische Salze eine ähnliche Abspaltung bewirken, wie bei der Trichloressigsäure (B. B. X. 678):

$$Cl_3C.CO_2K + Br_2 = Cl_3C.CO_2Br + BrK = Cl_3CBr + CO_2 + BrK.$$

Die A b s p a l t u n g d e s K o h l e n o x y d s steht auch hier der früheren umgekehrten Reaction (S. 195) gegenüber und vervollständigt gewissermaassen das früher über diese Umwandlung Vorausgesagte, da sowohl beim Aldehyd als bei der Oxalsäure diese Kohlenoxydabspaltung, unter Bildung von resp. Methan und Kohlensäure, ausgeführt wurde.

Hierneben stehen einige Anhydride, welche in ähnlicher Weise zerfallen, und darunter zunächst das Anhydrid der Oxalsäure $\left(O\Big\langle{{CO}\atop{CO}} \right)$, welches sogar nicht existenzfähig zu sein scheint:

$$C_2 O_3 = CO + CO_2.$$

Dass diese Umwandlung von bedeutender Wärmebildung begleitet sein muss, erhellt daraus, dass die Umwandlung:

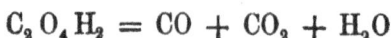

$$C_2 O_4 H_2 = CO + CO_2 + H_2 O$$

von unbedeutender Wärmebildung begleitet ist, und der Bildung eines Säureanhydrids aus Säure, also hier:

$$C_2 O_4 H_2 = C_2 O_3 + H_2 O$$

eine bedeutende Wärmeabsorption entspricht (im Mittel nach S. 134 etwa — 11; in diesem Falle unbedingt noch weniger). Die beschleunigende Wirkung des Sauerstoffs mit in Betracht gezogen, ist die leichte Spaltbarkeit von $C_2 O_3$ zu erwarten. Hieran schliessen sich zwei Fälle einer wenn nicht ähnlichen Nichtexistenzfähigkeit, so doch ähnlichen Spaltbarkeit, im Glycolid $\left(\text{vielleicht } O\Big\langle{{CH_2}\atop{CO}} \right)$:

$$C_2 O_2 H_2 = CO + H_2 CO$$

und im gechlorten Glycolid, wohl Zwischenproduct bei der Spaltung des trichloressigsauren Kalis in der Hitze:

$$CCl_3 . CO_2 K = KCl + C_2 Cl_2 O_2 = KCl + CO + Cl_2 CO.$$

Hierneben steht wahrscheinlich auch das Chlorid der Oxalsäure, das wohl nach folgender Gleichung zerfällt:

$$O_2 C_2 Cl_2 = OC + OCCl_2,$$

indem das perchlorirte oxalsaure Methyl, welches durch Hitze dieses Chlorid geben muss, dennoch nur Kohlenoxyd und Kohlenoxychlorid entwickelt:

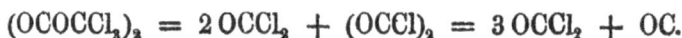

$$(OCOCCl_3)_2 = 2\, OCCl_2 + (OCCl)_2 = 3\, OCCl_2 + OC.$$

An diese Spaltungsweise schliesst sich die Bildung von Chloracetyl bei Einwirkung von PCl_5 auf Pyrotraubensäure, indem dabei das zuerst gebildete $H_3C.CO.COCl$ wahrscheinlich in $H_3C.COCl$ und CO zerfällt (B. B. XI. 389).

d. Die Hülfsmittel, welche obige Reactionen erleichtern,

schliessen sich den früheren (S. 194) ganz an, und seien hier nur andeutungsweise erwähnt. Gilt es Vermehrung der Wärmeentwicklung, so kann entweder (in den Reactionen sub a und b) der spaltende Körper, z. B. Sauerstoff, in Form einer Verbindung oder eines Gemenges zugesetzt werden, woraus er unter Wärmebildung entwickelt oder entnommen werden kann; diese Methoden wurden aber schon erörtert bei der Oxydation am Kohlenstoff (S. 64) u. s. w.; oder (in den Reactionen sub a, b und c) die abgespaltenen Theile können unter Wärmeentwicklung weiter umgewandelt werden; dahin gehört z. B. der schon (S. 216) erwähnte Fall, in welchem Alkalien das Cyan spalten; die Base spielt hier wesentlich eine doppelte Rolle, indem sie einerseits die Spaltung bewirkt:

$$C_2N_2 + KOH = HCOK + HCN,$$

anderseits mit einem der Spaltungsproducte weiter sich verwandelt:

$$HCN + KOH = H_2O + KCN.$$

Um die möglichst parallele Behandlung der Bildungs- und Spaltungsmethoden einer Kohlenstoffbindung durchzuführen, sei hier auf die Bildung von Oxalsäure aus Kohlendioxyd und Kalium zurückgegriffen; wie erwähnt (S. 197), war das Hauptmoment dieser Umwandlung die grosse Neigung des Kaliums, sich dem Sauerstoff anzulegen; werden an dessen Stelle Elemente verwendet, welche sich Sauerstoff weniger gern anlegen, so muss die Bindungsneigung der Kohlenstoffatome damit bedeutend abnehmen, wie die thermischen Daten zeigen:

$$2\,CO_2 + K_2 = C_2O_4K_2 \quad 323{,}6 - 2\times 94 = +\ 135{,}6$$
$$\text{„} + H_2 = C_2O_4H_2 \quad 197\ - \quad\text{„}\quad = +\quad 9$$
$$\text{„} + Ag_2 = C_2O_4Ag_2 \quad 158{,}5 - \quad\text{„}\quad = -\ 29{,}5$$

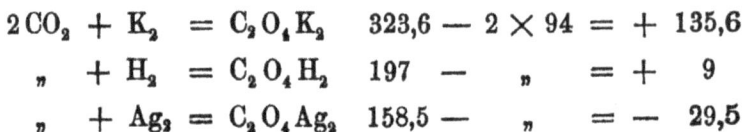

Dem entsprechend kehrt die Umwandlung um, und die letzte Weise, in welcher die Kohlenstoffbindung gespalten wird, ist das Zerfallen des Silberoxalats in Kohlendioxyd und Metall; selbstverständlich werden bei Anwesenheit von Halogenen sämmtliche Reactionen umgekehrt, und es wird dadurch die Kohlenstoffbindung in allen Fällen gespalten.

Unter den diese Reactionen beschleunigenden Mitteln treten auch hier Chlor- und Bromaluminium auf; dieselben wurden bereits bei den betreffenden Umwandlungen als solche Mittel erwähnt (S. 207).

Die Trägheit der Kohlenstoffbindung. Die eigenthümliche Trägheit, öfters charakteristisch für die Umwandlungen, welche am Kohlenstoff vor sich gehen, und demnach auf dem ganzen Gebiete der organischen Chemie wieder anzutreffen, wie schon an mehreren Orten erwähnt (S. 149, 165), findet ihren höchsten Ausdruck in einer Widerstandsfähigkeit der Bindung von Kohlenstoff an Kohlenstoff, vermöge deren im grossen Ganzen bei der Mehrheit der Reactionen diese Bindung überhaupt nicht angegriffen wird.

Es drückt sich dieses Verhalten schon im Begriffe „Radikal" aus, und macht sich ferner geltend in dem Eintheilungsprincipe der organischen Chemie, welches in erster Linie die Art des Kohlenstoffskeletts berücksichtigt; denn bei dieser Eintheilung treten die meisten Beziehungen auf, weil die Mehrheit der Reactionen das Kohlenstoffskelett unverändert lässt. Ganz überflüssig ist es demnach, hiervon den Nachweis zu liefern, und es sei nur die Frage berührt, ob diese Trägheit darin ihren Grund findet, dass beim Zerspalten einer Kohlenstoffbindung durch ein Reactiv weniger Wärme gebildet wird, als durch eine andere Umwandlung, die dasselbe zu bewirken im Stande ist; oder ob hier eine

Trägheit vorliegt im Sinne derjenigen, welche den langsamen Verlauf der Umwandlungen am Kohlenstoff verursacht. Es seien diesbezüglich folgende Daten zusammengestellt:

1. Einwirkung von Wasserstoff auf Aethylalkohol:

Kohlenstoffabspaltung: $C_2H_6O + H_2 = H_4C + H_4CO + 11,2 (gasf.)$
Reduction: „ $= H_6C_2 + H_2O + 23,2 („)$

2. Einwirkung von Wasserstoff auf Aethylenalkohol:

Kohlenstoffabspaltung: $C_2H_6O_2 + H_2 = 2 H_4CO + 12,3 (fl.)$
Reduction: „ $= H_6C_2O + H_2O + 31,3 („)$

3. Einwirkung von Wasserstoff auf Essigsäure:

Kohlenstoffabspaltung: $C_2H_4O_2 + H_2 = CH_4 + CO_2H_2 - 0,5 (gasf.)$
Reduction: „ $= C_2H_4O + H_2O - 12,3 („)$

4. Einwirkung von Wasser auf essigsaures Methyl:

Kohlenstoffabspaltung: $C_3H_6O_2 + H_2O = CH_4 + CO_2 + CH_4O + 17,8$
Verseifung: „   +   „ $= C_2H_4O_2 + CH_4O - 2.$

5. Oxydation von Aethan:

Kohlenstoffabspaltung: $C_2H_6 + O + H_2O = 2 CH_4O + 19,6 (gasf.)$
Oxydation: „   „ $= C_2H_6O + 34,4 („)$

6. Oxydation von Aldehyd:

Kohlenstoffabspaltung: $C_2H_4O + O + H_2O = CH_4O + CH_2O_2 + 43,4$ (gasförmig).

Oxydation: „   „ $= C_2H_4O_2 + 69,9 (gasf.).$

Wirklich entspricht in den Fällen 1, 2, 5, 6 der ohne Kohlenstoffabspaltung vor sich gehenden Reaction die grössere Wärmeentwicklung; diese Fälle sind also nicht entscheidend; anders jedoch 3 und 4, in denen die ohne Kohlenstoffabspaltung vor sich gehende Umwandlung dennoch thermisch zurücksteht; es ist leicht nachzuweisen, dass in vielen Fällen, bei denen die Wärmeentwicklungen sich durch Analogie ungefähr bestimmen lassen, dasselbe Verhältniss obwaltet, und demnach eine wirkliche Trägheit vorliegt.

Wichtig ist es, hinzuzufügen, dass diese Trägheit sehr beeinflusst wird von Demjenigen, was den zu trennenden Kohlenstoffatomen anhaftet; folgende thermische Daten:

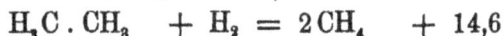

$$H_3C \cdot CH_3 \; + \; H_2 \; = \; 2\,CH_4 \quad + \; 14{,}6$$

$$CO_2H \cdot CO_2H \; + \; H_2 \; = \; 2\,CO_2H_2 \; - \quad 6$$

verbunden mit den Thatsachen, dass Aethan-Reduction selbst von den kräftigsten Agentien (JH z. B.) nicht bewirkt werden kann, während die bezeichnete analoge Oxalsäure-Umwandlung, wie an der betreffenden Stelle erwähnt (S. 207), verwirklicht wurde, stellen es klar heraus, dass hier, wie so oft, der Sauerstoff beim Ersatze von Wasserstoff eine beschleunigende Wirkung auf die weiteren Umwandlungen ausübt. Noch an anderer Stelle tritt dasselbe hervor, wie folgende Daten zeigen:

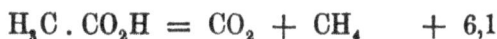

$$H_3C \cdot CO_2H \; = \; CO_2 \; + \; CH_4 \quad + \; 6{,}1$$

$$CO_2H \cdot CO_2H \; = \; CO_2 \; + \; H_2CO_2 \; - \; 1{,}5,$$

dennoch scheint die erstere Umwandlung schwierig oder nicht statt zu finden, während letztere ausgeführt wurde; daran schliesst sich dann eine Reihe früher erwähnter ähnlicher Umwandlungen, welche immer bei Anwesenheit sauerstoffreicher Gruppen stattfinden (S. 220).

Das Zerfallen der doppelten und dreifachen Kohlenstoffbindung (C = C und C ≡ C).

Ganz wie beim umgekehrten Vorgange (S. 199) behalten die Methoden zur Kohlenstoffabspaltung hier ihren relativen Werth bei, falls es Umwandlung von doppelter in einfache oder von dreifacher in doppelte Bindung gilt, wirken jedoch in den letzten Fällen bedeutend leichter. Die Beweisführung ist wie früher, und andeutungsweise sei nur Folgendes erwähnt:

1. In vergleichbaren Fällen (z. B. C_2Cl_4 und C_2Cl_6) geht Addition an Kohlenstoff (z. B. von Chlor) leichter vor sich als Kohlenstoffabspaltung.

2. Körper, welche sich zum Kohlenstoffabspalten nicht eignen, können doch bisweilen doppelte Bindung in einfache umwandeln u. s. w., wie z. B. Jod.

3. Körper, welche sich an Kohlenstoff addiren und auch Kohlenstoffbindung spalten können, bewirken dennoch, wenn sie letztere Reaction ausführen könnten, öfters andere Umwandlungen; so addirt Chlor sich an C_2H_4, substituirt jedoch C_2H_6, ohne es zu brechen.

4. Falls eine Verbindung mehrfach und einfach gebundenen Kohlenstoff enthält, wird durch Anwendung einer der Methoden zur Kohlenstoffspaltung zuerst die mehrfache in einfache Bindung verwandelt.

Diese Ergebnisse und der Vergleich des Unterschiedes zwischen Umwandlung der mehrfachen in einfache Kohlenstoffbindung und gänzlichem Abspalten, mit demjenigen zwischen Umwandlung der einfachen in mehrfache Kohlenstoffbindung und gänzlichem Entstehen, berechtigen zu dem Schlusse, dass nicht die Richtung, worin die Reactionen vor sich gehen, sondern die Geschwindigkeit, womit sie in beiden Richtungen stattfinden, eine andere ist, und zwar bedeutend grösser, wenn die Reaction die Zahl der kohlenstoffhaltigen Moleküle ungeändert lässt. Diese Beschleunigung in beiden Richtungen spricht sich klar aus in der leicht eintretenden Umkehrung einiger Reactionen, welche die Doppelbindung in einfache umwandeln können; nach früheren Angaben müssen dieselben hauptsächlich gefunden werden bei der Einwirkung von Jod, von Chlor-, Brom- und Jodwasserstoff und von Wasser; öfters sind derartige Reactionen dann auch Dissociationen, im einen oder im anderen Sinne vor sich gehend mit einfacher Aenderung von Druck und Temperatur, so Jod und Aethylen, die Wasserstoffsäuren und Amylen, Wasser und Fumarsäure u. s. w. Reactionen, bei denen gänzliches Abspalten oder Entstehen der Kohlenstoffbindung stattfindet, kommt dieser Charakter nur höchst selten zu.

Schon jetzt scheint ein Einblick möglich in die Ursache dieser eigenthümlichen Reactionsbeschleunigungen. In einem

Falle ist namentlich die Wärmebildung bestimmt, welche bei analogen Umwandlungen stattfindet, falls es Addition oder Abspalten gilt:

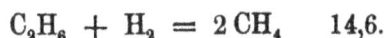

$$C_2H_2 + H_2 = C_2H_4 \quad 43{,}5 \quad \text{(B. B. XIII, 1321)}$$

$$C_2H_4 + H_2 = C_2H_6 \quad 29{,}2$$

$$C_2H_6 + H_2 = 2\,CH_4 \quad 14{,}6.$$

Das Abspalten ist also in diesen analogen Fällen von weniger Wärmebildung begleitet als die Addition, sehr oft in vergleichbaren Fällen Ausdruck eines langsameren Verlaufes; erstere Reactionen wurden ausgeführt, letztere nicht; im umgekehrten Falle, wo diese thermischen Zahlen das Zeichen ändern, würde man zum umgekehrten Schlusse berechtigt sein, und zwar dahin, dass jetzt das Entstehen der Kohlenstoffbindung leichter stattfände, als der Uebergang derselben in Doppelbindung; jetzt jedoch haben die Fälle ihre Vergleichbarkeit verloren, da der erstgenannte Schritt ein Zusammenbringen zweier Moleküle, der zweite nur eine Aenderung im Moleküle ist; und noch weiter kann man gehen, darauf Nachdruck legend, dass ersterem sehr oft, mit letzterem verglichen, eine besondere Schwierigkeit entgegentritt, was nachher erörtert werden wird (S. 252).

Die Methoden zum Spalten der doppelten und dreifachen Bindung könnten hiermit auf diejenigen zurückgeführt werden, welche die einfache Bindung zu spalten im Stande sind, falls nicht einige der wichtigsten Umwandlungen, die Wirkung der Oxydation und des Kalis, zu einer speciellen Behandlung anregten.

Die Oxydation der Doppelbindung.

Einfacher Sauerstoff muss nach dem Früheren im Stande sein, die Doppelbindung des Kohlenstoffs zu spalten, und zwar leichter, als er die einfache Bindung zu brechen vermag, da nicht nur der erste Schritt, die Addition, ein leichterer ist, sondern auch (und dies fehlt beim Chlor, Brom u. s. w.) dadurch, dass der so eingeführte Sauerstoff, die Umwandlung in seiner Umgebung erleichternd, die Stelle, wo weitere Oxydation stattfindet, zu bestimmen sucht, somit auch diejenige, wo die Spaltung erfolgt. Dennoch sind die Beispiele dieser einfachen Oxydation selten; sehr schön ist die in der Wärme bewirkte Spaltung des Aethylens durch Sauerstoff (B. B. XII, 2091):

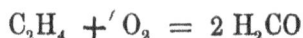

$$C_2H_4 + {}'O_2 = 2\,H_2CO$$

Von den höheren ungesättigten Kohlenwasserstoffen vermögen jedoch mehrere Sauerstoff aufzunehmen, so z. B. das Triisobutylen (Städel's J. B. VII, 145).

Diese Oxydation lässt sich den früheren Angaben gemäss erleichtern, indem statt Sauerstoff eine Verbindung desselben oder ein Gemenge angewendet wird, das unter Wärmeentwicklung Sauerstoff abgiebt, z. B. das Chromschwefelsäuregemisch; nur sei bemerkt, dass dann eine Säureaddition (resp. Wasseraddition) zum Theil wenigstens stattfinden muss, welche die Doppelbindung $C = C$ in $HC - C\,(OH)$ verwandelt; unter diesen Umständen giebt Aethylen dann auch Aldehyd:

(1) $\qquad H_4C_2 + H_2O = C_2H_6O$

(2) $\qquad C_2H_6O + O = C_2H_4O + H_2O.$

Diese Oxydation lässt sich ebenfalls erleichtern, indem das Product eine weitere Umwandlung eingehen kann, welche von Wärmeentwicklung begleitet ist; und da die erste Oxydationsstufe der Doppelbindung $C = C$ eine Gruppe $\overset{C - C}{\diagdown O \diagup}$ ist, und diese Körper, wie Aethylenoxyd, eine besondere Fähigkeit besitzen, sich mit Säuren zu verbinden, so muss die Anwesenheit von Säuren, z. B. BrH, auf diese Oxydation besonders erleichternd wirken; die Umwandlung:

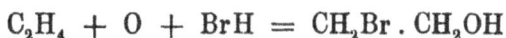

$$C_2H_4 + O + BrH = CH_2Br\,.\,CH_2OH$$

würde demnach wenig Befremdendes haben. Statt Bromwasserstoff kann jedoch ein Körper functioniren, der leicht Bromwasserstoff abgiebt.

Möglicherweise finden die von Demole bewirkten directen Oxydationen (z. B. von $CBr_2 CH_2$ zu $CH_2 Br . COBr$) hierin ihre Erklärung; wählt man z. B. das Bromid $Br_2 C = CH_2$ als Ausgangspunkt, so würde die Reaction folgenderweise stattfinden:

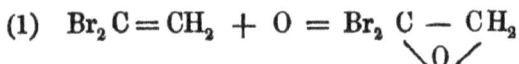

$$(1) \quad Br_2 C = CH_2 + O = Br_2 \underset{\diagdown O \diagup}{C - CH_2}$$

Dieses Bibromäthylenoxyd verbindet sich jedoch leicht mit Bromwasserstoff:

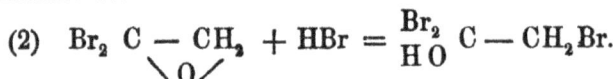

$$(2) \quad Br_2 \underset{\diagdown O \diagup}{C - CH_2} + HBr = \overset{Br_2}{\underset{HO}{}} C - CH_2 Br.$$

Diese Verbindung spaltet, Hydroxyl und Brom an demselben Kohlenstoff enthaltend, wieder Bromwasserstoff ab:

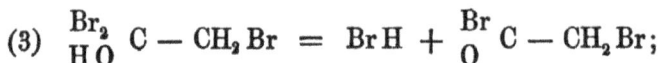

$$(3) \quad \overset{Br_2}{\underset{HO}{}} C - CH_2 Br = BrH + \overset{Br}{\underset{O}{}} C - CH_2 Br;$$

eine unbedeutende Menge Bromwasserstoff (welche vielleicht dem $Br_2 C = CH_2$ entzogen wird) würde diese Reaction also einleiten. Letztere wurde bei den folgenden Körpern ausgeführt: $C_2 Cl_4$ gab mit Schwefeltrioxyd $CCl_3 . COCl$ (Wurtz, Dict. Suppl. 39), mit Chlor und Wasser im Sonnenlicht $CCl_3 . CO_2 H$ (Wurtz, Dict. Acétique); $CCl_2 . CCl (OC_2 H_5)$ gab an feuchter Luft Oxalsäure (B. B. XII, 1838), $CHBr . CBr_2$ gab mit Sauerstoff $CBr_2 H . COBr$ (Städel's J. B. VI, 147), $CCl_2 . CH_2$ und $CBr_2 . CH_2$ gaben $CClH_2 . COCl$ und $CBrH . COBr$ (l. c.), $CBrCl . CH_2$ gab $CH_2 Cl . COBr$ und $CH_2 Br . COCl$ (l. c.), während auch $CHBr . CHBr$ der Oxydation fähig ist; $C_2 H_3 Br$ scheint sich zu weigern (l. c.), wie $C_2 Br_4$ und $C_2 Cl_4$ im freien Sauerstoff; beiläufig sei erwähnt, dass $CH \equiv CBr$ an feuchter Luft sich in Bromessigsäure verwandelt (J. B. 1869, p. 516; 1870, p. 440).

Die Wirkung von Kali auf die Doppelbindung.

Die besonderen Bedingungen, welche zur Spaltung der einfachen Kohlenstoffbindung durch Kali erforderlich waren, treten bei der doppelten Kohlenstoffbindung zu selten auf, um erwähnt zu werden (N ≡ C ist selbstverständlich ausgeschlossen, OC = C findet sich bis jetzt nicht vor, $(NO_2)C=C$ vielleicht vereinzelt); es liegt dann auch hier ein ganz anderer Grund für die kräftige Wirkung des Kalis vor, und zwar eine weitere Umwandlung der möglichen Spaltungsproducte, welche das Kali erzeugt; diese Umwandlung ist eine Oxydation, welche gleichzeitig anwesendem Wasser den Sauerstoff entzieht. Die Reaction lässt sich auch so auffassen, dass die Spaltung durch Wasser bewirkt, dass jedoch durch anwesendes Kali eins der Spaltungsproducte oxydirt wird, z. B. Aethylen:

$$(1) \quad C_2H_4 + H_2O = CH_4 + H_2CO$$

$$(2) \quad H_2CO + KOH = HKCO_2 + H_2.$$

Diese letztere Umwandlung ist bekanntlich ausführbar und von bedeutender Wärmebildung begleitet, wie Aethylaldehyd beweist:

$$H_4C_2O + KOH = H_3KC_2O_2 + H_2 + 24,3.$$

Hiermit ist zugleich gesagt, dass da, wo Kali die Doppelbindung spaltet, auch die Bedingungen für Wasseraddition verwirklicht sind (wie letztere thatsächlich stattfindet beim Erhitzen der Acrylsäure und der Fumarsäure mit Kali, wobei sich Milchsäure und Aepfelsäure bilden, Städel's J. B. III, 161; VI, 203); überdies erhellt, dass nicht jede Doppelbindung sich zur obigen Abspaltung eignet; die Oxydation muss möglich sein, und demnach ist die folgende Form $\begin{smallmatrix} C \\ C \end{smallmatrix}\!\!>\! C = C <\!\!\begin{smallmatrix} C \\ C \end{smallmatrix}$ ausgeschlossen, oder wenigstens hat zum Spalten derselben das Kali keinen Vorzug.

Die Kohlenstoffspaltung in complicirten Verbindungen.

Wie in den Methanderivaten, das heisst in denjenigen Kohlenstoffverbindungen, welche niemals zwei Kohlenstoffatome

an einander gebunden enthalten, die Grundlage zu finden ist
für die Kenntniss der gegenseitigen Umwandlung anorganischer
Gruppen oder Elemente am Kohlenstoff, so bilden die Aethanderivate, das heisst die Kohlenstoffverbindungen, welche nur
zwei Kohlenstoffatome an einander gebunden enthalten, die
Grundlage für die Kenntniss der Kohlenstoffbindung.

Die Ausführbarkeit der Umwandlungen erster Art in complicirten organischen Verbindungen wird in den Methanderivaten
entschieden; die Einflüsse, welche darauf ausgeübt werden durch
am Kohlenstoff gebundene Elemente, sind in diesen Derivaten
am schärfsten ausgedrückt, weil Kohlenstoff gerade hier
möglichst viel Sauerstoff u. s. w. gebunden enthalten kann;
handelt es sich darum, von zwei Umwandlungen, deren
Möglichkeit auf obiger Grundlage vorausgesagt wird, diejenige
zu ermitteln, welche in den Vordergrund treten wird bei complicirten Verbindungen, so ist der Vergleich zweier Methanderivate zur Entscheidung genügend.

So wird auch die Spaltbarkeit der Kohlenstoffbindung
bei complicirten organischen Verbindungen in den Aethanderivaten entschieden; auch bei diesen treten die Einflüsse am
kräftigsten auf; gilt es, von zwei Spaltungsweisen, deren Möglichkeit bei den Aethanderivaten dargethan wurde, diejenige
ausfindig zu machen, welche in den Vordergrund treten wird,
so kann dieses durch einen ähnlichen Vergleich wie oben
erreicht werden.

Fragt es sich z. B., wo die complicirte Verbindung H_3C
. CH_2OH oxydirt wird, entweder in der Gruppe H_3C oder in der
Gruppe H_2COH, so ist es zur Beantwortung dieser Frage erforderlich, die Oxydationsfähigkeit der Methanderivate XCH_3 und
XCH_2OH, z. B. HCH_3 und HCH_2OH, zu vergleichen; fragt es sich
ferner z. B., wo die complicirte Verbindung H_3C. $CH_2.CO_2H$ durch
Kali gespalten wird, so sind zur Entscheidung der Frage die
Aethanderivate $H_3C.CH_2X$ und $CO_2H.CH_2X$, z. B. $H_3C.CH_3$ und
$CO_2H . CH_3$, mit einander zu vergleichen. Diese Methode der
Reactionsvoraussagung beruht wesentlich darauf, dass das
relative Verhalten zweier Verbindungen XCH_3 und XCH_2OH

unabhängig von X ist (falls nur X dasselbe ist in beiden Verbindungen) und dass die Gruppen H_3C und CO_2H in dieser Hinsicht als gleich betrachtet werden können; annähernd ist dasselbe der Fall.

Um überflüssige Complication zu vermeiden, seien hier hauptsächlich die Spaltungserscheinungen verfolgt an Verbindungen, welche drei Kohlenstoffatome aneinander gebunden enthalten:

Spaltung durch Oxydation.

Bei Verbindungen, welche nur Kohlenstoff, Wasserstoff und Sauerstoff enthalten, greift, falls Kohlenstoff sich vorfindet, welcher theilweise an beide genannte Elemente gebunden ist (z. B. $H_4C.OH.CH_2.CH_3$ u. s. w.), der Hauptsache nach die Oxydation zuerst den an diesen Kohlenstoff gebundenen Wasserstoff an, und erst nachdem diese Oxydation vollzogen ist, beginnt die Kohlenstoffspaltung. Der Nachdruck fällt also auf die Körper:

1. $H_3C.CH_2.CH_3$.   2. $H_3C\ .CO.CH_3$.   3. $H_3C\ .CH_2.CO_2H$.
4. $H_3C.CO\ .CO_2H$.   5. $HO_2C.CH_2.CO_2H$.   6. $HO_2C.CO\ .CO_2H$.

Beim Propan muss nach Früherem die Kohlenstoffspaltung sehr schwierig sein (S. 208), und hier findet zunächst Wasserstoffoxydation statt (S. 61). Die Leichtigkeit der Kohlenstoffspaltung steigt dann im Allgemeinen mit dem Sauerstoffgehalte der zu trennenden Kohlenstoffatome; jedoch steht in dieser Hinsicht 2 (Aceton) bestimmt gegen 3 (Propionsäure) zurück; es sei bemerkt, dass im Einklang damit die thermischen Angaben für Kohlenstoffspaltung durch Oxydation (S. 208) ein ähnliches Verhältniss nachweisen für Aldehyd und Essigsäure; bei ersterem ist namentlich die Wärmeentwicklung grösser. Bei der Propionsäure findet demnach wohl Kohlenstoffspaltung unter Essigsäurebildung, zugleich jedoch Oxydation des Wasserstoffs unter Malonsäurebildung statt (wie bei Buttersäure und Isobuttersäure, B. B. XI, 1787), während beim Aceton wohl hauptsächlich zunächst Kohlenstoffspaltung stattfindet; dasselbe geschieht bei den anderen Verbindungen. So weit die Leichtigkeit der Spaltung, wo dieselbe das Eintreten des Sauerstoffs zwischen Kohlenstoff und Wasserstoff erfordert; bezüglich der Stelle, wo das Kohlenstoffabspalten stattfindet, ist die Pyrotraubensäure wichtig: wie zu erwarten ist, findet dabei Essig- und Ameisensäurebildung statt (B. B. VIII, 713).

Von den ungesättigten Verbindungen kann wie oben behauptet werden, dass auch da zunächst hauptsächlich die wasserstoff- und sauerstofftragenden Kohlenstoffatome oxydirt werden (so giebt Allylalkohol Acrolein und letztere Verbindung Acrylsäure). Der Nachdruck fällt also auf die Körper:

1. $H_2C . CH . CH_3$,   2. $H_2C . CH . CO_2H$.

Die Producte weisen darauf hin, dass zunächst in beiden Fällen die Doppelbindung gebrochen wird, unter Entstehen von resp. Essigsäure und Oxalsäure neben Ameisensäure; nebenbei findet jedoch Wasseraddition statt, wodurch sich im ersten Falle Aceton und Propionsäure (resp. Malonsäure) bilden, im letzteren Essigsäure (Wurtz, Dict. Propylène, Acrylique).

Spaltung durch Metalle.

Ein einziger Fall nur gehört hierher, welcher sich den früheren anschliesst: Das Cyanäthyl $H_3C . CH_2 . CN$ wird durch Natrium unter Bildung von $NaCN$ angegriffen (B. B. II, 317).

Spaltung durch Wasser.

Die durch diese Verbindung bewirkte Spaltung in den einfachen Fällen, bei Trichlor- und Tribromessigsäure (S. 212), findet sich hier wieder in den Derivaten, welche die Gruppe $Cl_3C . CO . CX$ und $Br_3C.CO.CX$ enthalten, besonders falls X reich an Halogenen oder Sauerstoff ist; so zerfallen $CBr_3 . CO . CHBr_2$ (Städel's J. B. II, 201) und $CBr_3 . CO . CO_2H$ (l. c. 219) beim Sieden mit Wasser unter Bromoformbildung. Die früher erwähnte Spaltung der Oxalsäure (S. 213) durch Wasser findet sich hier wahrscheinlich wieder in einigen Körpern, welchen die Formel $CO_2H . CO . CX$ zukommt; so spaltet Pyrotraubensäure, ihr Substitutionsproduct $CBr_3 . CO . CO_2H$ (l. c.) und die Mesoxalsäure beim Erhitzen mit Wasser Kohlendioxyd ab.

Ein dritter Fall von Spaltbarkeit schliesslich, welcher bei den einfachen Verbindungen keine Erwähnung fand, weil der betreffende Körper in der Reihe unbekannt ist, findet sich bei einigen Körpern, welchen die Formel $NC.CO.CX$ zukommt; so spaltet sich $CCl_3.CO.CN$ sehr leicht unter Cyanwasserstoffentwicklung (Städel's J. B. VII, 167), $CH_3.CO.CN$ thut dasselbe langsamer.

Schliesslich ist es möglich, die drei hier erwähnten Fälle der Spaltbarkeit mit einander zu vergleichen: die Körper $CCl_3.CO.CN$ und $CBr_3.CO.CO_2H$ bieten zugleich je zu zwei Spaltungen im vorigen Sinne Gelegenheit; beim ersteren bildet sich hauptsächlich NCH (statt Cl_3CH), beim zweiten hauptsächlich Br_3CH (statt CO_2).

Spaltung durch Säuren.

Wie früher erwähnt, wird die Weise, in welcher eine Säure sich beim Kohlenstoffabspalten anlegt, durch mögliche Ester- und Anhydridbildung derartig beeinflusst, dass schliesslich der Sauerstoff in die Verbindung anders eintritt, als zu erwarten ist, wenn die Einwirkung der Säure derjenigen des Wassers an die Seite gestellt wird (so giebt auch die Milchsäure $H_3C.CHOH.CO_2H$ Aldehyd und Ameisensäure, B. B. X, 634); dasselbe ist auch der Fall hinsichtlich der Leichtigkeit, womit verschiedene Kohlenstoffbindungen gesprengt werden; so z. B. ist das Sprengen der Pyrotraubensäure nicht in folgender Weise:

$$H_3C.CO.CO_2H + HOZ = H_3C.C.O.OZ + H_2CO_2,$$

sondern nach:

$$H_3C.CO.CO_2H + HOZ = H_3C.OZ + HCO.CO_2H$$

zu erwarten, weil im ersten Falle Anhydridbildung, im zweiten Esterbildung erfolgt. Dasselbe drückt sich noch in anderer Richtung, namentlich in dem scheinbar abnormen Verlaufe einiger Oxydationsvorgänge aus, falls dabei Säuren verwendet werden: So oxydirt sich nach einer älteren Angabe als der früher erwähnten (S. 234) die Pyrotraubensäure unter Bildung von Oxalsäure statt von Essigsäure; im ersten Falle wurde jedoch Salpetersäure, im zweiten Chromtrioxyd verwendet. Dieselbe Tragweite hat die Selbstzersetzung der Nitromilchsäure $CH_3 . CH(ONO_2) . CO_2H$, bei welcher nicht Essigsäure, sondern Oxalsäure gebildet wird, offenbar durch Entstehen von Salpetersäure und Säurespaltung (B. B. XII, 1837).

Spaltung durch Alkalien.

Dem Früheren (S. 214) ganz sich anschliessend, findet man auch hier die eigenthümliche durch die Cyangruppe veranlasste Spaltbarkeit in $NC . CH(OH).CH_3$ und $NC . CH(OH).CBr_3$ (Städel's J. B. III, 162), wahrscheinlich auch in $NC . CH_2 . CO_2H$ wieder. Ebenso findet sich hier die durch doppelt gebundenen Sauerstoff veranlasste Zersetzbarkeit (S. 214), so beim Aceton $H_3C . CO . CH_3$, welches durch Kali in der Hitze zu H_4C und $H_3C . CO_2K$ gespalten wird, bedeutend stärker bei den Derivaten $Br_3C . CO . CX$ und $Cl_3C . CO . CX$, welche in der Kälte schon Bromoform und Chloroform abgeben; so in den Säuren, Propionsäure, leichter Malonsäure, Pyrotraubensäure, welche CO_3K_2 abgeben, während Mesoxalsäure dasselbe unbedingt leichter thut. Wie aus Früherem zu erwarten (S. 218), geben letztere Säuren Kohlensäure, keine Ameisensäure ab, und spaltet $CBr_3 . CO . CO_2H$ zunächst zwischen CBr_3 und CO (Städel's J. B. II, 219). Schliesslich findet sich auch hier die Vereinigung der obigen Anleitungen zur Spaltung (S. 216) in sämmtlichen Körpern $NC . CO . CX$, welche, soweit bekannt, von Kali gespalten werden.

Bei der Behandlung der spontanen Kohlenstoffabspaltung sind schon die weniger einfachen Fälle in Betracht gezogen. (S. 219.)

Die Spaltungsweise der complicirteren Verbindungen lässt sich auf obigen Grundlagen in derselben Weise voraussagen; Oxydation der Ketone bei der Gruppe CO, diejenige der Oxysäuren zwischen COH und CO_2H u. s. w.

3. Gleichzeitiges Entstehen und Zerfallen der Kohlenstoffbindung und die Kohlenstoff - Polymerisation.

Schon früher wurde auf eine Einwirkung hingewiesen (Umwandlung von Oxalsäure und Glycol in Kohlensäure und

Aethylen, S. 211), welche von gleichzeitigem Entstehen und Zerfallen einer Kohlenstoffbindung begleitet ist; das Entstehen war hier Uebergang von einfacher zu doppelter Bindung, gänzliche Neubildung findet in folgenden Reactionen statt:

a. Die Aethanbildung aus Essigsäure durch Oxydation:

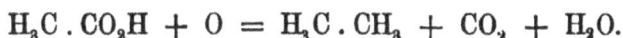

$$H_3C \cdot CO_2H + O = H_3C \cdot CH_3 + CO_2 + H_2O.$$

Da diese Oxydation durch Bariumhyperoxyd bewirkt wird, so ist die vorhergehende Bildung eines bekannten und leicht zersetzlichen Hyperoxyds möglich $(H_3C \cdot CO_2)_2$; die Elektrolyse bewirkt Aehnliches unter Wasserstoffentziehung.

b. Die Ketonbildung aus organischen Salzen:

$$H_3C \cdot CO_2K + CO_2K \cdot CH_3 = CH_3 \cdot CO \cdot CH_3 + CO_3K_2.$$

c. Die Kohlenstoff-Polymerisation, d. h. diejenige Polymerisation, bei welcher Neubildung der Kohlenstoffbindung stattfindet aus früher vorhandener, z. B.:

$$2\,C_2H_4 = C_4H_8.$$

a. Die Möglichkeit der ersten Reaction ist zu erkennen, wenn dieselbe gespalten wird in zwei andere, worin die eine Umwandlung der Essigsäure in Methan und Kohlendioxyd, die andere Oxydation des erstgenannten Körpers zu Aethan bewirkt.

b. Die Möglichkeit der zweiten Reaction findet ihren Grund in der schon erwähnten Neigung zur gleichzeitigen Reduction und Oxydation am Kohlenstoff (S. 79 und 80) und stellt sich neben die dort erwähnte Aldehydbildung aus Essigsäure und Ameisensäure (resp. deren Salze):

$$H_3C \cdot CO_2K + CO_2K \cdot H = H_3C \cdot CO \cdot H + CO_3K_2,$$

nur befindet sich oben statt Wasserstoff das ihm ähnliche Methyl.

c. Die Möglichkeit der dritten Reaction findet ihren Grund in den S. 228 erwähnten ungleichen Wärmeentwicklungen bei ähnlichen Umwandlungen, falls es Addition an Kohlenstoff oder gänzliches Abspalten aus dessen Bindung gilt:

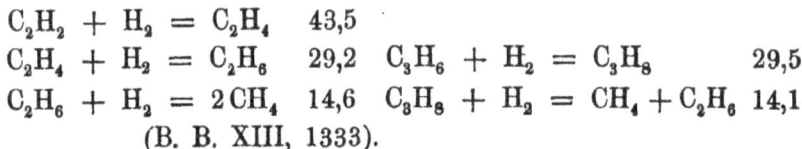

$$C_2H_2 + H_2 = C_2H_4 \quad 43,5$$
$$C_2H_4 + H_2 = C_2H_6 \quad 29,2 \quad C_3H_6 + H_2 = C_3H_8 \quad\quad 29,5$$
$$C_2H_6 + H_2 = 2\,CH_4 \quad 14,6 \quad C_3H_8 + H_2 = CH_4 + C_2H_6 \; 14,1$$
$$\text{(B. B. XIII, 1333).}$$

Nun wird wesentlich bei der Bildung von C_4H_8 aus $2\,C_2H_4$:

$$H_2C = CH_2 + H_2C = CH_2 \;=\!=\; H_2C = CH - CH - CH_2$$

eine Doppelbindung in einfache verwandelt; nebenbei entsteht jedoch eine Kohlenstoffbindung neu, so dass zwei den folgenden ähnliche Reactionen stattfinden:

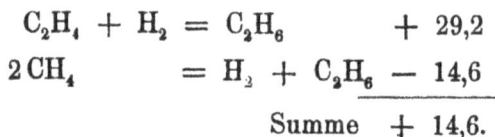

$$C_2H_4 + H_2 = C_2H_6 \quad\quad + 29,2$$
$$2\,CH_4 \quad\quad = H_2 + C_2H_6 - 14,6$$
$$\text{Summe} \quad + 14,6.$$

Das positive Zeichen dieser Summe, welches aus dem hier entwickelten Grunde in allen Fällen von Kohlenwasserstoffpolymerisation wieder angetroffen wird, gewährt einen Einblick in die Möglichkeit derartiger Reactionen. Thatsächlich ist in einem den obigen vergleichbaren Falle, nämlich bei der Umwandlung von Amylen in Diamylen, eine Wärmeentwicklung von + 11,8 beobachtet.

Der Mechanismus dieser Reactionen ist nur in einzelnen Fällen theilweise bekannt.

Das Isobutylen $\left(H_2C = C{\Large\langle}^{CH_3}_{CH_3} \right)$ giebt bei Behandlung mit verdünnter Schwefelsäure zwei Polymere, deren Dampfdichte auf die Formel C_8H_{16} und $C_{12}H_{24}$ hinweist (Städel's J. B. V, p. 162; I, p. 101); beide wurden auch erhalten durch Einwirkung der Jodverbindung $(H_3C)_3\,CJ$ auf Isobutylen bei Anwesenheit von Kalk (J. B. VI, p. 155) und scheinen demnach Isobutylen zu sein, worin resp. ein oder zwei Wasserstoffatome durch die Gruppe $(H_3C)_3\,C$ ersetzt sind; von den beiden hieraus abzuleitenden Möglichkeiten für Isodibutylen ist das mit der Formel $H_2C = C\;{}^{CH_3}_{CH_2}\,.\,C\,(CH_3)_3$ mit den Oxydationsproducten (Octylsäure $C_8H_{16}O_2$, Methylpentylketon $C_7H_{14}O$, Trimethylessigsäure, Essigsäure und Kohlensäure) am besten im Einklang; von den vier hieraus abzuleitenden Möglichkeiten für Isobutylen ist das mit der Formel $((H_3C)_3C)_2 C = C \begin{smallmatrix} CH_3 \\ CH_3 \end{smallmatrix}$ mit den Oxydationsproducten (Trimethylessigsäure, Aceton, Essigsäure und Kohlensäure) am besten im Einklang, wiewohl die gleichzeitige Bildung einer Säure $C_{11}H_{22}O_2$ das Stattfinden einer Umlagerung voraussetzt, die jedoch nicht ohne Analogie ist (S. 261).

Analoger Umwandlung scheinen die Kohlenwasserstoffe fähig, in welchen eins oder beide doppelt gebundene Kohlenstoffatome ganz an Kohlenstoff gebunden sind, so das Amylen $(H_3C)_2 C = CH(CH_3)$, die Hexylene $(H_3C)_2 C = C(CH_3)_2$, $(H_3C)_2 C = CH(C_2H_5)$ und $(H_3C)(H_5C_2)C = CH(CH_3)$ (J. B. VII, p. 143), welche bimolekulare Producte gaben.

Das aus Styrol erhaltene Distyrol (Dampfdichte B. B. XI, 1260) ist nur in soweit untersucht, dass die Bildung von Benzoësäure bei der Oxydation nachgewiesen wurde (B. B. XII, 1739).

Auf die Polymerisationsproducte der substituirten Aethylene ist nur so viel Licht geworfen, dass aus $H_2C = CBr_2$ bei Anwesenheit von BrOH ein Körper $C_4H_2Br_6O$ erhalten wurde, dessen Reduction Methyläthylketon gab; man wäre hiernach geneigt, anzunehmen, dass die Polymerisation mit Bildung eines Products $H_2C = CBr \cdot CH_2 \cdot CBr_3$ eingeleitet wurde (J. B. VI, 144).

Die Isatropasäure, Polymerisationsproduct der Atropasäure $C_6H_5 \cdot C \begin{smallmatrix} \diagup CH_2 \\ \diagdown CO_2H \end{smallmatrix}$, bildet bei der Oxydation Orthobenzoylbenzoësäure $C_6H_5 \cdot CO \cdot C_6H_4 \cdot CO_2H$ (und wohl secundär Antrachinon), ist demnach wohl als bimolekulares Product, vielleicht als $\begin{smallmatrix} H_2C \diagdown \\ HO_2C \diagup \end{smallmatrix} C \cdot C_6H_4 \cdot C(CH_3)(C_6H_5)(CO_2H)$ aufzufassen (B. B. XII, 1739).

Bei dreifacher Bindung findet mit Vorliebe trimolekulare Condensation zum Benzolring statt, so beim Acetylen, Methylacetylen und bei den Substitutionsproducten C_2Cl_2 und C_2Br_2.

Als letzter Fall sei erwähnt der Kohlenstoff selbst, der, wie er auch aus Verbindungen austritt, immer sofort eine Polymerisation erleidet, und zwar derart, dass er dann bei Oxydation die Mellithsäure liefert $C_6(CO_2H)_6$ (A. C. CLXXX, 192; Thl. I, p. 23).

Schlusskapitel.

Nachdem die verschiedensten Vorgänge der organischen Chemie auf möglichst einfache Umwandlungen am Kohlenstoff zurückgeführt und aus möglichst einheitlichem Gesichtspunkte erörtert sind, bleibt noch eine doppelte Aufgabe übrig: einerseits auf das genannte Element selbst zurückzukommen, und in demselben die Ursache der grossen Ausbildung seiner Chemie zu ergründen, anderseits aber weiter zu schreiten, um in die complicirteste Erscheinung bei seinen Derivaten, die Umlagerung, einen klaren Einblick zu gewinnen.

A. Ursache der Ausdehnung der Kohlenstoff-Chemie.

Die zuerst genannte Aufgabe ist eine weitere Entwicklung des im Eingange Angeführten (Theil I, S. 24) bezüglich der Ursachen, welche die Ausdehnung der Kohlenstoff-Chemie bedingen; dasselbe sei als Ausgangspunkt hier wiederholt:

1. Vermehrung der Derivatenzahl durch die hohe Valenz (S. 24).

2. Fähigkeit des Kohlenstoffs zur Selbstbindung und Zusammenwirken hiervon mit der hohen Valenz (S. 24).

3. Fähigkeit des Kohlenstoffs zur Bindung der verschiedensten Elemente (S. 25).

Es kann jetzt in dieser Beziehung erörtert werden, dass die Fähigkeit zur Selbstbindung sich durch die Polymerisationserscheinungen an ungesättigten Kohlenstoffverbindungen (S. 237) und am Kohlenstoff selbst (Theil I, p. 23) als mehr als Fähigkeit, nämlich als Neigung äussert. Besonders aber die in dritter Linie erwähnte Fähigkeit zur Bindung der verschiedensten Elemente lässt sich nach Studium des Verhaltens weiter entwickeln.

Es sei dazu die erste Reihe der Elemente im periodischen Systeme aufgestellt, worunter der Kohlenstoff seine Stelle findet:

Li (7)   Be (9)   B (11)   C (12)   N (14)   O (16)   F (19).

Vergleicht man jetzt von links nach rechts gehend die Unterschiede in der Affinität zu einem bestimmten Elementenpaare, so zeigt sich fast regelmässig eine allmälige Abänderung, entweder Abnahme oder Zunahme, und ebenso regelmässig fast kehrt das Zeichen des Unterschiedes beim Kohlenstoff um.

Wählt man sich z. B. als Elementenpaar Wasserstoff und Chlor, so findet sich beim Fluor eine sehr grosse Vorliebe für Wasserstoff, auch beim Sauerstoff ist dieselbe sehr gross; bedeutend, wiewohl kleiner, ist dieselbe beim Stickstoff, wie sich aus den thermischen Daten ergiebt:

$$\tfrac{1}{3}\,(H_3N) - \tfrac{1}{3}\,(Cl_3N) = \frac{13 - (-38)}{3} = 17$$

$$\tfrac{1}{2}\,(H_2O) - \tfrac{1}{2}\,(Cl_2O) = \frac{69 - (-15)}{2} = 42,$$

beim Kohlenstoff kehrt nach Früherem das Verhältniss um (S. 3); bei diesem tritt eine Vorliebe für Chlor auf, welche, wiewohl sie in Zahlen nicht ausgedrückt werden kann, beim Bor, Beryllium und Lithium unbedingt steigt und ihr Maximum erreicht.

Wählt man sich z. B. als Elementenpaar Wasserstoff und Jod, so findet sich, beim Lithium anfangend, eine Vorliebe für Jod vor, welche auch wohl noch beim Bor besteht; dann kehrt jedoch das Verhalten um, und beim Kohlenstoff steht nach

S. 43 das Jod schon gegen den Wasserstoff zurück, dasselbe findet
sich beim Stickstoff, Sauerstoff und Fluor wohl in steigendem
Grade.

Wählt man Chlor und Jod, so muss es auffallen, dass
rechts vom Kohlenstoff (z. B. beim Sauerstoff) eine Vorliebe für
Jod besteht, links (schon beim Kohlenstoff selbst S. 46) für
Chlor. Bei der Wahl von Sauerstoff und Wasserstoff ist das
Verhältniss wieder ganz klar; beim Fluor, Sauerstoff und
Stickstoff besteht Vorliebe für Wasserstoff, welche nach den
thermischen Daten beim Sauerstoff grösser ist, als beim Stickstoff:

$$\tfrac{1}{2}(H_2O) - \tfrac{1}{2}(OO) = \frac{69}{2} = 35$$

$$\tfrac{1}{3}(H_3N) - \tfrac{1}{6}(O_3N_2) = \frac{12}{3} - \frac{-24}{6} = 8$$

beim Kohlenstoff kehrt es wieder um, und die Vorliebe für
Sauerstoff (S. 55) steigt wohl beim Bor, Beryllium und Lithium.
Aehnliches findet sich wieder bei anderen Elementenpaaren,
Schwefel und Wasserstoff, Schwefel und Chlor u. s. w.

Diese eigenthümliche Stelle im Systeme, am Wendepunkte
der Affinitätsunterschiede, macht diese Unterschiede selbst beim
Kohlenstoff klein, was nur ein anderer Ausdruck ist für die
Fähigkeit des Kohlenstoffs, sich mit den verschiedensten Elementen zu verbinden.

Wichtiger noch für die genaue Kenntniss des Kohlenstoffs
wird das eben erörterte Verhältniss in Verbindung mit einem
vierten Ergebnisse, zu welchem das Studium der Verbindungen
dieses Elements jetzt geführt hat (Theil I, S. 280);

4. Die Affinität des Kohlenstoffs wird durch
andere daran gebundene Elemente beeinflusst.

Diesem Einflusse ist nicht das genannte Element allein
unterworfen, sondern er scheint sich überall geltend zu machen;
nur beim Kohlenstoff jedoch spielt er eine so bedeutende
Rolle, einerseits weil der Kohlenstoff bei seiner hohen Werthigkeit so verhältnissmässig viel eines beeinflussenden Elements
zu binden vermag, andererseits in Folge des Zusammentreffens

hiervon mit dem eben Angeführten: je indifferenter der
Affinitätscharakter eines Elementes ist, desto schärfer müssen
die ändernden Einflüsse sich ausdrücken, weil das Zeichen der
Wärmetönung dann leicht umgekehrt wird, z. B.:

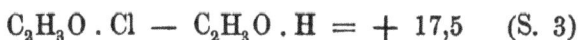

$$C_2H_3O \cdot Cl - C_2H_3O \cdot H = + 17,5 \quad (S. 3)$$

$$NC \cdot Cl - \quad NC \cdot H = - 7,4 \quad (S. 4)$$

und damit kehrt auch eine Reaction um, z. B.

$$H_3CK + H_2O = H_3CH + KOH$$

$$NCH + KOH = NCK + H_2O.$$

Daher kommt es denn auch, dass der Kohlenstoff je nach
Demjenigen, woran er gebunden ist, verschiedene Elemente
mehr oder weniger nachzuahmen vermag; die Kohlenstoffaffinität in der Gruppe H_3C — ist z. B. dem Wasserstoff, diejenige in NC — dem Schwefel, diejenige in $(O_2N)_3 C$ — den
Halogenen am besten vergleichbar. Es ist dies ein weiterer
nicht unwesentlicher Grund für die Verschiedenartigkeit der
Kohlenstoffverbindungen.

Hiermit ist jedoch nur ein Theil dieser Einflüsse berührt
und zwar in so weit dieselben ändernd wirken auf die Richtung, in welcher die Reaction erfolgt. Bedeutender sind diese
Einflüsse da, wo sie die Reactionsgeschwindigkeiten ändern,
vom völligen Stillstehen bis zum langsamen Fortschreiten,
sogar zum momentanen Vollzuge; auch dieses Verhalten prägt
den Kohlenstoffverbindungen ihre Verschiedenartigkeit auf, wenn
z. B. daran gedacht wird, dass die Explosion in Gruben und
das Leuchten der Käfer wahrscheinlich gleichartige Umwandlungen von Wasserstoff in Sauerstoff am Kohlenstoff sind:

$$CH_4 + 2\,O_2 = CO_2 + 2\,H_2O$$

$$OCH_2 + O_2 = CO_2 + H_2O,$$

die eine jedoch gehemmt bis zur äussersten Grenze, die andere
durch Sauerstoffanwesenheit beschleunigt und langsam stattfindend.

16*

Dass dieser Einfluss beim Kohlenstoff sich in so hervor-
ragendem Maasse geltend macht, ist theilweise ebenfalls seiner
Vierwerthigkeit zuzuschreiben, welche mannigfaltige Gelegenheit
zur Beeinflussung giebt, verbunden mit dem fünften Ergebnisse,
wozu jetzt das Studium dieses Elementes geführt hat.

5. Die Trägheit der Kohlenstoffbindung.

Das langsame Fortschreiten von Reactionen, welche am
Kohlenstoff vor sich gehen, worauf wiederholt hingewiesen
wurde, und welches seinen höchsten Ausdruck erhält in der
Bindung des genannten Elementes an sich selbst (S. 224),
steht wohl im Allgemeinen im Zusammenhange mit der oben
erwähnten Kleinheit der Umwandlungswärme, wenn es Kohlenstoffbindung gilt, ist damit jedoch nicht so verknüpft, dass es
unnöthig wird, darin eine besondere Eigenschaft des Kohlenstoffs zu sehen (S. 224).

Diese Trägheit prägt der ganzen organischen Chemie
einerseits einen eigenthümlichen Charakter auf (welcher selbstverständlich bei den Lebenserscheinungen wieder gefunden
wird), und giebt derselben anderseits eine Verschiedenartigkeit
im höchsten Grade insofern, als die Trägheit durch Anwesenheit einiger Elemente besonders geändert werden kann.

Wichtiger noch ist, dass durch diese Hartnäckigkeit die
Existenzfähigkeit von Körperklassen bedingt wird, welche obige
Verschiedenartigkeit bedeutend steigert: Der Kohlenstoff, fähig
mit den verschiedensten Elementen sich zu verbinden, zählt
unter seinen Derivaten nicht nur Körper, welche sich anorganischen Verbindungen der betreffenden Elemente anschliessen (Amine an Ammoniak, Alkohole an Wasser u. s. w.),
sondern auch eben in Folge dieser Trägheit solche Körper,
deren Repräsentanten bei den anorganischen Verbindungen
fehlen; so wurde schon hingewiesen auf den Zusammenhang
zwischen Trägheit der Kohlenstoffbindung und Existenzfähigkeit
der Metallalkyle, der Sulfonsäuren, der Ammonium-, Phos-
phonium- und Sulfinderivate, der Azoverbindungen, Hydrazine
u. s. w. (S. 169), während die entsprechenden Wasserstoff-

derivate fehlen, eben weil die Abwesenheit der Trägheit hier
ein nothwendiges Zusammenfallen bedingt.

Einerseits treten vermöge dessen in der organischen Chemie
ganz neue Körperklassen auf, in welchen die chemischen Eigenschaften der verschiedensten Elemente einen neuen Ausdruck
finden. Anderseits, und dies beiläufig, beruht darauf die specielle
Anwendbarkeit einiger von diesen Körperklassen; so zeigen die
Ammoniumbasen, deren Existenz auf die Trägheit des Kohlenstoffs sich gründet, besondere physiologische Wirkungen (L. Herr-
mann, Toxicologie); so theilt die Gruppe — N = N — der
Azokörper, deren Existenz ebenfalls obige Trägheit zu Grunde
liegt, unter Umständen den Verbindungen färbende Kraft mit
(B. B. IX, 522; XII, 931).

Schliesslich, eben durch dieselbe Trägheit, lässt sich in
den Kohlenstoffverbindungen ein ungeheueres Arbeitsvermögen
anhäufen, ohne dass ein Zusammenfallen der Verbindung nothwendig wird; daher ist hier die eigentliche Stelle der explo-
siven Verbindungen. Näher sei dasselbe bei den Salpeter-
säureestern (z. B. $H_3 C O N O_2$) erörtert: der Sauerstoff und
Wasserstoff befinden sich darin offenbar in gewissermaassen
gezwungener Stelle, weil ersterer an Stickstoff gebunden ist,
wozu der letztere grössere Affinität hat, der letztere aber an
Kohlenstoff, wozu eben der erstere grössere Neigung besitzt;
dennoch wird die Ausgleichung verhindert, und zwar deshalb,
weil dabei die Bindung am Kohlenstoff sich ändern müsste,
welche nach Obigem nur schwierig vor sich geht. Gleiches
gilt für Nitroderivate, besonders für deren Metallsubstitutions-
producte, wie nach obiger Darlegung leicht ersichtlich ist
u. s. w. Eine gewisse Temperaturzunahme, welche sämmtliche
organische Reactionen beschleunigt, führt in den obigen Fällen
selbstverständlich eine durch ihre eigene Wärmebildung noch
weiter beschleunigte Reaction unter Gasentwicklung d. h. Explosion herbei. In Zahlen zeigt sich diese Fähigkeit zur Arbeits-
anhäufung im Moleküle dadurch, dass die Explosivität im anorganischen Producte in gewissem Sinne viel früher anfängt;
so sind die beiden folgenden Zersetzungen, die erste anorganisch,

die zweite organisch, von den beigefügten Wärmebildungen
begleitet:

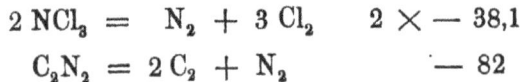

$$2\,NCl_3 \;=\; N_2 \,+\, 3\,Cl_2 \qquad 2 \times -\,38,1$$

$$C_2N_2 \;=\; 2\,C_2 \,+\, N_2 \qquad\quad -\,82$$

das ist bei gleichen Gewichtsmengen von resp. $\dfrac{2 \times -\;\;38,1}{2 \times \;\;120,5}$

$= -\,0,31$ und $\dfrac{-\,82}{52} = -\,1,58$, also im letzten Falle von
fünffacher Wärmeentwicklung; oder im Cyan ist, um obigen
Ausdruck beizubehalten, eine fünffach grössere Arbeitsmenge
angehäuft, als im Chlorstickstoff; dennoch erträgt die Kohlenstoffverbindung diese Anhäufung ganz leicht, ist sehr stabil,
während die anorganische Verbindung schon zu den gefährlichsten Körpern gehört.

Die in Rede stehende Trägheit hat jedoch ihre Grenze
auch in Kohlenstoffverbindungen, denn auch bei diesen findet
oftmals eine Verschiebung oder Explosion statt, welche, falls
sie im Moleküle selbst vor sich geht und die Zahl und Art
der darin vorhandenen Atome ungeändert lässt, den Namen
Atomumlagerung erhält, deren Betrachtung die schon erwähnte
zweite Aufgabe dieses Schlusscapitels bildet.

B. Die Atomumlagerung im Molekül.

Zunächst sei nachgewiesen, wie diese zweite Aufgabe
eine der Kohlenstoff-Chemie eigenthümliche
ist, und zwar speciell mit der Trägheit des Kohlenstoffs
in Verbindung steht. Die Atomumlagerung (z. B. von Rhodanallyl $N \equiv C - S - C_3H_5$ zu Allylsenföl $S = C = N - C_3H_5$)
beruht auf der gleichzeitigen Existenzfähigkeit von zwei Isomeren; dieselbe lässt sich bei Bekanntsein der Valenz der
gebundenen Elemente leicht voraussehen und kann schon in
verhältnissmässig einfachen Verbindungen auftreten; dennoch
fehlen diese Isomeren fast regelmässig bei anorganischen Körpern,

und sind fast eben so regelmässig vertreten bei den organischen. Die Ursache davon ist nicht weit zu suchen; eine dieser Isomeren muss wohl die grösste Stabilität haben, muss mit anderen Worten mit grösster Wärmeentwicklung aus den Elementen entstehen; in den anorganischen Verbindungen fehlt aber die eigenthümliche Hemmung, welche dem Uebergange der anderen Isomere in jene stabilere entgegensteht, so dass die verschiedensten Reactionen immer zu denselben Körpern führen. Anders in den Kohlenstoffverbindungen, wo die Trägheit der Kohlenstoffbindung ihre hemmende Wirkung ausübt und dadurch die gleichzeitige Existenz von zwei Isomeren ermöglicht; man vergleiche z. B. NO_2K und $NO_2(CH_3)$, zwei Möglichkeiten in beiden Fällen resp. ONOK und

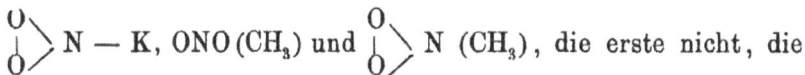

$$\begin{matrix} O \\ | \\ O \end{matrix} \Big\rangle N - K, \; ONO(CH_3) \text{ und } \begin{matrix} O \\ | \\ O \end{matrix} \Big\rangle N (CH_3),$$ die erste nicht, die

zweite wohl verwirklicht. Noch schöner zeigt sich dasselbe Verhalten in der organischen Chemie selbst, wo oft zur Verwirklichung einer Isomerie das mit ins Spielbringen einer neuen Kohlenstoffbindung nothwendig ist: so scheint nur ein OCNH, SCNH, NCH zu bestehen, während von den entsprechenden $OCN(CH_3)$, $SCN(CH_3)$, $NC(CH_3)$ je zwei dargestellt sind. Den beiden $O = C = N(CH_3)$ und $N \equiv C - O(CH_3)$ würden $O = C = NH$ und $N \equiv C - O - H$ entsprechen; im letzten Falle ist die Existenz nicht verwirklicht, im ersten wohl, weil im letzten wohl immer Umwandlung des einen isomeren Körpers in den anderen stattfindet, im ersten nicht; für beide Fälle muss zwar Kohlenstoffbindung geändert werden, im ersten Falle jedoch mehr als im zweiten, da auch CH_3 mit seinem Kohlenstoff gebunden ist. Derartige Beispiele sind häufig und wurden an den bezüglichen früheren Stellen erwähnt (Theil I, S. 108, 111).

Nachdem hiermit die Umlagerung als eine der Kohlenstoff-Chemie eigenthümliche (wenigstens als eine in den Vordergrund der letzteren tretende) Erscheinung im Allgemeinen gekennzeichnet ist, handelt es sich jetzt um die speciellen Fälle. Wegen der inneren Verknüpfung damit sei jedoch ein kurzer Einblick in die Constitutionsbestimmung vorangeschickt.

Nach Bestimmung der Molekularformel, d. i. der Art und Zahl der Atome im Moleküle (durch qualitative und quantitative Analyse, Dampfdichte oder Reactionsgleichungen), sind es wesentlich sechs Principien, auf welche die Bestimmung der Structurformel sich gründet:

1. Die Valenz der gebundenen Elemente.
2. Bildung aus und Umwandlung in Verbindungen, deren Structurformel bekannt ist.
3. Die Analogie in den Reactionen.
4. Die Zahl der isomeren Derivate.
5. Entfernungsbestimmung im Molekül.
6. Vergleich der physikalischen Eigenschaften.

Einiges sei diesbezüglich näher angeführt:

1. Die Valenz der gebundenen Elemente dient in der einfachsten Weise zur Bestimmung einer oder einiger Structurformeln, denen im Voraus eine grössere Wahrscheinlichkeit zukommt; letztere ist hierbei abhängig von derjenigen, dass ein bestimmtes Element sich mit einer bestimmten Zahl von Bindungsfähigkeiten (Valenzen) geltend macht. Von den Elementen, welche hauptsächlich zur Geltung kommen, bieten Wasserstoff und Sauerstoff eine an Sicherheit grenzende Wahrscheinlichkeit, während der Kohlenstoff sich höchst selten anders verhält (beim Kohlenoxyd und bei den Carbylaminen); beim Stickstoff nur bietet sich diese Bestimmtheit nicht, allein die Natur seiner Verbindung lässt sehr oft erkennen, ob genanntes Element darin drei oder fünf Valenzen verwendet.

2. Bildung aus und Umwandlung in Verbindungen, deren Structurformel bekannt ist, findet in zweiter Linie eine ausgedehnte Anwendung; wichtig ist es auch hier, die Wahrscheinlichkeit kennen zu lernen, welche die hier gezogenen Schlüsse beanspruchen. Zunächst sei darauf hingewiesen, dass Bildung und Umwandlung nur dann eine Structurbeziehung aufweisen, wenn nicht nur die Art der Körper, welche sich umwandeln oder entstehen, sondern auch die Weise, in welcher die Umsetzung vor sich geht, bekannt

ist; so z. B. berechtigt die Bildung von Methyloxyd aus Kaliummethylat und Jodmethyl:

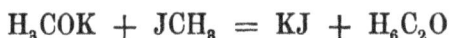

$$H_3COK + JCH_3 = KJ + H_6C_2O$$

auch wenn von Kaliummethylat und Jodmethyl die Structur bekannt ist, nicht ohne Weiteres zur Entscheidung zwischen den durch die Valenz wahrscheinlich gemachten Formeln H_3C_2OH und $(H_3C)_2O$; denn man kann sich obige Reaction vor sich gehend denken nach dem Schema:

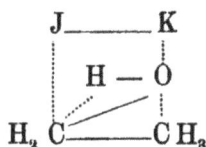

$$\begin{array}{c} J\text{\_\_\_\_}K \\ \vdots \quad \vdots \\ H - O \\ \vdots \\ H_2C\text{\_\_\_\_}CH_3 \end{array}$$

oder nach folgendem:

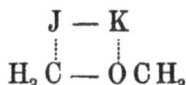

$$\begin{array}{c} J - K \\ \vdots \quad \vdots \\ H_3C - OCH_3 \end{array}$$

(worin die Striche neu entstandene Bindungen, und die Punktlinien aufgehobene Bindungen vorstellen); in dem einen Falle ist die Structur $H_3C . CH_2 . OH$, im anderen $H_3C . O . CH_3$. So kann man sich den Vollzug der Reaction immer derart denken, dass eine Verbindung von beliebiger Structurformel erhalten wird. Nach der stillschweigend gemachten Voraussetzung über die Art der Umwandlung findet die letztere in der Regel so statt, dass dabei möglichst wenige Bindungen gebrochen (und also neu gebildet) werden; im zweiten der obigen beiden Schemata werden deren nur zwei (von Kohlenstoff an Jod, und von Sauerstoff an Kalium), im ersten vier (nämlich ausser den bemerkten noch die Bindung von Kohlenstoff an Wasserstoff und von Kohlenstoff an Sauerstoff) gespalten. Diese Voraussetzung gründet sich auf ein Zutrauen in die Stabilität der Verbindung, auch wenn letztere theilweise geändert wird, und dasselbe findet im Allgemeinen seine Rechtfertigung auf organischem Gebiete in der oben entwickelten Trägheit der Umwandlungen am Kohlenstoff (S. 244).

3. Die Analogie in den Reactionen sei in ihrer Anwendung zur Bestimmung der Structurformel ebenfalls durch ein Beispiel erläutert, namentlich die Bildung von Kaliummethylat aus Methylalkohol und Kalium:

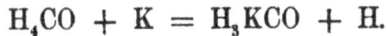

$$H_4CO + K = H_3KCO + H.$$

Ist die Structur des Methylalkohols festgestellt als H_3COH, so bleibt nach obiger Umwandlung für Kaliummethylat die Wahl zwischen den Formeln H_2KCOH und H_3COK; die bekannte Thatsache, dass Kalium auf CH_4 nicht, auf H_2O wohl substituirend einzuwirken vermag, dass genanntes Element also nicht den an Kohlenstoff, wohl aber den an Sauerstoff gebundenen Wasserstoff ersetzen kann, berechtigt gewissermaassen dazu, für das Kaliummethylat auch die letztangegebene Formel H_3COK aufzustellen, worin ja der an Sauerstoff gebundene Wasserstoff verdrängt ist. Es ist einerseits wichtig, diese Methode, welche ebenfalls die allgemeinste Anwendung findet, in ihrer Begründung zu verfolgen, und darauf hinzuweisen, dass sie wesentlich auf der Voraussetzung beruht, welche Theil I, S. 277 entwickelt wurde, nämlich dass „jedes Element in zusammengesetzten Verbindungen seine chemischen Eigenschaften beibehält"; denn daraus folgt, dass gewisse Elementgruppen, in welchen Körpern sie sich auch vorfinden, H_3C in $H_3C.H$ und in $H_3C.OH$, HO in $HO.H$ und in $HO.CH_3$, sich gleich verhalten müssen. Damit ist jedoch ebenfalls auf eine Gefahr hingewiesen, welche diese auf Analogie beruhende Bestimmung der Structurformel bietet, namentlich dadurch verursacht, dass nach Theil I, S. 280 „die chemische Beschaffenheit eines Elementes von den gebundenen Atomen bis zu einem gewissen Grade beeinflusst wird"; zu den Analogieschlüssen seien deshalb möglichst ähnliche Körper verwendet, worin voraussichtlich auch diese Nebeneinflüsse möglichst gleich sind.

Es sei hinzugefügt, dass bis jetzt eine derartige Structurbestimmung nur möglich ist, wenn in dem einen Falle (wie oben bei CH_4) die Reaction nicht, in dem anderen (bei H_2O)

die Reaction aber wohl stattfindet; bei genauerer Kenntniss der Reactionen (namentlich derjenigen der Wärmetönung und Geschwindigkeit) ist ein Weiterschreiten in den Schlussfolgerungen möglich. Die bekannte Thatsache z. B., dass die Umwandlung von $H_3C.CH_2.CH_2.OH$ durch HCl in $H_3C.CH_2.CH_2Cl$ schneller stattfindet, als diejenige von $H_3C.CH.OH.CH_3$ durch dasselbe Agens in $H_3C.CHCl.CH_3$, macht es sehr wahrscheinlich, dass $H_3C.CH.OH.CH_2.OH$ zuerst der Hauptsache nach in $H_3C.CH.OH.CH_2Cl$ übergeht und es wird daher hierdurch mit einiger Wahrscheinlichkeit die Constitution dieses Chlorhydrins bestimmt. So wird ferner aus der Umwandlungswärme von Essigsäure in ein Chlorsubstitutionsproduct oder aus der Bildungswärme des letzteren ersichtlich sein, ob Wasserstoff ersetzt ist, der an Kohlenstoff, oder solcher, der an Sauerstoff gebunden war, und ob demnach $CH_2Cl.CO_2H$ oder $CH_3.CO_2Cl$ entstanden ist; die Bildungswärme des ersteren Körpers wird grösser, die des letzteren kleiner als diejenige der Essigsäure sein, was aus Analogie mit Chlorsubstitution in CH_4 und OH_2 folgt [1]).

4. Die Zahl der isomeren Derivate ist ein Princip, das u. A. bei der Bestimmung der Benzolstructur angewendet wurde, und an der letzteren auch hier erörtert werden wird. Im einfachsten Falle ist der zu verwendende Satz folgender: Enthält eine Verbindung gleiche Atome (z. B. Wasserstoff) oder Gruppen, so kommt denjenigen davon eine identische Stelle im Moleküle zu, welche bei Ersatz durch ein anderes Atom oder eine andere Gruppe zu demselben Producte führen. So im Benzol, wird ein jedes der Wasserstoffatome durch Chlor ersetzt, so resultirt immer dasselbe C_6H_5Cl; die Wasserstoffatome sind demnach identisch im Moleküle gebunden, und die möglichen Constitutionen beschränken sich sofort auf $C_4(CH_3)_2$, $C_3(CH_2)_3$, $(CH)_6$, und zwar nur auf die Fälle, worin die beiden CH_3, die drei CH_2, die sechs CH unter sich identisch gebunden sind. Dieselbe Methode führt weiter, da die Existenz von drei

[1]) Die Constitutionsbestimmung der Kohlenwasserstoffe von Thomsen (B. B. XIII, 1321 und 1388) beruht auf demselben Principe.

isomeren Biderivaten die Constitutionen $C_4 (CH_3)_2$ und $C_3 (CH_2)_3$ ausschliesst, welche nur zwei solcher Isomeren ermöglichen; es bleibt also $(CH)_6$ übrig mit den Gruppen CH, unter sich gleich gebunden. Wichtig ist es, zu bemerken, dass diese Methode nicht wie 1—3 auf eine Voraussetzung sich stützt.

5. Entfernungsbestimmung im Moleküle. Wiewohl diese Methode nur selten angewandt wurde, sei sie doch hier erwähnt, da derselben ein entwickelungsfähiges Princip zu Grunde liegt. Zwei Mittel liegen jetzt vor zur Bestimmung von Entfernungen im Moleküle:

a. Die Einwirkung von verschiedenen im Moleküle enthaltenen Gruppen auf einander.

b. Die Einflüsse auf die Affinität des einen Elements, durch andere im Moleküle anwesende Elemente ausgeübt.

a. Wenn zwei Hydroxylgruppen (S. 115) oder Chlor und Hydroxyl (S. 117) an denselben Kohlenstoff gebunden sind, so neigen dieselben fast regelmässig zu einer Abspaltung von Wasser resp. Salzsäure unter Zurückbleiben des doppelt an Kohlenstoff gebundenen Sauerstoffs; diese Einwirkung von Gruppen auf einander hört auf, sobald dieselben an verschiedene Kohlenstoffatome gebunden sind. Es drängt sich dabei ganz natürlich der Gedanke auf, dass im ersten Falle die geringe Entfernung der einwirkenden Gruppe die Reaction erleichtert, da dieselbe auch dann nicht stattfindet, wenn die beiden Gruppen sich in verschiedenen Molekülen vorfinden.

So giebt es zweibasische Säuren, welche sehr leicht ein Anhydrid bilden, und falls die Dampfdichte des Products anzeigt (z. B. bei Phtalsäure- und Maleinsäureanhydrid), dass bei dieser Anhydridbildung die beiden Hydroxylgruppen desselben Moleküls benutzt sind, so ist man geneigt, und mit Recht, hierin einen Beweis für das Naheliegen dieser Gruppen zu sehen. So giebt es Alkoholsäuren, die dasselbe thun unter Vorgängen, der Esterbildung ähnlich, innerhalb des Moleküls (J. B. VII, p. 158). So giebt es Aminsäuren, die besonders leicht unter Wasserverlust in Imide übergehen (z. B. die

Orthoamidobenzoylbenzoësäure $C_6H_4 \begin{smallmatrix} NH_2 \\ CO.CO_2H \end{smallmatrix}$ (1. 2) in Isatin

$C_6H_4 \begin{smallmatrix} NH \\ CO \end{smallmatrix} CO$). So entsteht eine dreifache Kohlenstoffbindung
aus doppelter, und eine doppelte aus einfacher Bindung weit
leichter, als letztere aus ungebundenen Kohlenstoffatomen,
während letztere wahrscheinlich von grösserer Wärmebildung
begleitet ist (S. 228).

Oft lassen sich die obigen Folgen einer geringen Entfernung im Moleküle aus der Structurformel lesen (wie beim
Vergleiche der Phtalsäure 1.2 mit ihren Isomeren, 1.3 und
1.4), oft aber auch nicht, wie bei demjenigen der Malein-
und Fumarsäure, wie bei der Neigung der sechsatomigen
Kohlenstoffkette, sich ringförmig zu schliessen; für diese Fälle
werden wohl einmal die Entfernungserscheinungen zur weiteren
Ausbildung der Structurlehre dienen.

Es sei hinzugefügt, dass nicht nur in dieser Weise einigermaassen die Entfernungen im Moleküle geschätzt werden können,
sondern dass sich zwei Moleküle einander anlegen lassen als
gewisses Maass, wenn nur beide zwei Angriffspunkte haben,
so z. B. eine zweibasische Säure und ein zweiwerthiger Alkohol;
sind dieselben im Stande, einen Doppelester zu bilden, so
kann die Entfernung der zwei Hydroxylgruppen in den beiden
Molekülen nicht sehr verschieden sein; in dieser Hinsicht sind
die Chloralide von Interesse, sowie die Selbstsättigung der
Aminsäuren (S. 171).

b. Die Einflüsse auf die Affinität des einen Elements, durch
andere im Molekül anwesende Elemente ausgeübt, sind in
dieser·Hinsicht nicht weniger wichtig, da so oft diese Einflüsse mit der Entfernung abnehmen, und demnach zur Bestimmung oder Vergleichung der letzteren dienen können: So
ist der Einfluss des Chlors auf die Siedepunktserhöhung, welche
neu eintretendes Halogen ausübt, von der Entfernung beider
abhängig (S. 27); dasselbe ist mit Brom der Fall (S. 42); dasselbe mit dem Einflusse von Chlor auf Umwandlung von Chlor
in Sauerstoff (S. 86); dasselbe mit dem Einflusse des Sauer-

stoffs auf die Oxydirbarkeit (S. 67), auf die Umwandlung von
Chlor in Sauerstoff (S. 88), auf das Umgekehrte (S. 106), auf
die Substitution von Wasserstoff durch Chlor und auf das
Umgekehrte (S. 111—114); dasselbe mit dem Einflusse von
Wasserstoff (S. 131) und von Sauerstoff (S. 133—136) auf die
Natur der Hydroxylgruppe; so der Einfluss von Wasserstoff
und von Sauerstoff auf die basischen Eigenschaften des Stickstoffs (S. 173 und 174), von Stickstoff auf die Siedepunktserhöhung bei Chlorsubstitution (S. 177), von der Nitrogruppe
auf Fähigkeit zur Metallaufnahme (S. 178).

6. Vergleich der physikalischen Eigenschaften.
Ganz kurz sei das Wesen dieser Methode zur Bestimmung
der Structur erörtert. Sie stützt sich wesentlich auf die Ausdehnung einer gemachten Beobachtung über den Zusammenhang anderweitig festgestellter Structur und physikalischer
Eigenschaften, z. B. der Krystallform, des Siede- und Schmelz-
punktes, des Brechungsvermögens (u. A. B. B. XIII, 1520),
specifischen Volums; die Wahrscheinlichkeit der Schlüsse ist
dann einfach abhängig von der Zahl der zutreffenden Fälle.
Unabhängigkeit erhält diese Methode nur da, wo der Zusammenhang sich nicht nur stützt auf einfache Wahrnehmungen,
sondern auf tiefere Gründe in seinem Wesen selbst, wie z. B.
der Zusammenhang zwischen Constitution und optischer
Activität.

Nachdem die Principien zur Constitutionsbestimmung angeführt sind, jedes mit dem Wahrscheinlichkeitsgrade der daraus
zu folgernden Schlüsse, seien die Atomumlagerungen im
Moleküle kurz erörtert. Es werden unter diesem Namen
zwei Erscheinungen zusammengefasst, und zwar in erster Linie
das Uebergehen eines Körpers in einen anderen, der ihm
isomer ist, wie z. B. des Rhodanallyls in Allylsenföl; mit
demselben Namen wird jedoch auch bezeichnet das Auftreten
eines anderen Products bei einer Reaction, als nach Princip 2
zu erwarten wäre. Es kann im letzten Falle sein, dass

wesentlich nichts anderes stattfindet, als im vorigen Falle, und das normale Product sofort sich verwandelt (eben wenn dieses Umwandeln nicht mit dem normalen Producte unter den Reactionsbedingungen selbst stattfindet, kann solches doch bei den Erschütterungen, welche den *status nascens* begleiten, der Fall sein); es kann jedoch auch sein, dass die Reaction selbst anders stattfindet, als nach Princip 2 zu erwarten wäre, und bei der Umwandlung nicht das Minimum von Bindungen losgerissen wird, wie z. B. bei der Carbylaminbildung aus Silbercyanid und Jodalkyl (Theil I, S. 225). Da es bis jetzt nicht möglich ist, letztere Umwandlungen von ersteren thatsächlich mit Bestimmtheit zu trennen, so sei im Folgenden auf beide Rücksicht genommen, und zuerst Einiges im Allgemeinen angeführt.

Je nach der Tiefe der stattfindenden Umwandlung zerfallen die Atomumlagerungen in diejenigen, bei welchen wesentlich die Art der Bindung sich ändert, so z. B. Stickstoffbindung sich in Kohlenstoffbindung verwandelt ($C_6H_5.NH.NH.C_6H_5$ in $H_2N.C_6H_4.C_6H_4.NH_2$); daneben diejenigen, wobei die Art der Bindung beibehalten bleibt und nur die Bindungsweise sich ändert, so z. B. eine dreifache Kohlenstoffstickstoffbindung in doppelte und einfache übergeht ($N\equiv C—S.CH_3$ in $S=C=N.CH_3$); schliesslich diejenigen, von denen die Structurformel keine Rechenschaft giebt, weil sogar die Bindungsweise dieselbe bleibt, und nur ein kleiner Platzwechsel stattfindet (Rechtsweinsäure in inactive Weinsäure).

Die Erklärung der Umwandlung wird häufig darin gesucht, dass zwei Moleküle des umzuwandelnden Körpers so auf einander wirken, dass die verlangte Bindung entsteht (Theil I, S. 231):

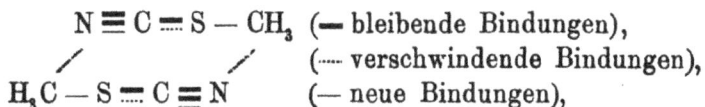

$$N\equiv C = S - CH_3 \quad (\text{— bleibende Bindungen}),$$
$$(\text{--- verschwindende Bindungen}),$$
$$H_3C - S = C \equiv N \quad (\text{— neue Bindungen}),$$

was immer möglich ist, oder dass vorübergehendes Anlegen und Abspalten eines anderen Körpers die Umwandlung bedingt, wie vielleicht Jodcyan und OCNK unter Umwandlung in NCOK

(Theil I, S. 228). Es mögen dies erleichternde und beschleunigende Wirkungen sein, wie Bromaluminium (das z. B. $H_3C . CH_2 . CH_2Br$ in $H_3C . CHBr . CH_3$ verwandelt); wichtiger ist es jedoch, zunächst die Neigung kennen zu lernen, vermöge deren die Umwandlung stattfinden wird; und wenn die Bildungswärmen der beiden Isomeren unbekannt sind, so bleibt nur übrig, die Umwandlung mit Reactionen zu vergleichen, und in deren Stattfinden, wenn nicht eine völlige Erklärung, so doch eine ihr ganz an die Seite zu stellende Thatsache zu suchen. Dies ist der Hauptzweck der kurzen Zusammenstellung folgender Fälle:

Die Umlagerungen, welche die Art der Bindung ändern, gestalten sich am einfachsten, wenn es sich um möglichst wenige, also um zwei Bindungen handelt. Wenngleich derartige Fälle sich nur ausnahmsweise aufweisen lassen, so ist es dennoch leicht im Voraus zu bestimmen, wo dieselben zu finden sind, und diese Umlagerungsvoraussagungen schliessen sich ganz den Reactionsvoraussagungen von S. 159—161 an:

a. Körper, welche Wasserstoff an Kohlenstoff und Chlor an Sauerstoff gebunden enthalten $\left(\text{wie } H_3C . C\overset{O}{_{OCl}}, C_6H_5 . OCl \right)$, müssen, anschliessend an die Reactionsvoraussagungen 3 und 5 Seite 160, eine Neigung besitzen zum Umtausche der genannten Elemente $\left(\text{unter Bildung von } H_3CCl . C\overset{O}{_{OH}}, C_6H_4Cl . OH \right)$, welcher Umlagerung folgende ausführbare Reaction entspricht (S. 4):

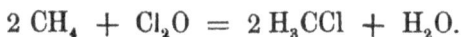

$$2\, CH_4 + Cl_2O = 2\, H_3CCl + H_2O.$$

Wirklich ausgeführt ist eine derartige Umlagerung mit der Verbindung $C_6H_3Br_3 . OBr$, welche beim Erhitzen mit Schwefelsäure sich in $C_6H_2Br_4 . OH$ verwandelt (B. B. XII, 2255); andere Fälle lassen etwas Aehnliches vermuthen, so die Bildung von Chloressigsäure statt essigsaurem Chlor, neben Chloracetyl, bei der Spaltung von Essigsäureanhydrid durch Chlor (Wurtz, Dict. Acétique).

b. Körper, welche Wasserstoff an Kohlenstoff und Chlor an Stickstoff gebunden enthalten (wie $H_3C.CH_2.NCl_2$), müssen, anschliessend an die Reactionsvoraussagung 4 S. 160, eine Neigung besitzen zum Umtausche der genannten Elemente (unter Bildung von $H_3C.CCl_2.NH_2$), welcher Umlagerung folgende ausführbare Reaction entspricht:

$$3\,CH_4 + NCl_3 = 3\,H_3CCl + NH_3.$$

Es sei bemerkt, dass wo diese Reaction selbst unausgeführt blieb, doch eine derselben sehr ähnliche verwirklicht wurde, die Chlorsubstitution von Essigsäure und Aether durch $C_2H_5.NCl_2$ (B. B. IX. 143).

c. Körper, welche Wasserstoff an Kohlenstoff und Sauerstoff an Stickstoff gebunden enthalten (wie $H_3C.NO_2$), müssen, anschliessend an die Reactionsvoraussagungen 6 und 7 S. 161, eine Neigung besitzen zum Umtausche der genannten Elemente $\left(\text{unter Bildung von } \begin{smallmatrix}H\\O\end{smallmatrix}C\,NH_2\,O\right)$, welcher Umlagerung die ausführbare Oxydation der Kohlenwasserstoffe durch Salpetersäure entspricht.

Es sei hinzugefügt, dass wo diese Umlagerung nicht direct verwirklicht wurde, es doch eine Reaction giebt, welche dieselbe wenigstens wahrscheinlich macht: die Bildung von Ameisensäure und Hydroxylamin aus Nitromethan und Salzsäure (Theil I. S. 129) rechtfertigt die Vermuthung eines durch Umlagerung entstandenen Zwischenproductes $HC.\begin{smallmatrix}O\\NH_2O\end{smallmatrix}$.

d. Die Umwandlung der Carbylamine ($H_3C.N=C$) in die Nitrile ($H_3C.C\equiv N$) (B. B. VI, 213) ist einfaches Zurgeltungkommen der unbenutzten Kohlenstoffvalenzen, und etwa der Addition an Kohlenoxyd vergleichbar.

e. Hierneben stellt sich die Umwandlung von $C_6H_5.N\begin{smallmatrix}H\\CH_3\end{smallmatrix}$ u. A. in $C_6H_4(CH_3).NH_2$ (B. B. V, 704; VII, 526), wobei Kohlenstoff an Stickstoff gebunden seinen Platz

wechselt mit Wasserstoff an Kohlenstoff gebunden; die dieser Umwandlung entsprechende Reaction:

$$C_6H_6 + H_2NCH_3 = C_6H_5 . CH_3 + NH_3$$

wurde nicht ausgeführt; dennoch sei hier Nachdruck gelegt
auf die mehrfach (S. 199) bemerkte Leichtigkeit, womit Wasserstoff am Benzolkern sich mit Kohlenstoff umtauscht.

f. Bei der Umwandlung von $C_6H_5 . N = N . NH . C_6H_5$ in
$C_6H_5N = N . C_6H_4 . NH_2$ schliesslich (Kekulé II. 697) wechselt
Kohlenstoff an Wasserstoff gebunden seinen
Platz mit Stickstoff an Stickstoff gebunden;
es wäre hierin wohl Ausdruck zu sehen der geringen Neigung
von Stickstoff zur Selbstbindung.

Die complicirteren Vorgänge, bei denen mehr als
zwei Bindungen sich ändern, sind bisweilen als hinter einander
stattfindende Reactionen in obigem Sinne zu betrachten:

Die Umwandlung von $C_6H_5 . NH . NH . C_6H_5$ in
$H_2N . C_6H_4 . C_6H_4 . NH_2$ u. A. (Richter, 1880, 55), wobei drei Bindungen zerbrochen werden, ist in dieser Hinsicht eine Com-
bination von e und f, welche erstere Umwandlung ein Zwischenproduct: $H_2N . NH . C_6H_4 . C_6H_5$ herbeiführen würde.

Die Umlagerungen, welche die Art der Bindung ungeändert lassen und nur die Bindungsweise stören, sind weniger tief eingreifend; deren Erklärung, eben dadurch schwieriger, sei nur in einem, aber
dem wichtigsten Falle versucht.

Es giebt namentlich eine sehr ausgedehnte Reihe von
Umlagerungen, wobei Wasserstoff und Sauerstoff, beide an Kohlenstoff gebunden, ihren
Platz wechseln, und so eine innere Reduction und Oxydation erfolgt; diese Vorgänge schliessen sich ganz denjenigen
an, welche in einem besonderen Capitel als Reduction durch
Oxydation am Kohlenstoff behandelt wurden (S. 79); dort
wurde diese Erscheinung erklärt, und zugleich Nachdruck
darauf gelegt, was eben Hauptsache ist, dass dieser doppelte
Umtausch immer eine Anhäufung von Sauerstoff zur Folge hat.

Indem bezüglich der Begründung dieser Umlagerungsart auf das Frühere verwiesen wird, seien nachfolgend nur die hauptsächlichen hierher gehörigen Thatsachen erwähnt:

a. Die einfachste Form einer derartigen Umlagerung wäre die Umwandlung eines Oxyaldehyds in eine Säure:

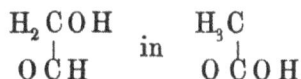

$$\begin{matrix} H_2COH \\ | \\ O\,\overset{|}{C}H \end{matrix} \quad in \quad \begin{matrix} H_3C \\ | \\ O\,\overset{|}{C}OH \end{matrix}$$

Bei der Unbekanntheit dieses Oxyaldehyds ist die Umwandlung zwar nicht verwirklicht, jedoch liegen Thatsachen vor, welche dieselbe wahrscheinlich machen in analogen Fällen: die Bildung der Pyroweinsäure ($H_3C . CH (CO_2H) CH_2 . CO_2H$) aus Pyrotraubensäure ($H_3C . CO . CO_2H$) lässt sich wohl auf vorherige Aldehydbildung (nach S. 220) und Addition (nach S. 193) zu

$$CH_2 . COH$$

einem Körper $H_3C . C . CO_2H$ zurückführen; dieses Oxyaldehyd
$$(OH)$$
wird im obigen Sinne in Pyroweinsäure verwandelt; die Bildung von Levulinsäure ($H_3C . CO . CH_2 . CH_2 . CO_2H$) und Milchsäure ($H_3C . CHOH . CO_2H$) aus dem Oxyaldehyd (Glucose und Schwefelsäure) beruht wohl theilweise auf demselben Vorgange.

b. In etwas verwickelter Form tritt dieselbe Erscheinung auf, wenn zu ihrer Vollziehung noch Wasser nothwendig ist, wie bei Umwandlung eines Doppelaldehyds in Oxysäure:

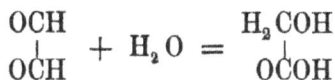

$$\begin{matrix} OCH \\ | \\ O\overset{|}{C}H \end{matrix} + H_2O = \begin{matrix} H_2COH \\ | \\ O\overset{|}{C}OH \end{matrix}$$

Diese Reaction wurde verwirklicht: aus Glyoxal und Kali wurde Glycolsäure erhalten (S. 81); andere Umwandlungen schliessen sich vorstehender Reaction ganz an, so scheint der Aldehyd der Bernsteinsäure ($COH.CH_2.CH_2.COH$) sich mit Kalk in Oxybuttersäure ($CO_2H.CH_2.CH_2.CH_2OH$) zu verwandeln (l. c.), während $CHBr_2.CO.CO_2H$ und $CHCl_2.CO.CO_2H$ beim Erhitzen mit Wasser statt des zu erwartenden $OCH.CO.CO_2H$, die Tartronsäure $CO_2H.CH(OH).CO_2H$ bilden (l. c.). Noch stärker äussert sich diese Neigung zur Sauerstoffanhäufung, wenn dadurch nicht Wasserstoff, sondern eine kohlenstoffhaltige Gruppe verdrängt wird, wie solches z. B. stattfindet bei der Umwandlung von $C_6H_5.CO.CO.C_6H_5$ (durch Kalilösung) in $(C_6H_5)_2 C(OH).CO_2H$. (B. B. VI, 1188).

c. Ein dritter Fall umfasst diejenigen Umlagerungen, bei denen die doppelte Hydroxylgruppe eines mehratomigen Alkohols sich in den doppelt gebundenen Aldehydsauerstoff verwandelt:

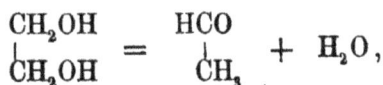

$$\begin{array}{c} CH_2OH \\ | \\ CH_2OH \end{array} = \begin{array}{c} HCO \\ | \\ CH_3 \end{array} + H_2O,$$

so bildet sich wirklich beim Erhitzen Aldehyd aus Glycol (besonders bei Anwesenheit von wasserentziehenden Mitteln, wie Chlorzink), so entsteht aus Bromäthylen und Wasser bei höherer Temperatur Aldehyd statt Glycol; Aehnliches findet in der Propylenreihe statt u. s. w.; so entsteht Pyrotraubensäure $(CH_3.CO.CO_2H)$ beim Erhitzen von Glycerinsäure $(CH_2OH.CHOH.CO_2H)$ resp. Weinsäure; Acrolein $(CH_2.CH.COH)$ aus Glycerin $(CH_2OH.CH.OH.CH_2OH)$.

Hierzu ist auch die Umlagerung zu zählen in Körpern, welche die Gruppe $\begin{array}{c} C-CX \\ \diagdown \diagup \\ O \end{array}$ enthalten, und worin eine Sauerstoffanhäufung der obigen Art stattfindet durch Uebergang dieser Gruppe in $XC-C$; (dieser gezwungene Zustand $\overset{\|}{O}$ des Sauerstoffs, wiewohl theilweise durch die Neigung des genannten Elements zum gänzlichen Gebundensein an ein Kohlenstoffatom erklärlich, muss jedoch noch einen anderen Grund haben, wie dïe grosse Neigung obiger Körper, sich mit Salzsäure u. s. w. zu verbinden, beweist).

Falls in dem allgemeinen Ausdrucke $\overset{\displaystyle C-CX}{\underset{\displaystyle O}{\diagdown\diagup}}$ die Gruppe, durch X vorgestellt, ein Wasserstoffatom ist, kommen diese Fälle auf den vorigen zurück, da man sich überall denken kann, dass dort ein vorhergehendes Zusammenfallen der Hydroxylgruppen stattfindet unter Bildung einer Gruppe $\overset{\displaystyle C-CH}{\underset{\displaystyle O}{\diagdown\diagup}}$.

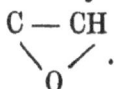

Falls in dem obigen allgemeinen Ausdrucke X ein Halogen ist, handelt es sich um die Umwandlungen, welche Demole beobachtete, indem er bei Oxydation von $CH_2=CBr_2$ z. B. statt $\overset{\displaystyle CH_2-CBr_2}{\underset{\displaystyle O}{\diagdown\diagup}}$, $O\,\underset{\displaystyle Br}{C}-CH_2Br$ erhielt (Bromwasserstoffanwesenheit kann nach S. 230 die Umwandlung beschleunigt haben).

Falls schliesslich in demselben allgemeinen Ausdrucke die durch X vorgestellte Gruppe eine kohlenstoffhaltige Gruppe ist, gilt es die interessante Pinakolin - Umwandlung, wodurch beim Erhitzen von z. B. $(H_3C)_2\,COH\,.\,COH\,(CH_3)_2$, die Verbindung $(H_3C)_3\,C-CO\,.\,CH_3$ entsteht statt des zu erwartenden Körpers $(H_3C)_2\,\overset{\displaystyle C-C}{\underset{\displaystyle O}{\diagdown\diagup}}\,(CH_3)_2$.

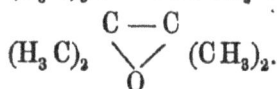

Ganz allgemein findet sich dasselbe vor und führt bei Oxydation von $(H_3C)_3\,C=C(CH_3)_2$ z. B., der Beobachtung von Demole entsprechend, Bildung eines Ketons herbei, statt des zu erwartenden Körpers mit der Gruppe $\overset{\displaystyle C-C}{\underset{\displaystyle O}{\diagdown\diagup}}$ (B. B. XII, 1486).

Die anderen Fälle von Umlagerung, wobei ebenfalls nur die Bindungsweise gestört wird, lassen sich nicht unter einen Gesichtspunkt bringen, sei es denn, dass sie sich gruppenweise an eine Thatsache anschliessen, und dadurch gewissermaassen eine Erklärung finden: So schliessen sich einige Umlagerungen an die Unmöglichkeit an, welche der Bildung eines dreiatomigen Kohlenstoffrings im Wege steht, und finden statt bei Versuchen, welche eine derartige Ringbindung erzielen: so entsteht bei Behandlung der Verbindung $H_2CBr.CH_2.CH_2Br$ mit Natrium statt des ringförmigen Propylens das normale, in ähnlicher Weise führt die Verbindung $H_2CCl.HCOH.CH_2Cl$ zum Allylalkohol (S. 204). So schliesst sich an die Vorliebe, womit sich aus Propylen und Bromwasserstoff, Isopropylbromid statt Propylbromid bildet, die leicht stattfindende (durch Bromaluminium bewirkbare) Umwandlung der letztgenannten Bromverbindung in die erstere an. So schliesst sich an die Vorliebe, womit sich aus Pro-

pylenoxyd $\overset{\displaystyle H_2C\,.\,CH\,.\,CH_3}{\underset{\displaystyle O}{\diagdown\diagup}}$ durch Reduction Isopropylalkohol statt

Propylalkohol bildet, die Umwandlung der letzten Verbindung in die erstere an (welche bei Einwirkung von $Zn(CH_3)_2$ auf $H_2CJ.CH_2OH$ zur Isopropylalkoholbildung führt).

Andere ganz vereinzelt dastehende Fälle seien nur erwähnt, um auf die **Häufigkeit der Erscheinung** Nachdruck zu legen: Die Verschiebungen im Benzolkerne, z. B. in Phenolsulfosäuren; die Verschiebung der Doppelbindung, welche oft bei Wasserentziehung in Alkoholen stattfindet, so dass z. B. $\overset{H_3C}{\underset{H_3C}{}} CH.CH_2.CH_2OH$ mit Chlorzink statt $\overset{H_3C}{\underset{H_2C}{}} CH.CH = CH_2$

die Verbindung $\overset{H_3C}{\underset{H_3C}{}} C - CH.CH_2$ giebt; die Bildung vom Cyanid $CH_3.CH = CH.CN$ aus dem Jodid $CH_2 = CH.CHJ$ und Cyankalium; die Umwandlung von Butter- in Isobuttersäure durch Erhitzen mit Kali, von Angelika- in Tiglinsäure, von Isobernstein- in Bernsteinsäure bei Einwirkung von Cyankalium auf $CH_3.CHBr$; die Bildung von $H_3C.C_6H_4.CH = CH.C_6H_4.CH_3$ aus CH_2Cl $.CH(C_6H_4.CH_3)_2$ und Kali, diejenige von Cymol mit der normalen Propylgruppe aus Cuminol und Zink mit der Isopropylgruppe; Rhodanallyl schliesslich verwandelt sich - in Senföl, und ähnliche Umwandlungen erleiden gegenseitig die Verbindungen OCNX und NCOX u. s. w. Diese Umwandlungen sind so häufig, dass die ausschliessliche Anwendung des

Princips (2) zur Structurbestimmung gefährlich ist, und dass auch Princip (3) überhaupt da, wo Umwandlungen die Art des Productes zu erkennen dienlich sind, gewissermaassen zurücktreten bei denjenigen Methoden, welche bei der Anwendung die Verbindung benutzt, ohne dieselbe zu ändern.

Stärker noch tritt diese Umlagerungsfähigkeit auf bei der noch weniger tief eingreifenden Aenderung, bei welcher nicht nur die Art, sondern auch die Weise der Bindung dieselbe bleibt, wie bei den gegenseitigen Umwandlungen der Weinsäuren u. s. w., bei denen die verschiedene Lagerung Ursache der Isomerie ist; ja es scheint in solchen Fällen eine Umwandlungsfähigkeit bestehen zu können, wie diejenige der Weinsäuren bei erhöhter Temperatur, welche das Reden von einer bestimmten Constitution ausschliesst und vermöge deren ein fortwährendes Hin- und Hergehen zwischen mehreren Gleichgewichtszuständen stattfindet, welche jeder für sich durch eine Structurformel ausgedrückt werden können.

www.ingramcontent.com/pod-product-compliance
Lightning Source LLC
Chambersburg PA
CBHW031420180326
41458CB00002B/452